实用技巧快学速查手册

Office

高效办公应用技巧500例

2010
版

柏松 编著

U0353868

北京日报出版社

图书在版编目（CIP）数据

Office 高效办公应用技巧 500 例 / 柏松编著. -- 北
京 ： 北京日报出版社, 2016.6
ISBN 978-7-5477-2047-9

Ⅰ. ①O… Ⅱ. ①柏… Ⅲ. ①办公自动化－应用软件
Ⅳ. ①TP317.1

中国版本图书馆 CIP 数据核字(2016)第 058070 号

Office高效办公应用技巧500例

出版发行： 北京日报出版社
地　　址： 北京市东城区东单三条 8-16 号　东方广场东配楼四层
邮　　编： 100005
电　　话： 发行部：（010）65255876
　　　　　　总编室：（010）65252135
印　　刷： 北京永顺兴望印刷厂
经　　销： 各地新华书店
版　　次： 2016 年 6 月第 1 版
　　　　　　2016 年 6 月第 1 次印刷
开　　本： 787 毫米×1092 毫米　1/16
印　　张： 21.75
字　　数： 537 千字
定　　价： 48.00 元（随书赠送光盘一张）

前　　言

❑　丛书简介

目前，学习已进入高效化、快餐化时代，应用是学习的主要目的，为了让大家的学习变得快捷、方便，我们精心编写了这套"实用技巧快学速查手册"，书中提供了数百个各类实用技巧，供读者快速索引、查询与应用，并通过重点案例的多媒体教学视频，让读者快速上手，掌握软件技能与应用。

❑　内容导读

本书作为一本 Office 高效办公应用技巧手册，主要从 Office 办公的角度，讲解了 Office 2010 的各类核心知识点与实际应用，具体内容包括 Word 2010 轻松入门、编辑文档文本内容、创建编辑表格内容、图文排版格式特效、打印预览文档内容、Excel 2010 轻松入门、设置表格数据格式、运用公式计算数据、运用函数计算数据、排序筛选数据内容、创建编辑数据图表、创建编辑数据透视表、PowerPoint 轻松入门、幻灯片的基本操作、文本美化的基本操作、编辑幻灯片的内容、设置表格图表特效、设置幻灯片动画特效、放映与输出幻灯片。

❑　本书特色

本书最大的特点是"实用＋速学＋快查"，让读者花最少的时间，快速掌握最实用的内容，大家还可以根据自己的当前需要，通过目录查找相关知识，迅速解决当前的棘手问题，全书的具体特色如下：

1．内容实用，全面详细

全书注重知识与实例的合理安排，尽量从日常工作和生活的各方面精选实用性强的内容，全面详细地进行讲解，通过图文排版篇＋数据处理篇＋商务演示篇，读者可以完全从零开始，掌握软件的核心应用与高级技巧，通过实战教学的方法，从入门到精通软件。

2．快学速通，高效有成

本书体例新颖，以 500 个技巧的方式，精解了 Office 办公应用技巧，读者可以由浅入深，迅速掌握软件的使用方法，并通过数百个案例的实战演练，在短时间内精通软件的各个层面，高效学习，轻松掌握。

3．快捷查询，即学即用

本书通过"功能＋实例"的方式进行诠释，知识全面、讲解细致，读者完全可以根据工作中的实际需求，方便、快捷地查询到相应的知识点与案例，并将所学知识马上应用到实际工作当中。

4．全程图解，一看就会

本书采用 1000 多张图片，对 Office 软件的使用方法、实例的操作进行了全程式的图解，通过这些辅助图片，实例内容变得更加通俗易懂，读者可以快速领会，大大提高了学习的效率，且印象深刻。

5．视频演示，轻松自学

为了更加方便读者学习，作者还为书中的重点技能实例录制了带语音讲解的视频演示文件，重现书中案例的制作过程，大家可以结合书本，边看边学，也可以独立观看视频演示，像看电影一样进行学习。

❏ 适用读者

本书讲解了 Office 2010 办公操作的实用技巧，着重提高初学者实际操作与运用能力，非常适合以下读者：

（1）没有任何基础想学习 Office 软件的读者。

（2）Word 排版人员、Excel 制表人员与 PowerPoint 幻灯片制作人员。

（3）商务、人事、财务及各类行政办公与管理人员。

（4）Office 办公的初、中级用户。

❏ 售后服务

本书由柏松编著，同时参加编写的人员还有谭贤、颜勤勤、刘嫔、杨闰艳、苏高、刘东姣、宋金梅、郭领艳等人。由于时间仓促，书中难免存在疏漏与不妥之处，欢迎广大读者来信咨询和指正，联系网址：http://www.china-ebooks.com。

❏ 版权声明

本书及光盘中所采用的图片、模型、音频、视频和赠品等素材，均为所属公司、网站或个人所有，本书引用仅为说明（教学）之用，绝无侵权之意，特此声明。

编　者

■ 图文排版篇 ■

■ 数据处理篇 ■

■ 商务演示篇 ■

01 高效办公快速上手

学前提示

　　Office 2010 是 Microsoft 公司推出的套装版本，它由 Word 2010、Excel 2010 和 PowerPoint 2010 等组件构成，其在 Office 2007 的基础上进行了较大改进，是集文字排版、表格制作、幻灯片设计与数据处理等功能于一身的办公软件。本章主要向读者介绍 Office 2010 的基础知识。

本章知识重点

- ▶ 快速掌握 Office 强大功能
- ▶ 轻松了解 Office 新增功能
- ▶ 亲身探密 Word 内容
- ▶ 快速掌握 Excel 应用
- ▶ PowerPoint 基础知识
- ▶ 了解 Office 2010 组件
- ▶ 快速启动 Office 2010
- ▶ 快速退出 Office 2010
- ▶ 熟悉 Word 2010 工作界面
- ▶ 认识 Word 快速访问工具栏

学完本章后你会做什么

- ▶ 熟悉 Office 2010 的办公应用常识
- ▶ 掌握 Office 软件的基本工作环境
- ▶ 掌握 Office 软件的工作界面

视频演示

截屏工具

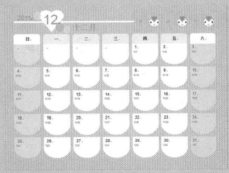

模板库应用

001 快速掌握 Office 强大功能

Office 2010 是 Microsoft 公司推出的办公自动化套装软件，Office 系列软件一直是各企业事业单位以及个人的首选办公软件，而且它的功能在不断增强，版本也在不断更新。Office 2010 将 Office 整个大家族更好地整合到一起，使用户可以比以往任何版本更快捷的创建专业水准的文档和内容。

Office 2010 的最大优点是将各大应用程序集成在一个统一的程序套件中，创建了一个具有多种用途的工具，并几乎可以完成一个现代企业或组织机构所有的办公活动。

Office 2010 共有 6 个版本，分别是初级版、家庭及学生版、家庭及商业版、标准版、专业版和专业高级版，此外还推出了 Office 2010 免费版，其中仅包括 Word 和 Excel 应用。Office 2010 可支持 32 位和 64 位 Vista 及 Windows 7 操作系统，仅支持 32 位 Windows XP，不支持 64 位 Windows XP。

此外，Office 2010 的各个应用程序有着相似的命令、对话框和操作步骤。因此，只要学会了其中一个应用程序的用法，再学习其他应用程序也就非常容易了。值得指出的是，在使用 Office 2010 应用程序的时候，要特别注意程序间的协同工作。通过协同工作可以把 Word 文本、Excel 图表或 Access 数据库信息组成一个非常完美的文档。

002 轻松了解 Office 新增功能

与 Office 2007 相比，Office 2010 新增了许多功能，而且 Office 2010 的工作界面简洁明了，标志也改为了全橙色，而不是此前的四种颜色。由于程序功能的日益增多，微软专门为 Office 2010 开发了这套全新的工作界面。

1．截屏工具

Windows 7 操作系统中自带了一个简单的截屏工具，Office 2010 中的 Word、Excel 等组件中也增加了这个截屏功能，在"插入"面板中可以找到"屏幕截图"按钮。"屏幕截屏"功能支持多种截图模式，特别是自动缓存当前打开窗口的截图。下面以 Word 2010 为例，介绍其具体操作步骤。

步骤 01 在 Word 2010 中，切换至"插入"面板，在"插图"选项板中单击"屏幕截图"按钮，在弹出的列表框中，选择"屏幕剪辑"选项，如下图所示。

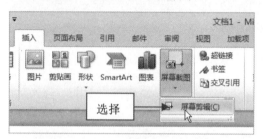

步骤 02 即可进入截屏界面，拖曳鼠标进行屏幕剪辑，释放鼠标后，即可完成屏幕截图操作，如下图所示。

2．背景移除工具

在 Word 2010 中，用户可以在 Word 2010 中的图片工具下方，或者在"页面布局"面板中找到"背景移除工具"按钮。当用户执行简单的抠图操作时，就无需动用 Photoshop 等图像处理软件，使用背景移除工具就可以执行添加、去除水印等操作。

3．限制编辑

在线协作是 Office 2010 中一个非常重要的功能，也符合当今办公趋势。在 Office 2010 中，"审阅"面板中新增了"限制面板"按钮 ，限制人员对文档的特定部分进行编辑或设置格式，用户可以防止格式更改、强制跟踪所有更改或仅启用备注。旁边还增加了"阻止作者"按钮，用于阻止任何人对文档进行修改。

4．打印选项

与 Office 2007 中的打印选项相比，Office 2010 中打印选项的各个参数全部显示在选项卡中，成为一个控制面板。

5．SmartArt 模板

SmartArt 是 Office 2007 引入的一个图形创建功能，可以轻松制作出精美的业务流程图，而 Office 2010 在现有类别下增加了大量的全新模板，还增加了很多全新类别。

除此之外，Word 增加了屏幕取词、文字视觉效果和图片艺术效果等功能，Excel 也增加了迷你图、自定义插入公式等功能。

> 在 Word 2010 工作界面中，切换至"插入"面板，在"插图"选项板中单击 SmartArt 按钮，弹出"选择 SmartArt 图形"对话框，其中包含了多种 SmartArt 图形，用户可根据需要进行选择。

003 亲身探密 Word 内容

随着计算机技术的发展，用纸和笔来进行文字处理的时代即将过去。文字处理软件经过多年的整理和完善，已经成为目前应用最广泛的软件产品之一。Word 作为 Office 系列产品的重要组件之一，是众多文字处理软件中的佼佼者。

Word 2010 在 Word 2007 的基础上新增和改进了许多功能，最突出的优点主要有模板库应用、快速样式应用以及共享文档等，下面向读者进行详细介绍。

1．模板库应用

Word 2010 的模板库和 Microsoft Office Online 官方网站上提供了个人简历、备忘录、传真、信函和证书奖状等各种模板，使用户可以方便地创建出具有专业水准的文档，如下图所示。

2．多种快速样式

在 Word 2010 中，用户可以为段落、文本设置多种快速样式。用户在输入文本、绘制表格时可以轻松地应用精美的样式，还可以在文档中插入图片、文本框和艺术字等对象，制作出图文并茂的各种办公文档，如下图所示。

3. 共享文档

在 Word 2010 中，将制作的文档保存在文档管理服务器中，还可以与朋友、同事共享以及有效地收集反馈信息。

004 快速掌握 Excel 应用

Excel 2010 提供了更专业的表格应用与格式设置功能，加强了数据处理的能力，主要体现在更强大的数据排序与过滤功能，丰富的条件格式化功能，更容易使用的数据透视表、丰富的数据导入功能等，下面向读者进行简单介绍。

1. 电子表格

在 Excel 2010 中，用户可以方便地制作出各种电子表格，还可以套用模板中的各种表格格式，其中包括条件格式、套用表格格式等，如下图所示。

销 售 数 据 分 析 表					
					单位:万元
产品名称 销售月份	1月	2月	3月	总计	平均
产品A	¥2,100	¥1,000	¥2,300	¥5,400	¥1,800
产品B	¥2,100	¥1,000	¥2,300	¥5,400	¥1,800
产品C	¥2,100	¥1,000	¥2,300	¥5,400	¥1,800
产品D	¥2,100	¥1,000	¥2,300	¥5,400	¥1,800
产品E	¥2,100	¥1,000	¥2,300	¥5,400	¥1,800
产品F	¥2,100	¥1,000	¥2,300	¥5,400	¥1,800
产品G	¥2,100	¥1,000	¥2,300	¥5,400	¥1,800
产品H	¥2,100	¥1,000	¥2,300	¥5,400	¥1,800
产品I	¥2,100	¥1,000	¥2,300	¥5,400	¥1,800
产品J	¥2,100	¥1,000	¥2,300	¥5,400	¥1,800
产品K	¥2,100	¥1,000	¥2,300	¥5,400	¥1,800
产品L	¥2,100	¥1,000	¥2,300	¥5,400	¥1,800

专家提醒

数据筛选功能可以只显示符合条件的数据记录，将不符合条件的数据隐藏起来，这更便于在大型工作表中查看数据。

3. 转换图表

在 Excel 2010 中，用户可以将数据转换为各种形式的可视性图表，并显示或打印出来，如下图所示。

学号	姓名	语文	数学	综合	总分
1	张三	85	94	92	271
2	李四	79	88	89	256
3	王五	82	87	93	262
4	刘小	88	93	87	268

4. 数据运算

在 Excel 2010 中，用户可以对表格中的数据进行各种运算，包括简单的加、减、乘、除，也包括复杂的函数运算，如下图所示。

编号	员工	基本工资	提成	交通补贴	员工工资
1	蒋国军	1000	600	200	1800
2	肖坤湘	900	800	200	1900
3	叶洁	800	700	180	1680
4	朱欣欣	800	500	150	1450
5	周清	900	700	200	1800
6	张瑞玉	1000	750	120	1870
7	颜仁贵	800	800	150	1750
8	彭芬	1000	800	130	1930
9	张娇艳	800	600	150	1550
10	范永军	900	500	180	1580
11	段林	800	700	100	1600
12	赵薰	900	600	120	1620
13	文叶	800	600	125	1525
14	周涛	1000	700	150	1850
15	黄英	900	500	120	1520

2. 数据筛选

在 Excel 2010 中，用户可以对数据进行排序和筛选，便于用户进行数据的统计和分析，如下图所示。

C4	fx	5900
出差开支预算		
出差开支预算	¥5,900.00	
		总计
飞机票价	机票单价（往） ¥1,200.00 1 张	¥1,200.00
	机票单价（返） ¥875.00 1 张	¥875.00
	其他 ¥0.00 0	¥0.00
酒店	每晚费用 ¥275.00 3 晚	¥825.00
	其他 ¥0.00 0 晚	¥0.00
餐饮	每天费用 ¥148.00 6 天	¥888.00
交通费用	每天费用 ¥152.00 6 天	¥912.00
休闲娱乐	总计 ¥730.00	¥730.00
礼品	总计 ¥185.00	¥185.00
其他费用	总计 ¥155.00	¥155.00
	出差开支总费用	¥5,770.00
	低于预算	¥130.00

专家提醒

数据筛选是指从工作表中筛选出满足条件的记录，这是查找数据时常用的一种方法，对筛选出满足条件的记录还可以继续使用排序功能对其进行排序。

005 PowerPoint 基础知识

PowerPoint 2010 是一个演示文稿制作程序，它可以制作出丰富多彩的幻灯片，并使其带有各种特殊效果，使用户所要展现的信息显示出来，吸引观众的眼球。下面向读者介绍 PowerPoint 2010 的功能。

1. 幻灯片样式

在 PowerPoint 2010 中，用户可根据需要创建包含文字、表格、形状和图片等对象的幻灯片，如下图所示。

2. 自定义动画

在 PowerPoint 2010 中，使用自定义动画功能可以使演示文稿妙趣横生。PowerPoint 2010 中高质量的自定义动画可以使文稿更加生动活泼，如下图所示。

用户可以创建多个动画效果，可以同时移动多个对象，或沿着轨迹移动对象，并且可以很容易地调整动画效果的先后顺序。

3. 演示幻灯片

在 PowerPoint 2010 中，幻灯片放映工具栏使用户在播放演示文稿时可以方便地进行幻灯片放映导航，还可以使用墨迹注释工具、笔和荧光笔选项以及"幻灯片放映"菜单命令轻松演示幻灯片，而且工具栏不会对观看演示文稿产生影响。

专家提醒

在 PowerPoint 2010 视图工具栏中有"普通视图"按钮、"幻灯片浏览"按钮和"阅读视图"按钮三个进行视图模式切换的按钮，可以满足用户对幻灯片浏览的需求。

006 了解 Office 2010 组件

除了 Word 2010、Excel 2010、PowerPoint 2010 三大核心组件外，Office 2010 还有其他组件。下面分别向读者进行介绍。

1. Outlook 2010

Outlook 2010 是一款功能强大的桌面信息管理软件，可用于组织和共享桌面信息，并可与他人通信。Outlook 2010 最基础的信息分类是项目，各种信息都以项目为基本单位，存储在各个文件夹中。

2. Access 2010

Access 2010 作为数据库管理软件，相对于 SQL Server 的复杂操作，它大大简化了繁琐的数据管理，让数据库外行人操作起来更方便。运用 Access 2010 可以制作的数据库包括办公数据库、人力资源管理数据库等，还可以与其他 Office 组件交流数据。

3. Publisher 2010

Publisher 2010 主要用于完整的企业发布和营销材料解决。

与客户保持联络并进行沟通，对任何企业都非常重要，Publisher 2010 可以帮助用户快速有效地创建专业的营销材料。使用 Publisher 软件，用户可以更轻松地设计、创建和发布专业的营销和沟通材料。

专家提醒

Microsoft Office Publisher 是 Publisher 的全称，是微软公司发行的桌面出版应用软件。它不仅可以对文字进行处理，还可以输出为 PDF 格式文件。

4. InfoPath 2010

InfoPath 2010 支持在线填写表单。InfoPath 是企业级搜索信息和制作表单的工具，Micros 公司将很多的界面控制集成在该工具中，为企业开发表单搜集系统提供了极大的方便。

InfoPath 文件的后缀名是.XML，可见 InfoPath 是基于 XML 技术的，作为一个数据存储中间层的技术，InfoPath 拥有大量常用的控件，如 Date Picker、文本框、可选节、重复节等，同时提供很多表格的页面设计工具。IT 开发人员可以为每个空间设置相应的数据有效性规则或数据公式。

如果 InfoPath 仅能做到上述功能，那么用户是可以用 Excel 做的表单代替 InfoPath 的。InfoPath 最重要的功能是它可以提供与数据库和 Web 服务之间的链接。用户可以将需要搜集的数据字段和表之间的关系在数据库中定义好，可以使用 SQL Server 和 Access 进行设计，然后将 InfoPath 表单中的控件和数据库中的字段进行绑定。这样当用户开始填写 InfoPath 表单时，数据就会自动存储到数据库中。

5. OneNote 2010

通俗、简单地说，OneNote 2010 是一款用电脑文字涂鸦的软件。用户可以随意添加文字，没有位置与层次的限制。

利用它还可以与 Office 2010 的其他组件进行整合，相互引用，快速查找信息。

专家提醒

Office OneNote 2010 可将用户所需的信息保留在某个位置，并可减少在电子邮件、书面笔记本以及文件夹中搜索信息的时间，从而有助于用户提高工作效率。

007 | 快速启动 Office 2010

启动 Office 2010 的方法有很多种，如从"开始"菜单启动、从桌面程序的快捷方式启动以及从软件的安装目录中启动。下面介绍启动 Office 2010 的操作方法。

步骤 01 在桌面上单击"开始"| Microsoft Word 2010 命令，如下图所示。

步骤 02 执行操作后，即可进入 Word 2010 工作界面，如下图所示。

008 | 快速退出 Office 2010

退出 Office 2010 的方法非常简单,下面进行简单介绍。

步骤 01 单击工作界面左上方的 "文件"菜单,在弹出的面板中单击 "退出"命令,如下图所示。

步骤 02 执行上述操作后,即可退出 Office 2010 应用程序。

若在工作界面中进行部分操作,之前也未保存,在退出该软件时,将会弹出提示信息框,如下图所示。

单击 "保存"按钮,将文件保存后退出;单击 "不保存"按钮,将不保存文件直接退出;单击 "取消"按钮,将不退出 Office 2010 应用程序。

专家提醒

除了应用上述退出 Office 2010 应用程序的方法外,还有以下 3 种方法:

❂ 按钮:单击 Word 2010 标题栏上的 "关闭"按钮。

❂ 图标:在标题栏的 Word 2010 程序图标上,双击鼠标左键。

❂ 快捷键:按【Alt + F4】组合键。

009 | 熟悉 Word 2010 工作界面

微软 Office 团队在开发最新版本时,除了最核心的功能外,还对用户界面进行了大幅改进,虽然不能用改头换面来形容,不过 Office 2010 对 UI 进行精简,删除了一些不需要的视觉元素,更重视主题内容,而不是窗口架构的边缘和小器具。

为了达到上述目的,Office 2010 减少了边框、水平线条等,使得 Office 界面的垂直空间增大了 6 个像素,而且添加了更多空白区域。Office 2007 中使用了 Ribbon 界面,主要是为了配合 Vista 的审美风格,到了 Office 2010,微软认为这个界面已经十分成熟,在不影响 Ribbon 整体架构和功能的情况下,对其外观进行了精简。

专家提醒

在启动 Office 2010 时,微软新增了动画效果,为用户提供了更好的体验。

如下图所示为 Word 2010 的工作界面,它主要包括标题栏、自定义快速访问工具栏、菜单栏和面板、"帮助"按钮、编辑区、状态栏和视图栏等。

自定义快速访问工具栏 标题栏 "帮助"按钮

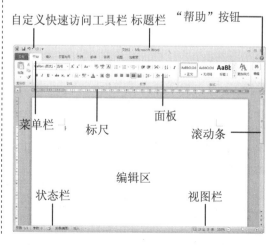

菜单栏　标尺　面板　滚动条　编辑区　状态栏　视图栏

010 | 认识 Word 快速访问工具栏

快速访问工具栏中包括了"保存"、"撤销键入"、"恢复键入"等按钮，单击"自定义快速访问工具栏"按钮，在弹出的列表框中，将显示相应的操作选项，选择相应选项，可将其添加到快速访问工具栏中，如下图所示。

快速访问工具栏中各按钮的含义如下：

❀ "保存"：将新建文档保存，快捷键为【Ctrl＋S】。

❀ "撤销键入"：返回上一步操作，快捷键为【Ctrl＋Z】。

❀ "恢复键入"：单击一次即可恢复上一次撤销的操作。

❀ "粘贴"：把其他文档中的内容复制过来，快捷键为【Ctrl＋V】。

❀ "打开"：打开一个已保存的 Word 文档，快捷键为【Ctrl＋O】。

❀ "绘制表格"：单击该按钮即可绘制一个无内容的表格。

❀ "快速打印"：单击该按钮即可打印需要打印的文档。

❀ "打开最近使用过的文档"：单击该按钮，即可进入"开始"菜单下的"最近所用文件"列表框中。

011 | 认识 Word 2010 标题栏

标题栏位于窗口的最上方、快速访问工具栏的右侧。在 Word 2010 中，标题栏由文档名称、程序名称、"最小化"按钮、"最大化/向下还原"按钮 / 和"关闭"按钮 5 个部分组成，如下图所示。

012 | 认识 Word 2010 菜单栏

菜单栏位于标题栏的下方，由"文件"、"开始"、"插入"、"页面布局"、"引用"、"邮件"、"审阅"、"视图"和"加载项"等组成，如下图所示。

013 | 认识 Word 2010 面板

在功能区面板中有许多自动适应窗口大小的选项板，为用户提供了常用的按钮或列表框，如下图所示。菜单栏和功能区面板是对应的关系，在菜单栏中单击相应菜单项，即可显示相应的面板。

014 | 认识 Word 2010 编辑区

编辑区也称为工作区，是 Word 2010 工作界面中最大的区域，位于工作界面的中央，用户可以在编辑区中进行输入文字、编辑文字或图片等操作。查看文档的宽度和设置制表符的位置可以通过标尺来操作。

当页面内容过多时，页面右侧和底部会显示滚动条，拖动滚动条可浏览更多内容。

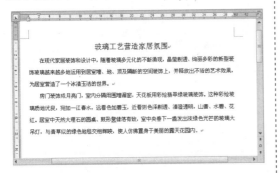

标尺分为水平标尺和垂直标尺，用来查看文档的宽度和设置制表符的位置。如下图所示为标尺，标尺上有数字、刻度和各种标记，通常以 cm 为单位，无论是排版，还是制表和定位，标尺都起着非常重要的作用。

015 | 认识 Word 2010 状态栏

状态栏用于显示 Word 文档当前的状态，例如，当前文档页数、总页数、字数、语言（国家 / 地区）和输入状态等内容，如下图所示。

016 | 认识 Word 2010 视图栏

状态栏的右侧是视图栏，其中包含视图按钮组、调节页面显示比例滑块和当前显示比例等，如下图所示。

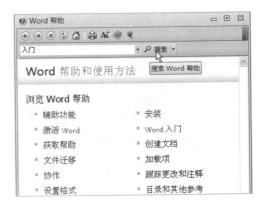

017 | 熟悉 Word 帮助功能

"帮助"按钮 ❓ 位于菜单栏的右侧，单击该按钮可以打开相应组件的"帮助"窗口，在其中可查找需要帮助的信息。

使用"帮助"窗口查找信息的方法主要有两种。

✿ 在"帮助"窗口中单击相应的链接，即可找到需要的内容，如下图所示。

✿ 输入关键字，单击"搜索"按钮，即可进行搜索，如下图所示。

Word 2010 轻松入门

学前提示

Word 2010 是 Office 2010 办公系统的核心软件，是专门为文本编辑、排版以及打印而设计的软件，它具有强大的文字输入、处理和自由制表等功能，是目前世界上最优秀、最流行的文字处理及排版软件之一。本章主要向读者介绍 Word 2010 的基本操作。

本章知识重点

▶ 新建文本文档　　　　　　▶ 覆盖保存已有的文档
▶ 打开文本文档　　　　　　▶ 巧用另存为文档
▶ 快速打开最近使用文档　　▶ 快速保存为网页文档
▶ 关闭文本文档　　　　　　▶ 妙用自动保存文档设置
▶ 快速保存文档　　　　　　▶ 切换草稿视图

学完本章后你会做什么

▶ 熟悉 Word 2010 的基本操作
▶ 掌握 Word 2010 软件的视图显示
▶ 掌握 Word 2010 文档的基本设置

视频演示

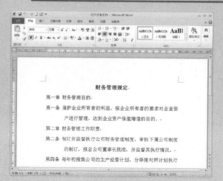

打开文本文档　　　　　　　　　　　设置文档首字下沉

018 新建文本文档

启动 Word 2010 后，它会自动建立一个空白文档，并在标题栏中显示"文档 1-Microsoft Word"字样，用户可以直接输入内容。

如果用户在编辑文档过程中，还需要创建其他空白文档，则可以选择以下 4 种操作方法。

❀ 命令：单击"文件"｜"新建"命令，如下图所示，在"新建"选项卡中双击"空白文档"按钮，新建文档。

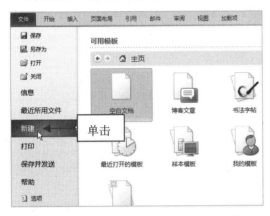

❀ 按钮：单击快速访问工具栏上的"新建"按钮，如下图所示。

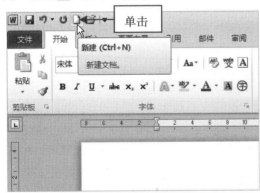

❀ 快捷键 1：按【Ctrl＋N】组合键。
❀ 快捷键 2：依次按【Alt】、【F】、【N】和【Enter】键。

019 打开文本文档

在编辑一个文档之前，首先需要打开文档，Word 2010 提供了多种打开文档的方法。

Word 2010 除了可以打开自身创建的文档外，还可以打开由其他软件创建的文档，下面介绍其具体操作步骤。

步骤 01　在 Word 2010 工作界面中，单击"文件"菜单，在弹出的面板中单击"打开"命令，如下图所示。

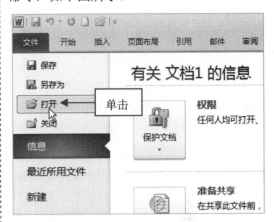

步骤 02　弹出"打开"对话框，在其中选择需要打开的文档，如下图所示。

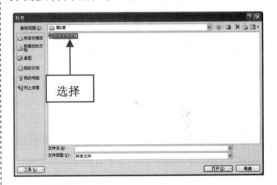

步骤 03　单击"打开"按钮，即可打开一个 Word 文档，如下图所示。

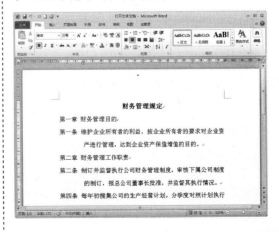

当用户一次性要打开多个文档时，可选择下列两种方式打开。

❀ 如果要选择列表框中连续的文档，可单击第一个文档，然后按住【Shift】键的同时，单击最后一个要打开的文档，即可打开多个文档。

❀ 如果要打开的文档在列表中不连续，只需按住【Ctrl】键的同时，单击需要打开的文档，此时被选中的文档呈浅蓝底色显示，单击"打开"按钮即可。

专家提醒

　　除了运用上述方法打开 Word 文档外，还有以下两种方法：
　❀ 快捷键：按【Ctrl + O】组合键。
　❀ 按钮：单击快速访问工具栏上的"打开"按钮 。

专家提醒

　　此外，用户还可以在"最近使用的文档"列表中，选中"快速访问此数目的'最近使用的文档'"复选框，以更改显示文档的数目。

020 | 快速打开最近使用文档

在日常的学习、生活和工作中，经常需要打开最近使用过的 Word 文档以进行编辑，通常包括两种方法：

1. 通过"开始"按钮

通过"开始"按钮打开最近使用文档的具体操作如下。

在系统桌面上，单击屏幕左下角的"开始"按钮 ，单击"我最近的文档"命令，在弹出的列表框中选择想要打开的文档，即可快速打开最近使用的文档。

2. 通过"文件"功能栏

通过"文件"功能栏打开最近使用的文档的具体操作如下：

在已经打开的 Word 2010 软件中，单击"文件"|"最近所用文件"命令，在右边的区域中将显示最近所使用过的文档，如下图所示。

021 | 关闭文本文档

在 Word 2010 中，关闭文档和关闭应用程序窗口的操作方法有相同之处，但关闭文档不一定要退出应用程序，用户可以使用下列任意一种方法来关闭文档。

❀ 命令：单击"文件"菜单，在弹出的面板中单击"关闭"命令，如下图所示。

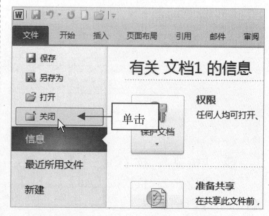

❀ 按钮：单击文档右上角的"关闭窗口"按钮 ✕。

❀ 快捷键：按【Alt+F4】组合键。

022 快速保存文档

在处理文档的过程中，很重要的操作就是要对文档进行保存，因为用户所做的工作都是在内存中进行，一旦计算机突然断电或者系统发生意外而不能正常退出 Word 2010，那么这些内存中的文件就会丢失，所有的工作都会白费。因此，用户要养成及时保存文档的习惯。

在 Word 2010 中，快速保存文档有以下几种方法：

❀ 快捷键：按【Ctrl＋S】组合键。

❀ 命令：单击"文件"|"保存"命令，如下图所示。

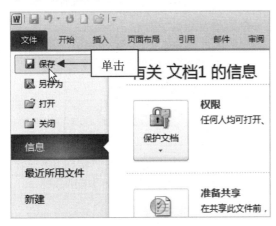

❀ 按钮：单击"快速访问工具栏"上的"保存"按钮🖫，如下图所示。

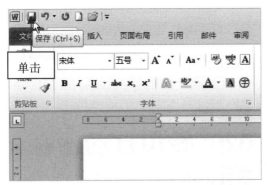

023 覆盖保存已有的文档

如果对已有文档进行修改，在进行保存时，通常有两种情况：一种是直接覆盖原文件进行保存，另一种是保存时对文档进行重命名。

覆盖保存已有的文档会把之前保存的文档覆盖，在对文档进行适当的编辑后，直接单击"保存"按钮🖫即可。用户在使用这种方法进行保存时，最好将原有的文档复制一份到其他位置。

024 巧用另存为文档

另存为文档就是对原文档进行重命名再保存，下面介绍其具体操作步骤。

步骤 01 在 Word 2010 工作界面中，单击"文件"|"打开"命令，打开一个 Word 文档，如下图所示。

步骤 02 单击"文件"菜单，在弹出的面板中单击"另存为"命令，如下图所示。

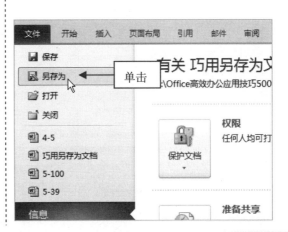

步骤 03 弹出"另存为"对话框,设置保存路径和文件名,如下图所示,单击"保存"按钮,即可另存为 Word 文档。

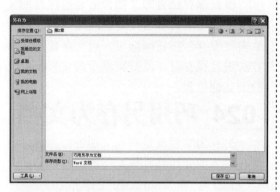

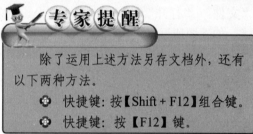

专家提醒

除了运用上述方法另存文档外,还有以下两种方法。

- ◎ 快捷键:按【Shift + F12】组合键。
- ◎ 快捷键:按【F12】键。

025 快速保存为网页文档

除了将 Word 文档保存为普通的文档外,还可以将编辑后的 Word 文档另存为网页或框架页。

步骤 01 在 Word 2010 工作界面中,单击"文件"|"打开"命令,打开一个 Word 文档,如下图所示。

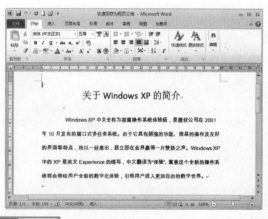

步骤 02 单击"文件"菜单,在弹出的面板中单击"另存为"命令,弹出"另存为"对话框,设置保存路径和文件名,单击"保存类型"右侧的下三角按钮▼,在弹出的列表框中选择"网页"选项,如下图所示。

步骤 03 单击"更改标题"按钮,弹出"输入文字"对话框,在其中输入网页标题,如下图所示。

步骤 04 依次单击"确定"按钮和"保存"按钮,即可保存为网页,如下图所示。

026 妙用自动保存文档设置

Word 2010 具有"自动保存"功能,每隔一段时间 Word 2010 会自动对文档进行一次保存,这项功能可以有效地避免和减少由断电、死机等意外情况造成的数据丢失。

步骤 01　单击"文件"菜单，在弹出的面板中单击"打开"命令，打开一个 Word 文档，如下图所示。

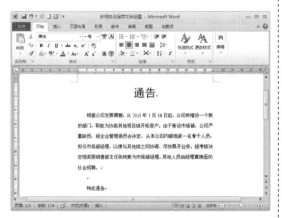

步骤 02　单击"文件"菜单，在弹出的面板中单击"选项"命令，如下图所示。

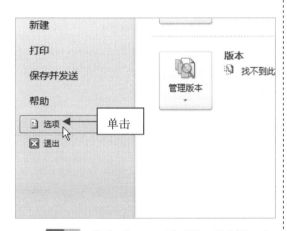

步骤 03　弹出"Word 选项"对话框，切换至"保存"选项卡，如下图所示。

步骤 04　在"保存文档"选项区中选中"保存自动恢复信息时间间隔"复选框，设置时间间隔为 8 分钟，如下图所示。

步骤 05　单击"确定"按钮，即完成设置自动保存操作。

专家提醒

　　自动保存时间间隔一般设置为 5～10 分钟比较合适，因为时间间隔太长，一旦发生意外事故，就会造成比较大的损失；如果时间太短，频繁地对文档进行保存又会干扰用户的工作。

027｜切换草稿视图

　　草稿视图的优点是响应速度快，能够最大限度地缩短视图显示的等待时间，以提高工作效率。

　　但草稿视图的缺点也非常明显，它无法显示文档排版的真实情况，在多栏排版时，不能并排显示，而是显示成连续的栏位；当用户使用文本框时，文本框中的内容将无法显示；图文框中的内容虽然能够显示出来，但却无法显示到设定的位置上。

　　切换至草稿视图的方法很简单，只需切换至"视图"面板，在"文档视图"选项板中单击"草稿"按钮，即可切换至草稿视图，如下图所示。

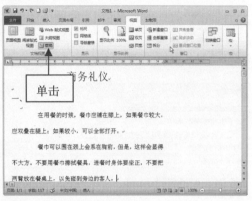

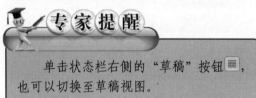

> **专家提醒**
>
> 单击状态栏右侧的"草稿"按钮 ▤，也可以切换至草稿视图。

028 | 切换大纲视图

大纲视图是一种通过缩进文档标题方式来表示它们在文档中级别的显示方式，用户通过该视图可以方便地在文档中进行页面跳转、修改以及移动标题重新安排文本等操作，是进行文档结构重组操作的最佳视图方式。

切换至大纲视图的方法很简单，只需切换至"视图"面板，在"文档视图"选项板中单击"大纲"按钮 ▦，即可切换至大纲视图，如下图所示。

> **专家提醒**
>
> 单击状态栏右侧的"大纲视图"按钮 ▤，也可以切换至大纲视图。

029 | 切换 Web 视图

Web 版式视图主要用于编辑 Web 页面，用户可以在其中编辑文档，并把文档储存为 HTML 文件。在 Web 版式视图下，编辑窗口将显示文档的 Web 布局视图。

> **专家提醒**
>
> 在 Web 版式视图中，文档不显示与 Web 无关的信息，如分页符和分节符等，但可以浏览到背景和为适合窗口而换行的文本，而且图形位置与所在浏览器中的位置一致，而不显示为实际打印的样式。

切换至 Web 视图的方法很简单，切换至"视图"面板，在"文档视图"选项板中单击"Web 版式视图"按钮 ▦，即可切换至 Web 版式视图，如下图所示。

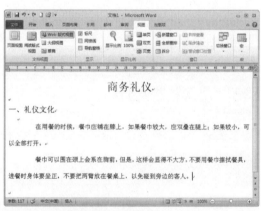

> **专家提醒**
>
> 单击状态栏右侧的"Web 版式视图"按钮 ▤，也可以切换至 Web 版式视图。

030 | 切换页面视图

页面视图是 Word 文档中最常见的视图方式，也是 Word 文档默认的视图方式。由于页面视图可以很好地显示排版的格式，因此常被用来对文本、格式、版面或者文档的外观进行修改等操作。

在页面视图下，能够显示水平标尺和垂直标尺，可以用鼠标移动图形和表格等在页面上的位置，并且可以对页眉和页脚进行相应修改。

专家提醒

页面视图可用于编辑页眉和页脚、调整页边距、处理分栏和图形对象，如果喜欢在页面视图中插入和编辑文本，可以通过隐藏页面顶部和底部的空白空间来节省屏幕空间。

切换至页面视图的方法很简单，切换至"视图"面板，在"文档视图"选项板中单击"页面视图"按钮，即可切换至页面视图，如下图所示。

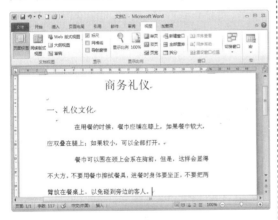

专家提醒

单击状态栏右侧的"页面视图"按钮，也可以切换至页面视图。

031 切换阅读视图

阅读版式视图是在使用 Word 软件阅读文章时经常使用的视图。在阅读版式视图中，用户可以进行批注，用色笔标记文本和查找相应文本等操作，使得阅读起来比较贴近自然习惯，可以使用户从疲劳的阅读习惯中解脱出来。

专家提醒

在阅读版式视图中，当阅读内容紧凑时，它能把相连的两页显示在一个版面上，十分方便。

切换至阅读版式视图的方法很简单，切换至"视图"面板，在"文档视图"选项板中单击"阅读版式视图"按钮，即可切换至阅读版式视图，如下图所示。

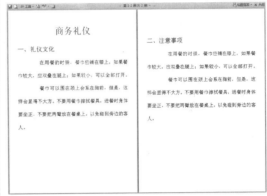

专家提醒

单击状态栏右侧的"阅读版式视图"按钮，也可以切换至阅读版式视图。

032 切换导航窗格

导航窗格是一个独立的纵向窗口，位于文档窗口的左侧，主要用来显示文档的标题列表。

导航窗格中显示的结构是由文档的标题样式来决定的，在文档结构图中单击标题栏后，Word 就会自动跳转到文档中与该标题相对应的实际位置，并将其显示在当前的文档窗口中。

切换至导航窗格的方法很简单，切换至"视图"面板，在"显示"选项区中选中"导航窗格"复选框，即可打开导航窗格，如下图所示。

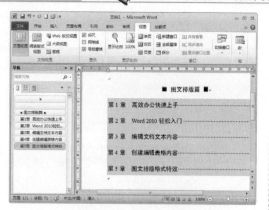

033 设置权限密码

用户如果有重要的个人信息或公司资料不想让其他用户知道，可以为文件设置密码，进行加密保护。

步骤 01 单击"文件"菜单，在弹出的面板中单击"打开"命令，打开一个 Word 文档，如下图所示。

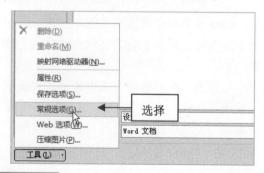

步骤 02 单击"文件"菜单，在弹出的面板中单击"另存为"命令，弹出"另存为"对话框，设置保存路径和文件名，单击"工具"右侧的下三角按钮，在弹出的列表框中选择"常规选项"选项，如下图所示。

步骤 03 弹出"常规选项"对话框，在"打开文件时的密码"文本框中输入密码，如下图所示。

步骤 04 单击"确定"按钮，弹出"确认密码"对话框，再次输入密码，如下图所示。依次单击"确定"按钮和"保存"按钮，即可完成打开文档权限密码的设置。

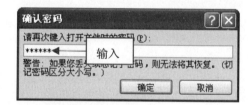

专家提醒

设置文档密码时，要注意密码的安全强度以及字母的大小写，由大小写字母、数字和符号组合而成的密码称为强度密码，如果只有数字或只有字母，则属于弱密码。

034 设置修改权限的密码

为了防止其他用户打开文档后，对该文档进行修改，用户此时可以设置文档的修改权限密码，从而保护打开的文档不被其他用户随便修改。

步骤 01　单击"文件"菜单，在弹出的面板中单击"打开"命令，打开一个 Word 文档，如下图所示。

工作计划表

日期	工作安排		负责人
2011 年 3 月 21 号	上午	准备会议报表	成芳
	下午	总结会议记录	
2011 年 3 月 22 号	上午	进行市场调研	文航
	下午	进行市场调研	
2011 年 3 月 23 号	上午	策划计划方章	康健
	下午	策划计划方章	
2011 年 3 月 24 号	上午	邀请客户商谈	李明
	下午	邀请客户商谈	
2011 年 3 月 25 号	上午	进行各部门检查工作	李茜
	下午	申批文件	

步骤 02　单击"文件"菜单，在弹出的面板中单击"另存为"命令，弹出"另存为"对话框，设置保存路径和文件名，单击"工具"右侧的下三角按钮，在弹出的列表中选择"常规选项"选项，弹出"常规选项"对话框，在"打开文件时的密码"文本框中输入密码，在"修改文件时的密码"文本框中输入修改时需要的密码，如下图所示。

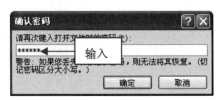

步骤 03　单击"确定"按钮，弹出"确认密码"对话框，在"请再次输入打开文件时的密码"文本框中，再次输入打开文档时的密码，如下图所示。

步骤 04　单击"确定"按钮，弹出"确认密码"对话框，在"请再次输入修改文件时的密码"文本框中，再次输入修改文档时的密码，如下图所示。依次单击"确定"按钮和"保存"按钮，即可设置打开和修改文档时的权限密码。

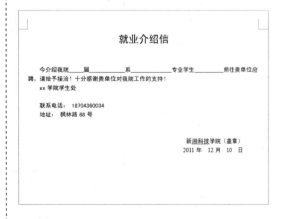

专家提醒

设置文档密码和设置修改文档密码时，为了文档操作安全，两个密码不要为相同的密码。

035 设置为只读模式文档

Word 2010 可以设置在打开文件时以只读方式打开，打开后用户不能进行任何操作，只能阅读文档，如果用户要选择以只读方式打开文档并对其进行修改，必须另存为文件。将文档设为只读后，再打开时系统会提示文档以设为只读模式。

步骤 01　单击"文件"菜单，在弹出的面板中单击"打开"命令，打开一个 Word 文档，如下图所示。

就业介绍信

今介绍我院＿＿＿＿届＿＿＿＿系＿＿＿＿专业学生＿＿＿＿前往贵单位应

聘，请给予接洽！十分感谢贵单位对我院工作的支持！

xx 学院学生处

联系电话：18704360034

地址：　枫林路 88 号

新湘科技学院（盖章）

2011 年　12 月　10 日

步骤 02 单击"文件"菜单,在弹出的面板中单击"另存为"命令,弹出"另存为"对话框,设置保存路径和文件名,单击"工具"右侧的下三角按钮,在弹出的列表中选择"常规选项"选项,弹出"常规选项"对话框,在其中选中"建议以只读方式打开文档"复选框,如下图所示。

步骤 03 依次单击"确定"按钮和"保存"按钮,即可设置文档模式为只读模式。

专家提醒

　　当用户保存文档并关闭文档后,再次打开该文档时,会弹出提示信息框,询问用户是否以只读方式打开该文档,如果单击"否"按钮,则文档以普通文档形式打开;如果单击"是"按钮,则文档以只读方式打开。

036 | 快速新建窗口

　　新建窗口是指在一个窗口中再次新建一个或多个窗口,新建窗口的命名方式均为1:2、1:3、1:4 等。

专家提醒

　　新建窗口与新建文档的区别就是两者的命名方式不同,前者命名方式为"文档 1: 1-Microsoft Word";后者的命名方式为"文档 1-Microsoft Word"。

步骤 01 单击"文件"菜单,在弹出的面板中单击"打开"命令,打开一个 Word 文档,如下图所示。

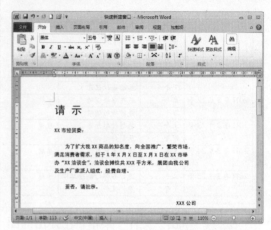

步骤 02 切换至"视图"面板,在"窗口"选项板中单击"新建窗口"按钮,如下图所示。

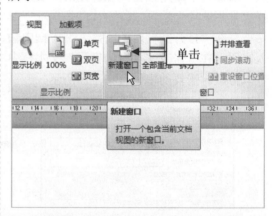

步骤 03 执行上述操作后,即可创建一个新窗口,如下图所示。

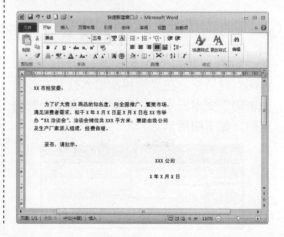

037 | 快速拆分窗口

拆分窗口是指将一个窗口拆分为两个窗口，用户可以根据需要在适当的位置对窗口进行拆分操作，以便同时查看同一个文档的不同部分。

步骤 01 单击"文件"菜单，在弹出的面板中单击"打开"命令，打开一个 Word 文档，如下图所示。

步骤 02 切换至"视图"面板，在"窗口"选项板中单击"拆分"按钮，如下图所示。

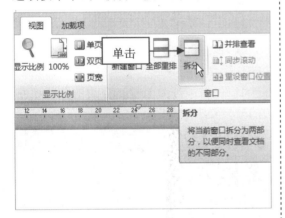

专家提醒

在拆分窗口后，如果需要撤销拆分，可以在"视图"面板中，单击"窗口"选项板中的"取消拆分"按钮，即可撤销拆分窗口。

步骤 03 在需要拆分的位置上单击鼠标左键，即可拆分一个新窗口，如下图所示。

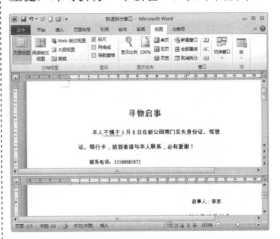

038 | 巧妙设置文档的分栏

在处理比较长的文档时，有时为了版面的需要对文档进行分栏操作。用户可以通过创建新闻稿样式的分栏或链接的文本框，在新闻稿、小册子和海报中布置文字，以使文档易于阅读。

步骤 01 单击"文件"菜单，在弹出的面板中单击"打开"命令，打开一个 Word 文档，如下图所示。

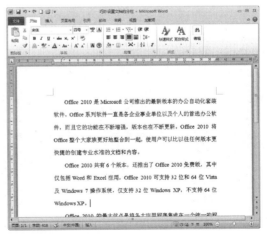

步骤 02 在打开的 Word 文档中，拖动鼠标框选所有文本内容为分栏排版内容，如下图所示。

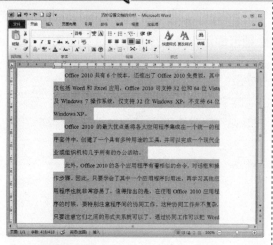

步骤 03 切换至"页面布局"面板，在"页面设置"选项板中，单击"分栏"按钮▤，在弹出的列表框中选择"两栏"选项，如下图所示。

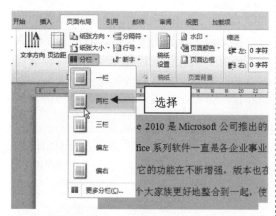

步骤 04 执行上述操作后，即可设置文档的分栏，效果如下图所示。

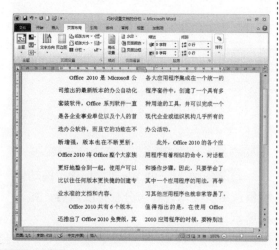

专家提醒

在"页面设置"选项板中，单击"分栏"按钮，在弹出的列表框中选择相应的栏数，也可以对文档进行分栏操作。

此外，用户也可以将文档分成"偏左"或"偏右"设置，如下图所示。

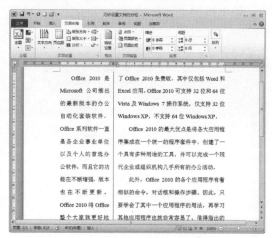

分栏列表框中各选项的含义如下：

❂ 一栏：不对文档进行分栏或取消已有分栏。

❂ 两栏：将文档分为左右两栏。

❂ 三栏：将文档分为左、中、右三栏。

❂ 偏左：分为两栏，右边的分栏比左边的分栏要宽一些。

❂ 偏右：分为两栏，右边的分栏比左边的分栏要窄一些。

039 | 巧妙设置文档的多栏

除了对文档进行两栏排版外，在进行页面排版时，有些特殊版面需要设置多栏排版，这时用户可以通过 Word 的分栏进行多栏设置，以满足排版的要求，其具体的操作方法如下：

步骤 01 单击"文件"菜单，在弹出的面板中单击"打开"命令，打开一个 Word 文档，如下图所示。

步骤 02　在打开的 Word 文档中，按【Ctrl＋A】组合键，选中所有文本内容为分栏排版内容，如下图所示。

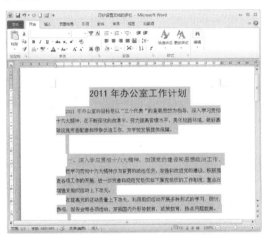

步骤 03　切换至"页面布局"面板，在"页面设置"选项板中单击"分栏"按钮，在弹出的列表框中选择"更多分栏"选项，如下图所示。

步骤 04　弹出"分栏"对话框，在"预设"选项区中，选择"三栏"选项，并选中"分隔线"复选框，如下图所示。

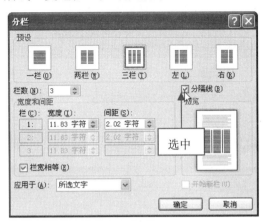

专家提醒

此外，用户还可以根据具体的需要，在"栏数"文本框中，设置相应的分栏参数值。

步骤 05　单击"确定"按钮，即可将文档内容分为多栏，效果如下图所示。

040 | 巧妙设置分栏的栏框

在给文档分栏后，可以通过"标尺"对每个栏框进行调整，从而编辑出具有不同栏宽的文档。

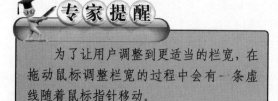

为了让用户调整到更适当的栏宽，在拖动鼠标调整栏宽的过程中会有一条虚线随着鼠标指针移动。

步骤 01 单击"文件"菜单，在弹出的面板中单击"打开"命令，打开一个 Word 文档，如下图所示。

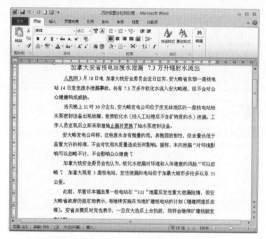

步骤 02 按【Ctrl＋A】组合键，选中所有文本内容为分栏排版内容，切换至"页面布局"面板，在"页面设置"选项板中单击"分栏"右侧的下三角按钮，在弹出的列表中选择"更多分栏"选项，弹出"分栏"对话框，选择"预设"选项区的"两栏"选项，并选中"分隔线"复选框，如下图所示。

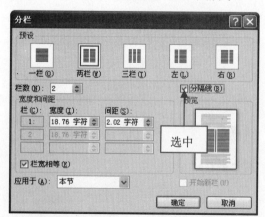

步骤 03 单击"确定"按钮，返回编辑界面，如下图所示。

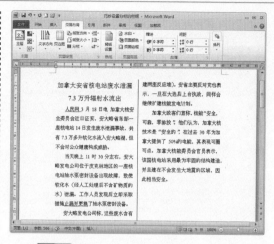

步骤 04 将鼠标指针移至标尺上的"移动栏"处，使鼠标变成双箭头形状，按住鼠标左键并向右拖动，调整至合适位置后释放鼠标，即可显示调整栏宽后的分栏效果，如下图所示。

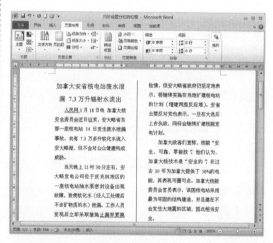

041 | 巧妙设置文档首字下沉

首字下沉就是改变段落中的第一个字或若干个字母的字号，并以下沉或悬挂的方式改变文档的版式，一般用于文档的开头。

简单地说，首字下沉就是将文章开始的第一个字或几个字放大数倍，增强文章的可读性。

步骤 01 单击"文件"菜单，在弹出的面板中单击"打开"命令，打开一个 Word 文档，如下图所示。

太阳升起后，葡萄架被照亮。有一些阳光从葡萄藤间穿过，照在地上。

葡萄藤错综复杂，因而地上的阳光被映衬成了一幅密密麻麻的线条画。远看像有图形，近看却是粗粗的笔画，大曲大折，收得很紧。

太阳慢慢升高，地上的这幅画在院子里移动，先是裹住一朵花，后又爬上台阶，最后落在那扇门板上。这幅画移动到哪里，哪里便成了它生动的一部分。

艾力的儿子阿地利跟着这幅画跑，他的身影被拉长，似乎他顷刻间长大了一般。

最后，这幅画在门上变成了竖条状，把门装饰得古朴而典雅。远远地看上去，好像门上挂着一件艾德莱丝裙子似的。

直到下午，这幅画才消失了。

院子里又恢复了平静。阳光完成了它的一次创作。阳光的这种创作只是一种手指的抚摸，一经抚过，作品便出现在土地上。下午，这幅画的创作和展示均已完成，太阳倾斜，夕阳就把作品收走了，不留一痕一迹。

步骤 02　选择文档中的第一个字，切换至"插入"面板，在"文本"选项板中单击"首字下沉"按钮，在弹出的列表框中选择"下沉"选项，如下图所示。

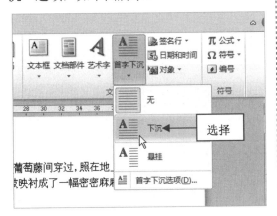

步骤 03　执行上述操作后，即可设置文档中的内容为首字下沉样式，如下图所示。

太阳升起后，葡萄架被照亮。有一些阳光从葡萄藤间穿过，照在地上。葡萄藤错综复杂，因而地上的阳光被映衬成了一幅密密麻麻的线条画。

远看像有图形，近看却是粗粗的笔画，大曲大折，收得很紧。

太阳慢慢升高，地上的这幅画在院子里移动，先是裹住一朵花，后又爬上台阶，最后落在那扇门板上。这幅画移动到哪里，哪里便成了它生动的一部分。

艾力的儿子阿地利跟着这幅画跑，他的身影被拉长，似乎他顷刻间长大了一般。

最后，这幅画在门上变成了竖条状，把门装饰得古朴而典雅。远远地看上去，好像门上挂着一件艾德莱丝裙子似的。

直到下午，这幅画才消失了。

院子里又恢复了平静。阳光完成了它的一次创作。阳光的这种创作只是一种手指的抚摸，一经抚过，作品便出现在土地上。下午，这幅画的创作和展示均已完成，太阳倾斜，夕阳就把作品收走了，不留一痕一迹。

03 编辑文档文本内容

学前提示

在 Word 文档中，完成了文本的输入和编辑后，往往需要设置文本的格式，也就是美化文本。通过美化操作，可以使文档在外观上看起来更加整齐、美观。本章主要向读者介绍 Word 文档的美化操作，主要包括设置文本样式、段落格式、边框和底纹以及项目符号和编号等操作。

本章知识重点

▶ 输入文字对象　　　　　　▶ 用键盘选定文本
▶ 插入普通字符　　　　　　▶ 使用快捷键选择文本
▶ 插入特殊字符　　　　　　▶ 移动文本内容
▶ 插入日期和时间　　　　　▶ 复制与粘贴文本
▶ 用鼠标选择文本　　　　　▶ 删除文本内容

学完本章后你会做什么

▶ 掌握 Word 2010 的基本文字操作
▶ 掌握 Word 2010 的文本格式设置
▶ 掌握 Word 2010 的段落格式设置

视频演示

名门房产

刘　悦

名门房产

市场部
经理

地址：长沙市岳麓区望城坡 220 号　邮政编码：410000
电话：0731-65854000　　　　　　手机：15800066650
E-mail：liuyi@lenglian.com　　　　网址：www.lenglian.com

快速设置文本字体格式

学生考试成绩表

学号	姓名	语文	数学	化学	物理
1	李豪	96	87	80	82
2	肖文	85	83	85	78
4	刘斌	75	78	80	84
5	杨辉	82	85	97	85
6	陈芳	82	80	87	85
7	王杰	86	84	78	80
8	李馨	89	78	95	85
9	张国	95	85	80	75
10	陈林	86	87	86	98
11	周涛	78	75	86	78
12	李娟	80	85	90	90

快速设置文档背景效果

042 输入文字对象

启动 Word 2010 时，Word 2010 会自动建立一个空白文档。输入文本时，光标从左向右移动，这样用户可以不断地输入文本。Word 2010 会根据页面的大小自动换行，当光标移动到页面的右边界时，再输入字符，光标会自动移至下一行行首位置。如果用户想另起一段文本，可按【Enter】键换行。

步骤01 在 Word 2010 工作界面中，将光标定位在文档中，如下图所示。

步骤02 单击任务栏中的语言图标，在弹出的列表框中选择一种输入法，即可在编辑区中输入相应文字，如下图所示。

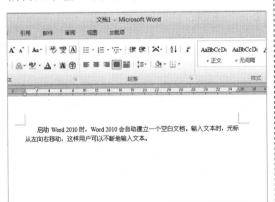

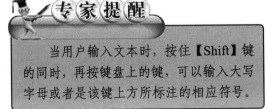

专家提醒

当用户输入文本时，按住【Shift】键的同时，再按键盘上的键，可以输入大写字母或者是该键上方所标注的相应符号。

043 插入普通字符

插入符号功能的应用可以插入键盘上没有的符号，或者是不方便打出来的字符。

步骤01 在 Word 2010 工作界面中，单击"文件"|"打开"命令，打开一个 Word 文档，如下图所示。

步骤02 在要插入字符的位置单击鼠标左键，如下图所示。

步骤03 切换至"插入"面板，在"符号"选项板中，单击"符号"按钮 Ω，在弹出的列表框中，选择"全形百分号"选项，如下图所示。

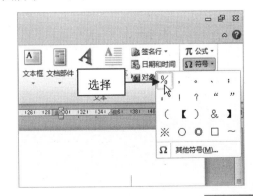

步骤 04 执行上述操作后，即可插入普通字符，效果如下图所示。

十月员工工资表				
姓名	基本工资	奖金	总工资	奖金所占的比（%）
李 好	3000	200		
周文涛	2700	500		
彭 亮	2500	500		
冯 花	3500	200		
范 勇	3000	500		
赵 兄	2800	500		

044 | 插入特殊字符

插入特殊字符功能的应用可以插入键盘上没有的特殊符号，如版权符号、商标符号以及段落标记等。

步骤 01 在 Word 2010 工作界面中，单击"文件"|"打开"命令，打开一个 Word 文档，如下图所示。

Office 2010 图书目录

1　初识 Office 2010

2　文档格式设置

3　创建 Word 表格

4　插入图片文件

5　图文高级排版

步骤 02 在要插入特殊字符的位置单击鼠标左键，如下图所示。

|| 初识 Office 2010

2　文档格式设置

3　创建 Word 表格

4　插入图片文件

步骤 03 切换至"插入"面板，在"符号"选项板中单击"符号"按钮 Ω，在弹出的列表框中选择"其他符号"选项，如下图所示。

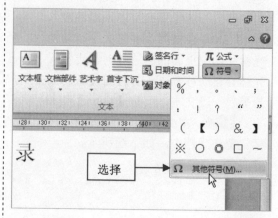

步骤 04 弹出"符号"对话框，切换至"特殊字符"选项卡，在"字符"下拉列表框中，选择"小节"特殊字符样式，如下图所示。

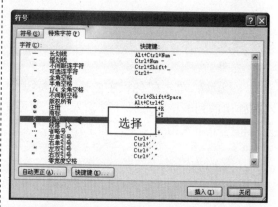

步骤 05 单击"插入"按钮，即可在相应位置插入特殊字符，如下图所示。

§1　初识 Office 2010

2　文档格式设置

3　创建 Word 表格

4　插入图片文件

步骤 06 依次在各数字前单击鼠标左键，并在"字符"对话框中，单击"插入"按钮，最后单击"关闭"按钮，完成插入特殊字符操作，效果如下图所示。

Office 2010 图书目录

§1　初识 Office 2010

§2　文档格式设置

§3　创建 Word 表格

§4　插入图片文件

§5　图文高级排版

045 | 插入日期和时间

如果文档中需要显示日期，用户可以将插入点定位到需要插入日期的位置，然后选择插入日期的样式即可。

步骤 01 在 Word 2010 工作界面中，单击"文件"|"打开"命令，打开一个 Word 文档，如下图所示。

通　知

公司定于今天下午 3:00 在会议室召开全体员工会议，请公司所有员工准时参加！

财务部

步骤 02 在要插入时间和日期的位置单击鼠标左键，切换至"插入"面板，在"文本"选项板中单击"日期和时间"按钮，如下图所示。

插入的日期和时间是系统当前的日期和时间，因此每次打开此对话框显示的数据都不相同。

步骤 03 弹出"日期和时间"对话框，选择第二个可用格式，如下图所示。

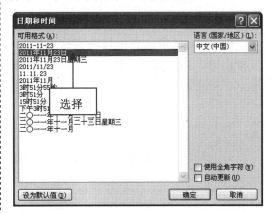

步骤 04 单击"确定"按钮，即可插入日期和时间，效果如下图所示。

通　知

公司定于今天下午 3:00 在会议室召开全体员工会议，请公司所有员工准时参加！

财务部
2011 年 11 月 23 日

046 | 用鼠标选择文本

通过拖曳鼠标选定文本是最基本、最灵活的方法，它可以选定任意数量的文字。用户可以根据需要使用鼠标来选择文档中的文本。使用鼠标选择文本有以下几种方法。

❀ 拖曳鼠标选定：在要选择文本的开始处单击鼠标左键，并向下拖曳，至合适位置后释放鼠标，如下图所示。

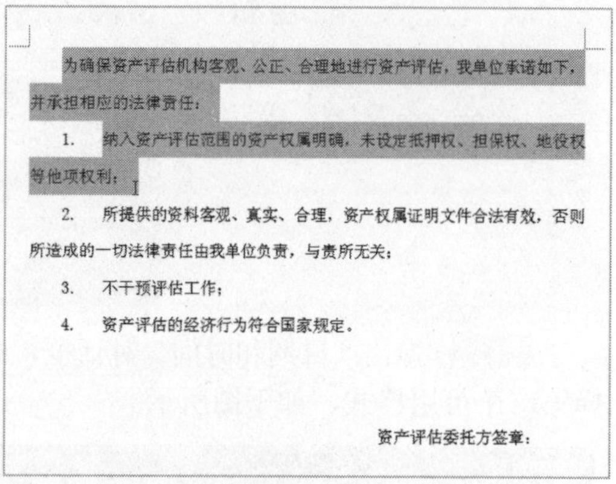

❀ 单击选定：光标移动到选定行的左侧空白处，当光标呈 形状时，单击鼠标左键，即可选定该行文本，如下图所示。

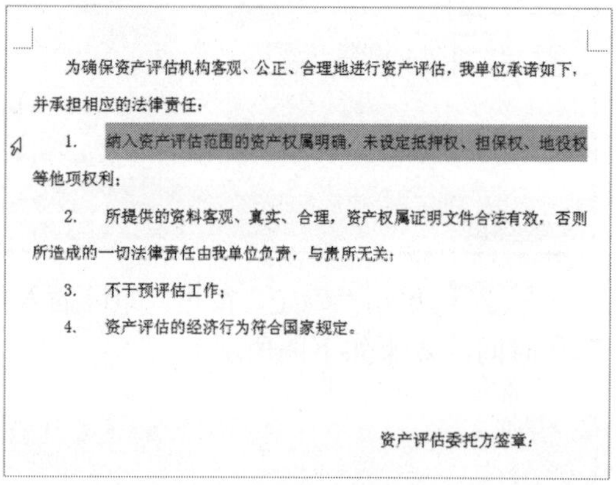

❀ 双击选定：将光标移到文本编辑区左侧，当光标呈 形状时，双击鼠标左键，即可选定该段文本，如下图所示。

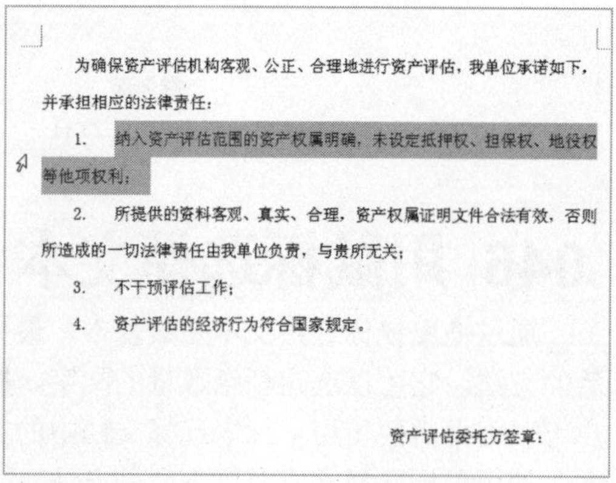

将光标定位到单词中间或左侧，双击鼠标左键，即可选定该单词。

❀ 三击选定：将光标移到文档左侧空白处，当光标呈 形状时，三击鼠标左键即可选中文档中所有内容，如下图所示。

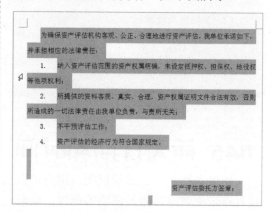

将光标定位到要选定的段落中，三击鼠标左键可选中该段的所有文本。

047│用键盘选定文本

使用键盘和鼠标相结合，可以选定指定的文字区域，主要有以下几种方法：

❀ 选择矩形区域文本：要选择矩形区域文本，按住【Alt】键的同时，拖曳鼠标即可，如下图所示。

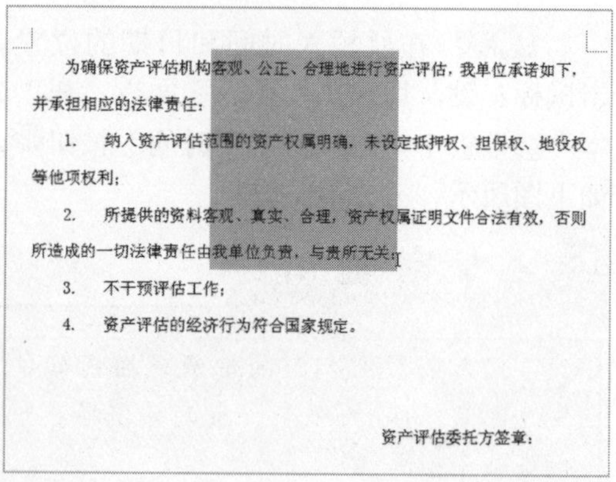

❁ 选择不相邻的文本：首先用鼠标选择部分文本后，按住【Ctrl】键的同时，再用鼠标继续选择任意多个不相邻的文本，如下图所示。

为确保资产评估机构客观、公正、合理地进行资产评估，我单位承诺如下，并承担相应的法律责任：

1. 纳入资产评估范围的资产权属明确，未设定抵押权、担保权、地役权等他项权利；

2. 所提供的资料客观、真实、合理，资产权属证明文件合法有效，否则所造成的一切法律责任由我单位负责，与贵所无关；

3. 不干预评估工作；

4. 资产评估的经济行为符合国家规定。

资产评估委托方签章：

❁ 选择一句话：按住【Ctrl】键的同时，单击鼠标左键，即可选择鼠标指针所在位置的整句话。

❁ 选择超长文本：将光标移至文档中需要选择的内容开始处，并单击鼠标左键，按住【Shift】键的同时，在需要选择的内容的结束处单击鼠标左键，即可选择需要的全部内容。

048 使用快捷键选择文本

使用不同的快捷键可以选择不同范围的文本，主要有以下一些快捷键应用。

❁ 【Shift＋↑】组合键：向上选择一行文本。

❁ 【Shift＋↓】组合键：向下选择一行文本。

❁ 【Shift＋←】组合键：向左选择一个字符。

❁ 【Shift＋→】组合键：向右选择一个字符。

❁ 【Shift＋Ctrl＋←】组合键：可以选择内容扩展至上一个单词结尾或上一个分句末尾。

❁ 【Shift＋Ctrl＋→】组合键：可以选择内容扩展至下一个单词开头或上一个分句开头。

❁ 【Shift＋Ctrl＋↑】组合键：选择内容扩展至段首。

❁ 【Shift＋Ctrl＋↓】组合键：选择内容扩展至段尾。

❁ 【Shift＋Home】组合键：选择内容至行首。

❁ 【Shift＋End】组合键：选择内容至行尾。

❁ 【Shift＋Page Up】组合键：选择内容向上扩展一屏。

❁ 【Shift＋Page Down】组合键：选择内容向下扩展一屏。

❁ 【Shift＋Ctrl＋Home】组合键：选择内容扩展至文档开始处。

❁ 【Shift＋Ctrl＋End】组合键：选择内容扩展至文档结尾处。

❁ 【Ctrl＋A】组合键、【Ctrl＋小键盘数字键5】组合键：选择整篇文档。

049 移动文本内容

在编辑文档时，有时需要将一段文字移到另外一个位置，Word 2010 为用户提供了很多方便的移动操作，下面介绍移动文本内容的操作方法。

步骤01 在 Word 2010 工作界面中，单击"文件"|"打开"命令，打开一个 Word 文档，如下图所示。

请柬

刘经理：

您好！

由本公司主办的 10 周年（100 人）纪念晚宴，谨订于 2011 年 12 月 20 日晚上 6 点在富康国际大酒店举行。

敬请光临！

龙飞科技

2011 年 12 月

步骤 02 在编辑区中,拖曳鼠标选择需要移动的文本,如下图所示。

请柬

刘经理:

　　您好!

　　由本公司主办的 10 周年(100 人)纪念晚宴,谨订于 2011 年 12 月 20 日晚上 6 点在富康国际大酒店举行。

敬请光临!

龙飞科技

2011 年 12 月

步骤 03 单击鼠标左键并向右上方相应位置拖曳,至指定的位置后,将会出现一条竖线,表示文本将要被放置在该位置,如下图所示。

请柬

刘经理:

　　您好!

　　由本公司主办的 10 周年(100 人)纪念晚宴,谨订于 2011 年 12 月 20 日晚上 6 点在富康国际大酒店举行。

敬请光临!

龙飞科技

2011 年 12 月

步骤 04 释放鼠标左键,即可移动文本内容,如下图所示。

请柬

刘经理:

　　您好!

　　由本公司主办的 10 周年(100 人)纪念晚宴,谨订于 2011 年 12 月 20 日晚上 6 点在富康国际大酒店举行。敬请光临!

龙飞科技

2011 年 12 月

050 | 复制与粘贴文本

　　复制是简化文档输入的有效方式之一,当编辑文档过程中有与上文相同的部分时,就可以使用复制功能来避免重复的编辑工作,以节省时间。

步骤 01 在 Word 2010 工作界面中,单击"文件"|"打开"命令,打开一个 Word 文档,如下图所示。

　　快乐不是用苦涩的青春换取未来的功名利禄,不是老年后摇椅上的皱纹和回忆。

　　快乐是什么?

　　快乐是实实在在存在于生活之中的一点一滴。

　　是幼稚、激情、成熟、慈祥的每一个过程,牺牲任何一个都不会成就最高的幸福。

步骤 02 在编辑区中选择需要复制的文本内容,单击鼠标右键,在弹出的快捷菜单中选择"复制"选项,如下图所示。

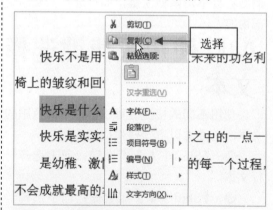

　　在 Word 2010 工作界面中,按【Ctrl+C】组合键,可以复制文本内容。

步骤 03 将鼠标定位到要粘贴文本内容的位置,单击鼠标右键,在弹出的快捷菜单中选择"保留源格式"选项,如下图所示。

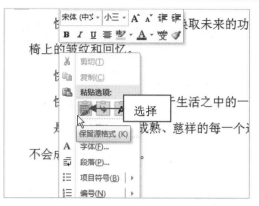

步骤 04　执行操作后，即可将复制的文本内容进行粘贴操作，如下图所示。

快乐不是用苦涩的青春换取未来的功名利禄，不是老年后摇椅上的皱纹和回忆。

快乐是什么？

快乐是实实在在存在于生活之中的一点一滴。

快乐是什么？

是幼稚、激情、成熟、慈祥的每一个过程，牺牲任何一个都不会成就最高的幸福。

专家提醒

在 Word 2010 工作界面中，按【Ctrl+V】组合键，可以粘贴文本内容。

051 | 删除文本内容

在 Word 2010 中，如果要删除大段文字或多个段落，用【Delete】键太麻烦。下面介绍通过菜单命令删除文本内容。

步骤 01　在 Word 2010 工作界面中，单击"文件"|"打开"命令，打开一个 Word 文档，如下图所示。

专家提醒

一般在输入文本的过程中，用户可以使用【Backspace】键来删除光标左侧的文本，用【Delete】键删除光标右侧的文本。

步骤 02　在编辑区中选择需要删除的文本内容，单击鼠标右键，在弹出的快捷菜单中选择"剪切"选项，如下图所示。

专家提醒

剪切与复制的功能差不多，不同的是复制只将选定的部分复制到剪贴板，而剪切在复制到剪贴板的同时，将选中的部分从原位置删除。

步骤 03　执行操作后，即可删除文本内容，如下图所示。

请 示

XX 市经贸委：

为了扩大我 XX 商品的知名度，向全国推广，繁荣市场，满足消费者需求，拟于 X 年 X 月 X 日至 X 月 X 日在 XX 市举办 "XX 洽谈会"。

妥否，请批示。

XXX 公司

X 年 X 月 X 日

052 撤销与恢复文本

在编辑文档时,Word 能自动记录最近执行的操作,因此当出现错误操作时,用户可以通过撤销和恢复功能进行更正。

1、撤销操作

常用的撤销操作方法有以下两种:

✪ 按钮:单击快速访问工具栏中的"撤销"按钮 ,可以撤销上一步操作,单击"撤销"按钮右侧的下三角按钮,在弹出的列表框中,可以选择要撤销的操作。

✪ 快捷键:按【Ctrl+Z】组合键。

2、通过"文件"功能栏

恢复操作用来还原撤销操作前的文档,与撤销操作相对应,常用的恢复操作方法有以下两种:

✪ 按钮:单击快速访问工具栏中的"恢复"按钮 ,恢复操作。

✪ 快捷键:按【Ctrl+Y】组合键。

053 查找文本内容

使用 Word 2010 中的"查找"功能,可以查找文档中的文本、格式、段落标记、分页符和其他项目。

步骤 01 在 Word 2010 工作界面中,单击"文件"|"打开"命令,打开一个 Word 文档,如下图所示。

步骤 02 在"编辑"选项板中,单击"编辑"中间的下三角按钮,在弹出的列表框中单击"查找"按钮 ,如下图所示。

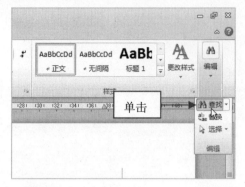

步骤 03 此时,将自动打开"导航"窗口,输入要查找的内容,编辑区中将自动显示出查找效果,如下图所示。

054 替换文本内容

使用 Word 2010 中的"替换"功能,可以将指定的文本进行相应的替换。

步骤 01 在 Word 2010 工作界面中,单击"文件"|"打开"命令,打开上一例素材文档,在"编辑"选项板中,单击"编辑"中间的下三角按钮,在弹出的列表框中单击"替换"按钮 ,如下图所示。

步骤 02　弹出"查找和替换"对话框，在"查找内容"和"替换为"文本框中依次输入相应内容，如下图所示。

专家提醒

在 Word 2010 工作界面中，按【Ctrl+H】组合键，也可以弹出"查找和替换"对话框，切换至"替换"选项卡即可。

步骤 03　单击"查找下一处"按钮，文档中将高亮显示需要替换的文本内容，如下图所示。

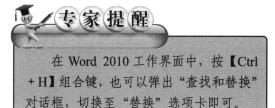

专家提醒

可以单击"替换"按钮，进行逐个替换，但是内容较多时不推荐使用。

步骤 04　单击"全部替换"按钮，弹出提示信息框，提示用户已完成文档的替换操作，如下图所示。

步骤 05　依次单击"确定"和"关闭"按钮，即可替换文档中的相应文本内容，如下图所示。

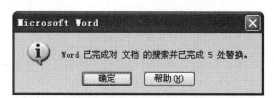

055 | 快速设置文本字体格式

在 Word 中能使用的字体，本身只是 Windows 系统的一部分，而不属于 Word 程序。因而，在 Word 中可以使用的字体类型取决于用户在 Windows 系统中安装的字体。如果要在 Word 中使用更多的字体，就必须在系统中进行添加。

在 Word 2010 文本中，默认的文字"字体"为"宋体"，用户可以根据自己的需要设置文本的字体样式。

步骤 01　在 Word 2010 工作界面中，单击"文件"|"打开"命令，打开一个 Word 文档，在编辑区中选择需要设置字体的文本内容，如下图所示。

步骤 02 在"开始"面板的"字体"选项板中，单击"字体"右侧的下三角按钮，在弹出的下拉列表框中选择"黑体"选项，如下图所示。

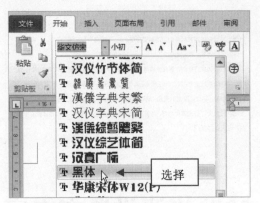

步骤 03 执行上述操作后，即可设置文本字体，效果如下图所示。

056 快速设置文本的字号

在 Word 2010 中，文本的字号效果，就是指文本的字体大小。

在文档的不同文本中使用不同的字号，可以将不同层次的文本清晰地区分开来，当用户阅读时，就可以清晰的分辨出文档的布局和结构。

步骤 01 打开一个 Word 文档，选择需要设置字号的文本内容，如下图所示。

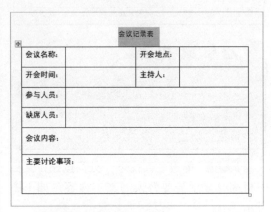

步骤 02 在"开始"面板的"字体"选项板中，单击"字号"右侧的下三角按钮，在弹出的下拉列表框中选择"二号"选项，如下图所示。

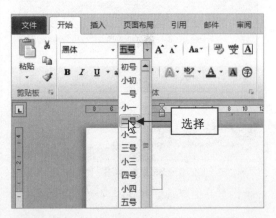

步骤 03 执行上述操作后，即可设置文本字号效果，如下图所示。

会议记录表

会议名称：		开会地点：	
开会时间：		主持人：	
参与人员：			
缺席人员：			
会议内容：			
主要讨论事项：			

057 快速设置文本的字形

字形是符合格式的附加属性，改变文档中某些文字的字形，也可以起到突出显示这些文本的作用。在 Word 2010 中，可以通过加粗字符、倾斜字符或者同时使用两种格式来更改文本的字形。

步骤 01 打开一个 Word 文档，选择需要设置字形的文本内容，如下图所示。

工作证明

王　总：

　　兹证明 李 程 是我公司员工，在销售部门任 销售总监 职务。至今为止，一年以来总收入约为 500000 元。特此证明。本证明仅用于证明我公司员工的工作及在我公司的工资收入，不作为我公司对该员工任何形势的担保文件。

　　　　　　　　　　　　　　盖　章：

　　　　　　　　日　期：2011 年 12 月 18 日

步骤 02 在"字体"选项板中单击"加粗"按钮 **B**，如下图所示。

专家提醒

在"开始"面板的"字体"选项板中，单击"倾斜"按钮 *I*，即可设置文本倾斜效果。

单击

加粗 (Ctrl+B)
将所选文字加粗。

王　总：

步骤 03 执行上述操作后，即可设置文本加粗效果，如下图所示。

工作证明

王　总：

　　兹证明 李 程 是我公司员工，在销售部门任 销售总监 职务。至今为止，一年以来总收入约为 500000 元。特此证明。本证明仅用于证明我公司员工的工作及在我公司的工资收入，不作为我公司对该员工任何形势的担保文件。

　　　　　　　　　　　　　　盖　章：

　　　　　　　　日　期：2011 年 12 月 18 日

058 快速设置文本的颜色

在 Word 2010 中，为了使文档中的文本效果更具观赏性、美观性，用户可根据需要设置文本的字体颜色。

步骤 01 打开一个 Word 文档，选择需要设置颜色的文本内容，如下图所示。

学生学籍表

学号：									
姓　名		性　别		出生日期					
曾用名		民　族		家庭出身					
籍　贯				政治面貌			照　片		
毕业学校				健康状况					
家庭住址									
考试成绩	语文	数学	英语	政治	物理	化学	历史	生物	地理	总分
	课程名称	成绩	课程名称	成绩	课程名称	成绩			
上学期									

步骤 02 在"字体"选项板中单击"颜色"右侧的下三角按钮,在弹出的颜色面板中选择"蓝色"选项,如下图所示。

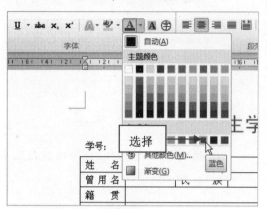

步骤 03 执行上述操作后,即可设置文本颜色效果,如下图所示。

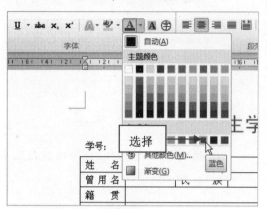

059 | 快速设置文本的特效

除了使用上面的方法突出显示文档中的某些文本外,还可以为这些文本添加一些特殊的效果,包括删除线、上标、下标以及下划线等。

步骤 01 打开一个 Word 文档,选择需要设置特效的文本内容,如下图所示。

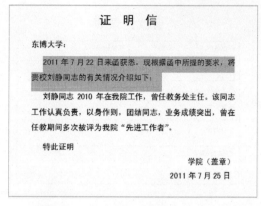

步骤 02 在"字体"选项板中单击"删除线"按钮,如下图所示。

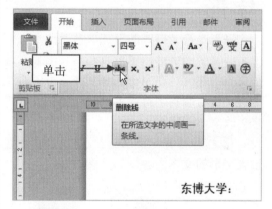

步骤 03 执行上述操作后,即可设置文本的删除线效果,如下图所示。

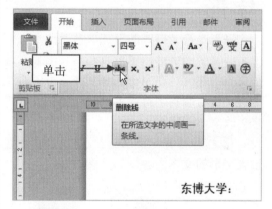

060 快速设置文本字符间距

字符间距是指字符与字符之间的距离，有时为了达到某种特殊的效果，需要对字符之间的间距进行调整。

步骤01 打开一个 Word 文档，选择需要设置字符间距的文字，如下图所示。

邀请函资料

时间：＿＿＿＿＿＿

公司	姓名	职务
马达集团	何刚	经理
马达集团	杨林	总经理
明珠公司	王天	副经理
明珠公司	吴飞	总经理
明珠公司	李海	总经理

步骤02 在"开始"面板的"字体"选项板中，单击面板右侧的"字体"按钮，如下图所示。

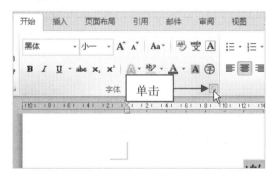

单击

专家提醒

默认状态下，Word 中显示的英文字符或中文是标准型的，并且字符与字符之间的间距也是标准格式。有时为了文字排版的效果更佳，需要对字符或者字符之间的间距进行调整。当用户在"字体"对话框中，设置了文字的间距值后，在下方的预览框中将显示预览效果。

步骤03 弹出"字体"对话框，切换至"高级"选项卡，在"字符间距"选项区中设置"间距"为"加宽"、"磅值"为"10磅"，如下图所示。

步骤04 设置完成后，单击"确定"按钮，即可设置文本的字符间距，效果如下图所示。

邀 请 函 资 料

时间：＿＿＿＿＿＿

公司	姓名	职务
马达集团	何刚	经理
马达集团	杨林	总经理
明珠公司	王天	副经理
明珠公司	吴飞	总经理
明珠公司	李海	总经理

061 快速设置文本的效果

编辑文本的过程中，用户可以设置文本的字体效果，如为文本内容添加阴影、轮廓、映像、发光以及柔化边缘等，使文档更加美观、整齐。

步骤01 打开一个 Word 文档，选择需要设置文本效果的文本内容，如下图所示。

步骤 02 在"开始"面板的"字体"选项板中,单击面板右侧的"字体"按钮 ,弹出"字体"对话框,设置"字体颜色"为"浅蓝"、单击"文字效果"按钮,如下图所示。

步骤 04 设置完成后,依次单击"关闭"按钮和"确定"按钮,返回到文档编辑区,即可查看设置阴影后的文本内容效果,如下图所示。

步骤 03 弹出"设置文本效果格式"对话框,切换至"阴影"选项卡,设置"预设"为"向右偏移",并依次设置其他参数,如下图所示。

062 | 快速设置文本边框效果

添加文字边框是将用户认为重要的文本用边框围起来着重显示。

专家提醒

在"设置文本效果格式"对话框中,用户还可以根据需要设置文本的多种特殊效果,如文本渐变填充效果、文本边框效果、大纲样式、映像效果、发光和柔化边缘效果以及三维格式效果等,使文本内容及版式丰富多彩。

专家提醒

单击"下框线"按钮 ,可以给选定的文字加上各种单线框,而单击"字符边框"按钮 A,只能给文档加边框。

步骤 01 打开一个 Word 文档,选择需要设置边框的文本,如下图所示。

步骤 02 在"开始"面板的"字体"选项板中，单击"字符边框"按钮 **A**，如下图所示。

步骤 03 执行上述操作后，即可设置文本字符边框效果，如下图所示。

063 | 快速设置文本底纹效果

添加底纹可以使文档内容更加突出。

对于一般的文档如果没有特别要求，应该设置相对简单和淡色的底纹，以免画蛇添足，给用户阅读带来不便。用户可以通过"边框和底纹"对话框，给选定的文本添加合适的底纹。

步骤 01 打开一个 Word 文档，选择需要添加底纹的文本，如下图所示。

步骤 02 在"开始"面板的"字体"选项板中，单击"字符底纹"按钮 **A**，如下图所示。

专家提醒

在"底纹"颜色面板中若选择"无颜色"选项，将清除字体或其他对象的底纹效果。

步骤 03 执行上述操作后，即可设置文字底纹效果，如下图所示。

值班安排表

月份：_____

单 位	星期一	星期二	星期三	星期四	星期五
	月 日	月 日	月 日	月 日	月 日

064 | 快速设置文档背景效果

　　背景在打印文档时是不会被打印出来的，只有在 Web 版式视图中背景才是可以见的，在创建用于联机阅读的 Word 文档时，添加背景可以增强文本的视觉效果。

　　在 Word 2010 中可以用某种颜色或过渡颜色、Word 附带的图案甚至一幅图片作为背景。

　　步骤 01 单击"文件"菜单，在弹出的面板中单击"打开"命令，打开一个 Word 文档，如下图所示。

学生考试成绩表

学号	姓名	语文	数学	化学	物理
1	李蒙	96	87	80	82
2	肖文	85	83	85	78
4	刘赋	75	78	80	84
5	杨辉	82	85	97	85
6	陈芳	82	86	87	85
7	王杰	86	84	78	80
8	李馨	89	78	95	85
9	张国	95	85	80	75
10	陈林	86	87	86	98
11	周涛	78	75	86	78
12	李娟	80	85	90	90

　　步骤 02 切换至"页面布局"面板，在"页面背景"选项板中单击"页面颜色"按钮，在弹出的列表框中选择"浅绿"选项，如下图所示。

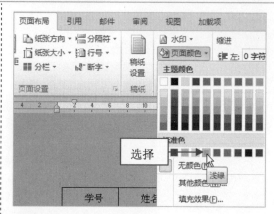

专家提醒

　　单击"页面颜色"按钮，在弹出的列表框中选择"其他颜色"选项，弹出"颜色"对话框，在其中用户可以为页面背景选择更多的颜色。

　　步骤 03 执行上述操作后，即可设置页面背景为浅绿色，如下图所示。

学生考试成绩表

学号	姓名	语文	数学	化学	物理
1	李蒙	96	87	80	82
2	肖文	85	83	85	78
4	刘赋	75	78	80	84
5	杨辉	82	85	97	85
6	陈芳	82	86	87	85
7	王杰	86	84	78	80
8	李馨	89	78	95	85
9	张国	95	85	80	75
10	陈林	86	87	86	98
11	周涛	78	75	86	78
12	李娟	80	85	90	90

专家提醒

　　如果用户需要清除页面背景颜色，可以单击"页面背景"按钮，在弹出的列表框中选择"无颜色"选项。

065 | 巧妙设置文本水平对齐

　　水平对齐方式可以决定段落边缘的外观和方向。

可以选择的水平对齐方式有左对齐、右对齐、分散对齐、居中和两端对齐 5 种。下面以居中对齐为例，向读者介绍设置水平对齐的操作方法。

步骤 01 打开一个 Word 文档，选择需要设置水平对齐的文本内容，如下图所示。

成功商务

一、餐桌上的礼仪

在用餐的时候，餐巾应铺在膝上，如果餐巾较大，应双叠在腿上；如果较小，可以全部打开。

餐巾可以围在颈上会系在胸前，但是，这样会显得不大方。不要用餐巾擦拭餐具，进餐时身体要坐正，不要把两臂放在餐桌上，以免碰到旁边的客人。

不要用叉子去叉面包，取黄油要用黄油刀，吃沙拉只能用叉子。

步骤 02 在"段落"选项板中，单击"居中"按钮，如下图所示。

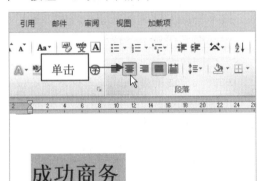

步骤 03 执行上述操作后，即可设置文本水平居中对齐效果，如下图所示。

成功商务

一、餐桌上的礼仪

在用餐的时候，餐巾应铺在膝上，如果餐巾较大，应双叠在腿上；如果较小，可以全部打开。

餐巾可以围在颈上会系在胸前，但是，这样会显得不大方。不要用餐巾擦拭餐具，进餐时身体要坐正，不要把两臂放在餐桌上，以免碰到旁边的客人。

不要用叉子去叉面包，取黄油要用黄油刀，吃沙拉只能用叉子。

在"段落"选项板中，各对齐按钮的含义如下：

❀ "左对齐"按钮：左对齐是指一段中所有的行都从页的左边距对齐，快捷键为【Ctrl＋L】组合键。

❀ "右对齐"按钮：右对齐是指将选定的段落沿着页的右边距对齐，快捷键为【Ctrl＋R】组合键。

❀ "两端对齐"按钮：两端对齐是指在段落中，除最后一行外，其他行文本的左右两端分别按文档的左右边界向两端对齐，快捷键为【Ctrl＋J】组合键。

❀ "分散对齐"按钮：分散对齐是指段落中的所有行文本的左右两端将分别按文档的左右边界向两端对齐。快捷键为【Ctrl＋Shift＋J】组合键。

专家提醒

进行段落格式的设置时，并不需要每开始一个新段落都重新进行设置。当设定一个段落的格式后，开始新的一段时，新段落的格式完全和上一段一样，除非需要重新设置段落格式，否则这种格式设置会保持到文档结束。

066 巧妙设置文档段落缩进

段落的缩进有首行缩进、左缩进、右缩进和悬挂缩进 4 种方式。下面以首行缩进为例，介绍设置段落缩进的操作方法。

专家提醒

单击"段落"选项板中的"增加缩进量"按钮和"减少缩进量"按钮，也可以快速修改段落的左缩进。在 Word 2010 中，文本的缩进一般可以用编辑区上方的标尺来设置，通过移动标尺位置来设置缩进，也可以按【Tab】键来实现。

步骤 01 打开一个 Word 文档，选择需要设置段落缩进的文本内容，如下图所示。

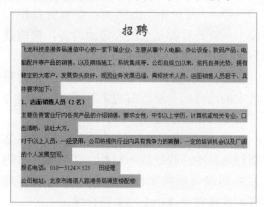

步骤 02 在"段落"选项板中，单击面板右侧的"段落"属性按钮，弹出"段落"对话框，在"缩进"选项区中，设置"特殊格式"为"首行缩进"，如下图所示。

步骤 03 单击"确定"按钮，即可设置文本段落缩进效果，如下图所示。

招 聘

飞龙科技是港务局通信中心的一家下属企业，主要从事个人电脑、办公设备、数码产品、电脑配件等产品的销售，以及网络施工、系统集成等。公司自成立以来，依托自身优势，拥有稳定的大客户，发展势头良好，现因业务发展迅速，需招技术人员、店面销售人员若干，具体要求如下：

1. 店面销售人员（2 名）

主要负责营业厅内各类产品的介绍销售，要求女性，中专以上学历，计算机或相关专业，口齿清晰，谈吐大方。

对于以上人员，一经录用，公司将提供行业内具有竞争力的薪酬、一定的培训机会以及广阔的个人发展空间。

报名电话：010—5124×523　田经理

公司地址：北京市海滨八路港务局调度楼配楼

在"段落"对话框中，各种特殊格式选项的含义如下：

❀ "左缩进"：整个段落中的所有行向左缩进，可以控制整个段落左边界位置。

❀ "右缩进"：整个段落中的所有行向右缩进，可以控制整个段落右边界位置。

❀ "悬挂缩进"：将整个段落除了首行外的所有行的边界向右缩进，可改变段落中除第一行以外的其他行的起始位置。

067 巧妙设置文档段落间距

在 Word 中，段间距分为两种，段前间距和段后间距。段前间距是指本段与上一段之间的距离；段后间距是指本段与下一段之间的距离，如果相邻的两个段落段前和段后间距不同，以数值大的为准。

段落间距决定段落前后空白距离的大小，按【Enter】键重新开始一段时，光标会跨过段间距直接到下一段的位置，可以为每一段更改间距设置。要更改少量的段前或段后间距，最简捷的方法就是将插入点定位到该段的段前或段后，然后一次或多次按【Enter】键产生空行。

步骤 01 打开一个 Word 文档，选择需要设置段落间距的文本，如下图所示。

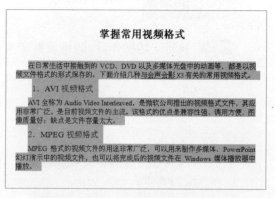

步骤 02 单击"段落"面板右侧的"段落"属性按钮，弹出"段落"对话框，在"间距"选项区中设置"段前"、"段后"分别为"0.5 行"，如下图所示。

行间距决定段落中各行文本之间的距离，系统默认的行距为 1.0，用户可以根据自己的需要进行调整。

步骤 01 打开一个 Word 文档，选择需要设置段落行距的文本，如下图所示。

关于 Windows XP 的简介

Windows XP 中文全称为视窗操作系统体验版，是微软公司在 2001 年 10 月发布的窗口式多任务系统。由于它具有超强的功能、简易的操作及友好的界面等特点，所以一经推出，就立即在业界赢得一片赞扬之声。

Windows XP 中的 XP 是英文 Experience 的缩写，中文翻译为"体验"，寓意这个全新的操作系统将会带给用户全新的数字化体验，引领用户进入更加自由的数字世界。

步骤 02 单击"段落"面板右侧的"段落"属性按钮，弹出"段落"对话框，在"间距"选项区中设置"行距"为"1.5 倍行距"，如下图所示。

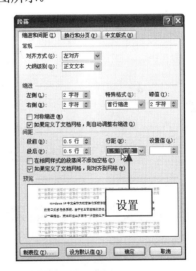

设置

步骤 03 单击"确定"按钮，即可设置文本段落间距效果，如下图所示。

掌握常用视频格式

在日常生活中接触到的 VCD、DVD 以及多媒体光盘中的动画等，都是以视频文件格式的形式保存的。下面介绍几种与会声会影 X3 有关的常用视频格式。

1. AVI 视频格式

AVI 全称为 Audio Video Interleaved，是微软公司推出的视频格式文件，其应用非常广泛，是目前视频文件的主流。该格式的优点是兼容性强、调用方便、图像质量好，缺点是文件容量太大。

2. MPEG 视频格式

MPEG 格式的视频文件的用途非常广泛，可以用来制作多媒体、PowerPoint 幻灯演示中的视频文件，也可以将完成后的视频文件在 Windows 媒体播放器中播放。

**专家提醒**

除了以上方法外，用户还可以在"段落"面板中，单击"行和段落间距"按钮，在弹出的列表框中，选择用户需要的间距即可。

068 巧妙设置文本段落行距

如果某行包含大字符、图形或公式，Microsoft Word 将增加该行的行距。如果要均匀分隔各行，就必须使用额外间距，并指定足够大的间距以适应所在行的大字符或图形。如果出现项目显示不完整的情况，可以增加行距。

专家提醒

利用快捷键也可以进行设置，如按【Ctrl + 1】组合键设置单倍行距，按【Ctrl + 2】组合键设置单倍行距，按【Ctrl + 5】组合键设置 1.5 倍行距，按【Ctrl + 0】组合键在段前增加或删除一行。

步骤 03 单击"确定"按钮，即可设置文本段落行距效果，如下图所示。

关于 Windows XP 的简介

Windows XP 中文全称为视窗操作系统体验版，是微软公司在 2001 年 10 月发布的窗口式多任务系统。由于它具有超强的功能、简易的操作及友好的界面等特点，所以一经推出，就立即在业界赢得一片赞扬之声。

Windows XP 中的 XP 是英文 Experience 的缩写，中文翻译为"体验"，寓意这个全新的操作系统将会带给用户全新的数字化体验，引领用户进入更加自由的数字世界。

在"行距"列表框中各选项的含义如下：

❀ 单倍行距、1.5 倍行距、2 倍行距：行间距为该行最大字体的 1 倍、1.5 倍或 2 倍，另外加上一点额外的间距，额外间距值取决于所用的字体，单倍行距比按回车键换行生成的行间距稍窄。

❀ 最小值：选择该选项后，在对应的"设置值"数值框中设置最小的行距数值。

❀ 固定值：以"设置值"数值框中设置的值（以磅为单位）为固定行距，在这种情况下，当前段落中所有行间的行间距都是相等的。

❀ 多倍行距：以"设置值"数值框中设置的值（以行为单位，可以为小数）为行间距。

069 | 巧妙合并文本字符内容

使用合并字符功能可以对选定的多个中文汉字或英文字符进行压缩，使之合并为一个字符。

合并字符的操作方法很简单：在文档中选择要进行压缩的字符，在"开始"面板的"段落"选项板中，单击"中文版式"右侧的下三角按钮，在弹出的列表框中选择"合并字符"选项，如下图所示。

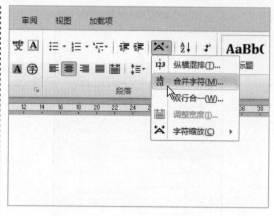

如果要更改合并后的字符样式，用户可以在弹出的"合并字符"对话框中，根据需要进行相应设置，如下图所示。

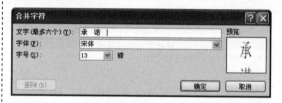

070 | 巧妙设置文本双行合一

执行"双行合一"命令后的效果和执行"合并字符"命令后的效果非常类似，但两者之间也存在很大的差异。

双行合一的方法很简单：选择要进行双行合一操作的文本内容，在"开始"面板的"字体"选项板中，单击"中文版式"右侧的下三角按钮，在弹出的列表框中选择"双行合一"选项，如下图所示。

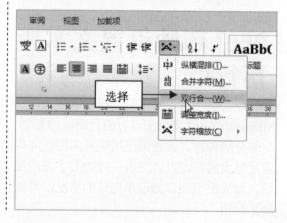

如果要将执行双行合一操作后的文本用括号括起，可以在弹出的"双行合一"对话框中，选中"带括号"复选框，然后单击"括号样式"的下三角按钮，在弹出的下拉列表中选择一种需要的括号样式，如下图所示。

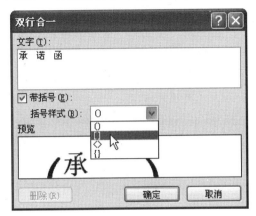

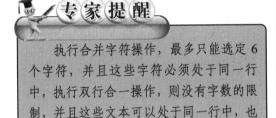

执行合并字符操作，最多只能选定 6 个字符，并且这些字符必须处于同一行中，执行双行合一操作，则没有字数的限制，并且这些文本可以处于同一行中，也可以在多行中。

071 巧妙更改文字的方向

常用的排版方式是文字横排，但也有使用竖排的情况，因此，在文字处理软件中，增加文字竖排功能是十分必要的。使用"更改文字方向"命令，可以将横排文本改变为竖排，也可以将竖排文字改变为横排。

根据要更改方向的文本范围，可以选择下面两种方式。

❀ 要更改插入点之后文档中文字的方向，首先将插入点放置到要改变文字方向的文本之前，然后单击鼠标右键，在弹出的下拉列表框中选择"文字方向"选项，弹出"文字方向-主文档"对话框，如下图所示，在其中用户可选择需要的文字方向。

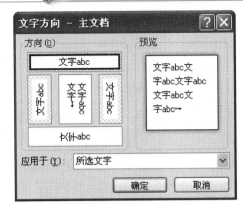

❀ 要改变选定文本的文字方向，在文档中选定这些文本，然后单击鼠标右键，在弹出的快捷菜单中选择"文字方向"选项，弹出"文字方向-主文档"对话框，用户选择需要的文字方向即可。

072 妙用带圈文字

使用带圈字符，可以为文档中选定字符的外围添加一个圆圈、菱形、正方形等，也可以通过设置在文档中输入一个带圈字符。

设置带圈文字的方法很简单，只需在"开始"面板的"字体"选项板中，单击"带圈字符"按钮⊕，弹出"带圈字符"对话框，如下图所示。用户可根据需要选择相应样式，单击"确定"按钮，即可设置带圈文字。

在"带圈字符"选项区的"样式"面板中，可以选择一种带圈字符的图标，其中：

❀ 选择"增小圈号"图标，则使用一种圈号，该圈号是当前字号大小，选择该图标将缩小文字以使其符合圈号大小。

选择"增小圈号"图标，将扩大圈号以使其中的文本格式使用当前字号。

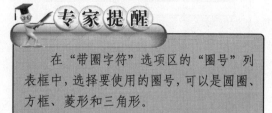

在"带圈字符"选项区的"圈号"列表框中，选择要使用的圈号，可以是圆圈、方框、菱形和三角形。

073 妙用拼音指南

拼音指南是指可以给汉字注音，使用拼音指南的方法很简单，只需选择需要添加拼音指南的字符，在"开始"面板的"字体"选项板中，单击"拼音指南"按钮，弹出"拼音指南"对话框，如下图所示，在该对话框中可以设置字符的字体、字号和对齐方式，用户可以根据需要进行相应的设置。

在"拼音指南"对话框中用户可以进行以下几种设置：

"基准文字"：在"基准文字"文本框中已经显示了文档中选定的文字，也可以在框中输入其他文字，以更改基准文字。

"拼音文字"：在"拼音文字"文本框中已经显示了与基准文字对应的拼音文字，可以重新输入拼音文字以更改对应的基准文字的拼音指南。

"偏移量"：在"偏移量"数值框中输入或设置一个数值，该值以"磅"为单位指定基准文字上方的拼音文字距基准文字的距离。

"字体"：单击"字体"下拉三角按钮，在弹出的下拉列表框中选择要用于拼音文字的字体。

"字号"：单击"字号"下拉三角按钮或输入一个数值，该值以"磅"为单位设定要用于拼音文字的字符大小。

"组合"：单击"默认读音"按钮，将拼音文字还原成输入法 IME 所提供的值，前提是该输入法必须存在。

04 创建编辑表格内容

学前提示

　　表格是一种简明扼要的表达方式，它以行和列的形式组织信息，结构严谨、效果直观，而且可容纳的信息量很大，Word 2010 提供了强大的表格功能，在日常工作中常常用到表格，如个人简历、花名册、成绩单以及各种报表等。本章主要向读者介绍创建与编辑表格内容的操作方法。

本章知识重点

- ▶ 快速创建表格
- ▶ 巧妙绘制表格
- ▶ 快速插入 Excel 表格
- ▶ 妙用快速表格
- ▶ 快速拆分表格

- ▶ 快速插入单元格
- ▶ 快速合并单元格
- ▶ 快速拆分单元格
- ▶ 快速插入行
- ▶ 快速插入列

学完本章后你会做什么

- ▶ 掌握在 Word 2010 中表格的基本应用
- ▶ 掌握在 Word 2010 中调整表格
- ▶ 掌握在 Word 2010 中编辑修改表格样式

视频演示

78 班花名册		
章捷	文芳	韩文
李浩	刘也	邝奇
李昊	张康	戴军
彭文	姚林	周文涛
范勇	段峰	李娟

设置表格底纹

数据统计表				
	一月	二月	三月	平均值
东部	57	62	51	56.7
西部	58	69	71	66.0
南部	82	58	62	67.3
华南	60	64	57	60.3

自动套用表格的格式

074 快速创建表格

在使用表格前，首先需要创建表格。Word 2010 的表格以单元格为中心来组织信息，一张表是由多个单元格组成的。下面介绍插入表格的操作方法。

步骤 01 新建一个 Word 文档，切换至"插入"面板，在"表格"选项板中单击"表格"按钮，如下图所示。

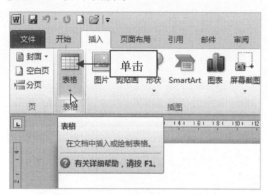

步骤 02 此时弹出的下拉面板中有一个由 8 行 10 列方格组成的虚拟表格，将鼠标指针指向此虚拟表格中，虚拟表格会以红色显示出用户选择的行和列，如下图所示，同时会在页面中显示出来。

专家提醒

单击"表格"按钮，在弹出的列表框中选择"插入表格"选项，在弹出的"插入表格"对话框中设置行和列，也可以创建一个空白表格。

步骤 03 移动鼠标指针，当虚拟表格中的行和列满足用户需要时，单击鼠标左键，即可在页面中创建一个空白表格，如下图所示。

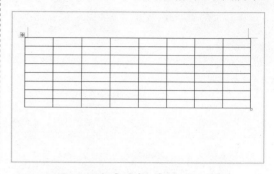

075 巧妙绘制表格

对于简单的表格和固定格式的表格，可以用上节讲述的方法创建，但是在实际工作中常常需要创建一些复杂的表格，如包含不同高度的单元格或者每行不同列数的表格。

对于这些复杂的不固定格式的表格，需要使用 Word 2010 提供的绘制表格功能来创建。下面介绍绘制表格的步骤。

步骤 01 新建一个 Word 文档，切换至"插入"面板，在"表格"选项板中单击"表格"按钮，在弹出的列表框中选择"绘制表格"选项，如下图所示。

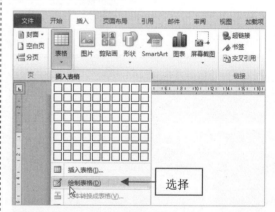

专家提醒

在绘制表格完成后，如果没有按【Esc】键退出，则还可以继续绘制表格框线。

步骤 02　此时鼠标指针呈 ✐ 形状，在文档编辑窗口的适当位置，单击鼠标左键并拖曳，在文档编辑窗口中绘制一个虚线框，如下图所示。

步骤 03　至合适位置后，释放鼠标左键，即可绘制一个表格的外框，如下图所示。

步骤 04　用与上述相同的方法，依次在相应位置绘制表格框线，完成表格的绘制，效果如下图所示。

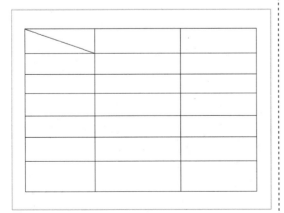

076｜快速插入 Excel 表格

Excel 是专门用于制作表格的 Office 组件，在 Word 2010 中也可以插入 Excel 表格，无论何时在 Excel 中编辑数据，Word 都会自动更新文档中的工作表。

步骤 01　新建一个 Word 文档，切换至"插入"面板，在"表格"选项板中单击"表格"按钮▦，在弹出的列表框中选择"Excel 电子表格"选项，如下图所示。

步骤 02　执行上述操作后，即可创建一个 Excel 表格，如下图所示。

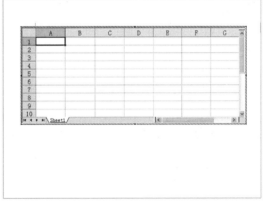

步骤 03　单击 Excel 表格以外的任意空白处，即可将 Excel 表格插入到 Word 文档中，效果如下图所示。

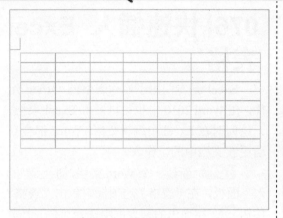

项目	所需数目
书籍	1
杂志	3
笔记本	1
便笺簿	1
钢笔	3
铅笔	2
荧光笔	2 色
剪刀	1 把

专家提醒

将鼠标指针移到虚线框任意一个黑色控制柄上，按住鼠标左键向任意方向拖动鼠标，可通过改变大小来确定表格显示的行数和列数。

077 | 妙用快速表格

除了进行创建、绘制和插入表格之外，Word 还提供了多种快速表格模板，用户可以根据需要直接调用。

步骤 01 新建一个 Word 文档，切换至"插入"面板，在"表格"选项板中单击"表格"按钮，在弹出的列表框中选择"快速表格"选项，在右侧的"内置"下拉列表框中，选择"表格式列表"选项，如下图所示。

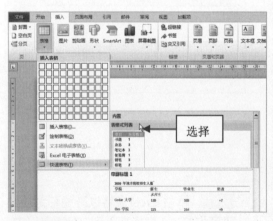

步骤 02 执行操作后，即可插入快速表格，如下图所示。

078 | 快速拆分表格

拆分表格是指将一个表格拆分成两个表格，选中的行将成为新表格的第一行。

步骤 01 打开一个 Word 文档，将光标定位于要拆分的表格内，如下图所示。

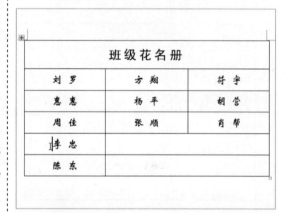

步骤 02 切换至"布局"面板，在"合并"选项板中单击"拆分表格"按钮，如下图所示。

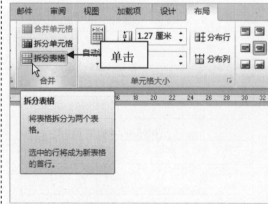

步骤 03 执行上述操作后，即可拆分表格，效果如下图所示。

班级花名册		
刘罗	方翔	符字
惠惠	杨平	胡莹
周佳	张顺	肖帮

李忠
陈东

专家提醒

如果要将拆分的表格放在两页上，首先要将光标定位在两个表格中间的空行上，再按【Ctrl + Enter】组合键，这样表格就放在两页上，并且不会改变表格的边界和排版信息。

079 | 快速插入单元格

在 Word 2010 中，除了应用绘制表格的方式来创建复杂的表格外，还可以通过插入单元格的形式来创建。

步骤 01 打开一个 Word 文档，将光标定位在需要插入单元格的位置，如下图所示。

期中考试成绩单		
姓 名	语 文	数 学
李文	100	65
王英	99	45
杨飞	99	58
张明	85	89
孙星星	80	82
刘枫飞	70	68

步骤 02 单击鼠标右键，在弹出的快捷菜单中选择"插入"｜"插入单元格"选项，如下图所示。

步骤 03 弹出"插入单元格"对话框，选中"整列插入"单选按钮，如下图所示。

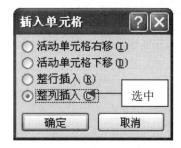

步骤 04 单击"确定"按钮，即可插入整列单元格，如下图所示。

期中考试成绩单			
姓 名	语 文	数 学	
李文	100	65	
王英	99	45	
杨飞	99	58	
张明	85	89	
孙星星	80	82	
刘枫飞	70	68	

专家提醒

在"插入单元格"对话框中，选择"整行插入"单选按钮，则在表格中插入一行。

080 | 快速合并单元格

有时为了方便编辑表格中的数据，可以将多个单元格合并成一个单元格。

步骤 01 打开一个 Word 文档，在表格中选择需要合并的单元格，如下图所示。

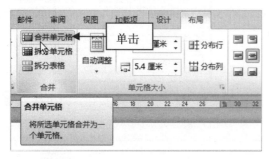

步骤 02 切换至"布局"面板，在"合并"选项板中单击"合并单元格"按钮，如下图所示。

步骤 03 执行上述操作后，即可合并单元格，效果如下图所示。

图书价格表	
图书名称	图书价格
《每天学点理财学》	39.5 元
《不可不知 1000 个理财常识》	40.6 元
《800 个理财常识》	82.5 元
《做人做事技巧》	61.5 元
《十年奋斗历程》	65.9 元
《杜拉拉升职记》	40.8 元
《恶魔总裁记事》	52.5 元

专家提醒

选择需要合并的单元格，单击鼠标右键，在弹出的快捷菜单中选择"合并单元格"选项，也可合并单元格。

081 快速拆分单元格

除了使用拆分表格操作把一个表格拆分为两个表格外，Word 2010 中还提供了一个"拆分单元格"选项，允许用户把一个单元格拆分为多个单元格，这样就能达到增加行数和列数的目的。

步骤 01 打开一个需要拆分单元格的文档，将光标定位于要拆分的单元格中，如下图所示。

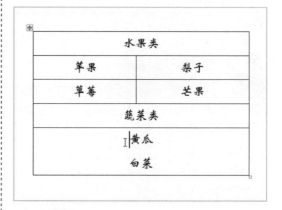

步骤 02 切换至"布局"面板，在"合并"选项板中单击"拆分单元格"按钮，如下图所示。

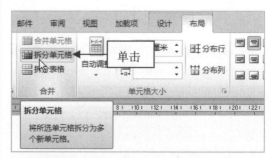

步骤 03 弹出"拆分单元格"对话框，在其中设置"列数"为 2、"行数"为 1，如下图所示。

步骤 04 单击"确定"按钮,即可拆分单元格,效果如下图所示。

水果类	
苹果	梨子
草莓	芒果
蔬菜类	
黄瓜	白菜

专家提醒

选择需要拆分的单元格,单击鼠标右键,在弹出的快捷菜单中选择"拆分单元格"选项,也可拆分单元格。

082 快速插入行

使用表格时经常会出现行数不够用的情况,运用 Word 2010 提供的表格行列添加工具,能很方便地完成行添加操作。

步骤 01 打开一个 Word 文档,将光标定位于需要插入行的前一行末尾,如下图所示。

员工工资表

编号	姓名	部门	基本工资	职务工资
1	李杉	销售部	1300	400
2	王柳	人事部	1100	200
3	李飞	财务部	1200	200
4	王方	企划部	1500	500
5	郑素	销售部	1300	400
6	刘青	人事部	1100	200

专家提醒

将光标定位于要插入行的前一行末尾的结束箭头处,按下【Enter】键,也可以插入新行。

步骤 02 切换至"布局"面板,在"行和列"选项板中单击"在下方插入"按钮,如下图所示。

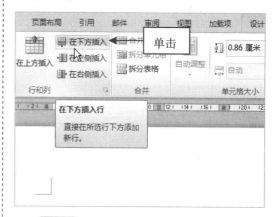

步骤 03 执行上述操作后,即可在表格下方插入一行,如下图所示。

员工工资表

编号	姓名	部门	基本工资	职务工资
1	李杉	销售部	1300	400
2	王柳	人事部	1100	200
3	李飞	财务部	1200	200
4	王方	企划部	1500	500
5	郑素	销售部	1300	400
6	刘青	人事部	1100	200

083 快速插入列

插入列的方法和插入行的方法基本类似,只要掌握了插入行的方法,插入列也就非常简单。以上一例素材为例,在"基本工资"的右侧再插入一列,可用以下几种方法:

❀ 将光标定位于"基本工资"所在列的任意位置,切换至"布局"面板,在"行和列"选项板中,单击"在右侧插入"按钮,即可在"基本工资"所在列的右侧插入一列。

❀ 将光标定位于"职务工资"所在列的任意位置,切换至"布局"面板,在"行和列"选项板中,单击"在左侧插入"按钮,也可在"基本工资"所在列的右侧插入一列。

❀ 将光标定位于"基本工资"所在列的任意位置,单击鼠标右键,在弹出的快捷菜单中,选择"插入"|"在右侧插入列"选项。

❀ 将光标定位于"职务工资"所在列的任意位置,单击鼠标右键,在弹出的快捷菜单中,选择"插入"|"在左侧插入列"选项。

专家提醒

在插入列时,用户需要将光标定位于在插入列所在的单元格左侧或右侧。

084 快速删除单元格

在创建表格或在表格中输入了文本后,有时可能会有多余的单元格,或不需要的文本内容,这时就需要将多余的部分删除。

删除单元格的方法很简单,只需要在表格中选择要删除的单元格,切换至"布局"面板,在"行和列"选项板中单击"删除"按钮,在弹出的列表框中选择"删除单元格"选项,弹出"删除单元格"对话框,如下图所示。

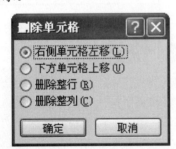

专家提醒

选中要删除的单元格,单击鼠标右键,在弹出的快捷菜单中选择"删除单元格"选项,也弹出"删除单元格"对话框。

在其中选中"右侧单元格左移"单选按钮,则删除选定单元格后,右侧的单元格向左移动到选定单元格位置。

选中"下方单元格上移"单选按钮,则删除选定单元格后,下方的单元格向上移动到选定单元格位置。

085 快速删除行或列

除了可以删除单元格外,用户还可以对整行或整列进行删除操作。

删除行或列的方法与删除单元格类似,可以在表格中选择要删除的行或列,切换至"布局"面板,在"行和列"选项板中单击"删除"按钮,在弹出的列表框中选择"删除单元格"选项,弹出"删除单元格"对话框,然后选中"删除整行"或"删除整列"单选按钮,单击"确定"按钮即可。

此外,还可以直接在"行和列"选项板中单击"删除"按钮,在弹出的列表框中选择"删除列"或"删除行"选项,快速删除行或列。

086 调整单元格行高

表格中的每一个单元格的高度都是一样的,一般情况下,向表格中输入内容时,Word会自动调整行高以显示输入的内容,也可以自定义表格的行高以满足不同的需要。

步骤01 单击"文件"菜单,在弹出的面板中单击"打开"命令,打开一个 Word 文档,如下图所示。

面试人员资料登记表	
姓 名	性 别
年 龄	学 历
目前住址	籍 贯
毕业学院	专 业
联系方式	婚姻状况
应聘职位	全职/专职
个人简介:	

步骤02 将鼠标指针移至需要调整行高的行线上,此时鼠标指针呈双向箭头形状 ⫶,如下图所示。

面试人员资料登记表

姓 名		姓 别	
年 龄		学 历	
目前住址		籍 贯	
毕业学院		专 业	
联系方式		婚姻状况	
应聘职位		全职/专职	
个人简介：			

步骤 03 按住鼠标左键并向下拖曳，此时表格行线呈虚线显示，如下图所示。

面试人员资料登记表

姓 名		姓 别	
年 龄		学 历	
目前住址		籍 贯	
毕业学院		专 业	
联系方式		婚姻状况	
应聘职位		全职/专职	
个人简介：			

步骤 04 拖曳至合适位置后，释放鼠标左键，即可调整表格行高，效果如下图所示。

面试人员资料登记表

姓 名		姓 别	
年 龄		学 历	
目前住址		籍 贯	
毕业学院		专 业	
联系方式		婚姻状况	
应聘职位		全职/专职	
个人简介：			

087 | 调整单元格列宽

除了可以调整单元的行高外，还可以根据需要适当调整单元格的列宽，其方法与调整行高类似。

步骤 01 以上一例效果为例，将鼠标移至需要调整列宽的列线上，此时鼠标指针呈双向箭头形状 ↔，单击鼠标左键并向左拖曳，此时表格列线呈虚线显示，如下图所示。

面试人员资料登记表

姓 名		姓 别	
年 龄		学 历	
目前住址		籍 贯	
毕业学院		专 业	
联系方式		婚姻状况	
应聘职位		全职/专职	
个人简介：			

步骤 02 拖曳至合适位置后，释放鼠标左键，即可调整列宽，如下图所示。

面试人员资料登记表

姓 名		姓 别	
年 龄		学 历	
目前住址		籍 贯	
毕业学院		专 业	
联系方式		婚姻状况	
应聘职位		全职/专职	
个人简介：			

步骤 03 用与上述相同的方法，适当调整其他列宽，效果如下图所示。

面试人员资料登记表

姓 名		姓 别	
年 龄		学 历	
目前住址		籍 贯	
毕业学院		专 业	
联系方式		婚姻状况	
应聘职位		全职/专职	
个人简介：			

专家提醒

将鼠标移至标尺上的"移动表格列"滑块上，单击鼠标左键并拖曳，也可以调整列宽。

088 输入表格文本

在表格中输入文本内容与在空白文档中输入文本基本类似,将光标定位于相应的表格单元格内,切换至相应的输入法,即可输入相应文本。

要切换至其他单元格输入文本时,可以直接单击该单元格,如果是与正在输入的单元格相邻,则可以按【↑】、【↓】、【←】或【→】方向键,进行快速切换。在表格中按【Enter】键不能切换至其他单元格。

089 快速选择表格文本内容

对表格中的内容进行编辑之前,首先要选择编辑的对象,在表格中选择文本,多数情况下与在文档中的其他位置选择文本的方法相同,但由于表格的特殊性,在 Word 2010 中还提供了多种选择表格文本的方法。

步骤 01 打开一个 Word 文档,将鼠标指针移至表格前,此时鼠标指针呈 形状,如下图所示。

期末考试成绩单		
姓 名	语 文	数 学
张 雪	90	97
罗志辉	85	93
陈 伊	88	84
刘旭明	83	87
李 轩	86	82
刘藿文	89	89
曾宁辉	82	93
邓庆明	84	86

专家提醒

将光标移至表格内,表格的左上角将出现 ⊞ 形状,单击 ⊞ 形状,即可选择整个单元格。将鼠标移至某一单元格前面,单击鼠标左键,可选择该单元格中的文本。

步骤 02 单击鼠标左键并向下拖曳,至合适位置后释放鼠标,即可选择多行表格文本,如下图所示。

期末考试成绩单		
姓 名	语 文	数 学
张 雪	90	97
罗志辉	85	93
陈 伊	88	84
刘旭明	83	87
李 轩	86	82
刘藿文	89	89
曾宁辉	82	93
邓庆明	84	86

090 复制粘贴表格文本内容

表格文本的复制与 Word 文档中复制粘贴文本内容的方法一致。在相应的单元格中选择要复制的内容,单击鼠标右键,在弹出的快捷菜单中选择"复制"选项,复制指定的内容;再将光标定位于要粘贴的单元格中,单击鼠标右键,在弹出的快捷菜单中,单击"保留源格式"按钮,即可将复制的文本内容进行粘贴操作。

091 快速移动表格文本内容

在表格中输入文本后,用户可以根据需要移动表格中的文本,移动文本时可用鼠标直接拖动,也可用键盘上的快捷键移动。

专家提醒

使用键盘在表格中移动插入点的方法有以下几种:按【Alt + End】组合键,将文本移至最后一个单元格;按【Alt + Page Up】组合键,将文本移至本列的第一个单元格;按【Alt + Page Down】组合键,将文本移至本列的最后一个单元格。

步骤 01　打开一个 Word 文档，在表格中选择需要移动的表格内容，如下图所示。

课 程 表		
	上　午	下　午
星期一		上机
星期二	法律基础	绘图
星期三	商务英语	上机
星期四	绘图	计算机辅助设计
星期五	室内设计原理	绘图
星期六	计算机辅助设计	

步骤 02　单击鼠标左键并向上拖曳，此时指针呈 形状，如下图所示。

课 程 表		
	上　午	下　午
星期一		上机
星期二	法律基础	绘图
星期三	商务英语	上机
星期四	绘图	计算机辅助设计
星期五	室内设计原理	绘图
星期六	计算机辅助设计	

步骤 03　拖曳至合适位置释放鼠标左键，即可完成移动文本操作，如下图所示。

课 程 表		
	上　午	下　午
星期一	计算机辅助设计	上机
星期二	法律基础	绘图
星期三	商务英语	上机
星期四	绘图	计算机辅助设计
星期五	室内设计原理	绘图
星期六		

092 快速删除表格文本内容

在 Word 2010 中，用户可以对不需要的表格内容进行删除操作。

删除表格内容可以用鼠标操作也可以通过键盘来删除，通常情况下，为了节省工作时间，都通过键盘来删除，即按【Delete】键快速删除。

093 快速剪切表格文本内容

剪切功能也可以作为删除文本使用，在相应的单元格中选择要剪切的文本，在"开始"面板的"剪贴板"选项板中，单击"剪切"按钮 ，即可快速剪切表格文本，与删除文本不同的是，剪切文本是将文本复制到剪切板，并将原位置的文本删除，删除文本则直接删除文本。

094 设置表格的边框样式

用户可以利用自动套用格式来给表格添加边框，但有时所添加的边框不是用户所需要的，这时就必须自己设置表格的边框。

步骤 01　单击"文件"|"打开"命令，打开一个 Word 文档，如下图所示。

星期一	星期二	星期三	星期四	星期五
历史	政治	历史	生物	化学
地理	生物	数学	化学	物理
语文	化学	语文	体育	地理
数学	地理	体育	政治	数学
美术	音乐	数学	地理	语文
生物	语文	音乐	数学	美术

步骤 02　单击表格左上角的正方形按钮 ，选择整个表格，单击鼠标右键，在弹出的快捷菜单中选择"边框和底纹"选项，如下图所示。

专 家 提 醒

在"边框和底纹"对话框中还可以为设置的边框添加颜色，默认颜色为黑色。

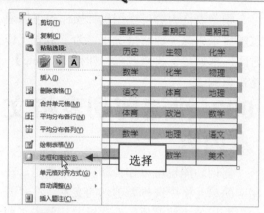

步骤 03　弹出"边框和底纹"对话框，在"边框"选项卡的"样式"下拉列表框中选择相应的表格边框样式，如下图所示。

步骤 04　单击"确定"按钮，即可为表格设置边框，效果如下图所示。

星期一	星期二	星期三	星期四	星期五
历史	政治	历史	生物	化学
地理	生物	数学	化学	物理
语文	化学	语文	体育	地理
数学	地理	体育	政治	数学
美术	音乐	数学	地理	语文
生物	语文	音乐	数学	美术

095 | 修改表格的边框样式

对于设置了边框样式的表格，用户还可以根据需要随时进行调整。

可以进行修改的选项有以下几个方面：

❁ "样式"下拉列表框：在其中提供了多种表格样式。

❁ "颜色"选项：在其中可以设置表格的边框颜色。

❁ "宽度"选项：该选项用于设置边框的宽度。

此外，还可以根据需要设置边框的外框样式，主要包括"无"、"方框"、"全部"、"虚框"和"自定义"5 种样式。

096 | 设置表格的底纹

在 Word 2010 中，用户可以设置相应的底纹效果，以美化表格，使表格显示出特殊的效果。

步骤 01　单击"文件"|"打开"命令，打开一个 Word 文档，如下图所示。

78 班花名册		
章　键	文　芳	韩　文
李　浩	刘　也	邝　奇
李　昊	张　康	戴　军
彭　文	姚　林	周文涛
范　勇	段　峰	李　娟

步骤 02　单击表格左上角的正方形按钮，选择整个表格，单击鼠标右键，在弹出的快捷菜单中选择"边框和底纹"选项，弹出"边框和底纹"对话框，切换至"底纹"选项卡，单击"填充"右侧的下拉按钮，在弹出的列表框中选择相应颜色，如下图所示。

步骤03 单击"确定"按钮，即可为表格设置底纹，效果如下图所示。

78 班花名册		
章 键	文 芳	韩 文
李 浩	刘 也	邝 奇
李 昊	张 康	戴 军
彭 文	姚 林	周文涛
范 勇	段 峰	李 娟

097 | 修改表格的底纹

对于设置了表格底纹的表格，用户还可以根据需要修改表格的底纹。

除了进行填充颜色外，用户还可以设置相应的图案样式作为表格的底纹，在"图案"选项区中单击"样式"右侧的下拉按钮，在弹出的下拉列表框中选择相应的底纹样式，如下图所示。

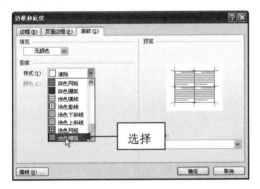

在设置了相应样式后，其下方的"颜色"选项被激活，用户可以根据需要进行相应的颜色设置。

098 | 设置表格的对齐方式

由于表格中每个单元格相当于一个小文档，因此能对选定的单元格、多个单元格、行或列里的文本进行对齐操作，包括左对齐、右对齐、两端对齐、居中对齐和分散对齐等对齐方式。

步骤01 打开一个 Word 文档，在表格中选择需要设置对齐的表格内容，如下图所示。

数据统计表				
	一月	二月	三月	平均值
东部	57	62	51	56.7
西部	58	69	71	66.0
南部	82	58	62	67.3
华南	60	64	57	60.3

步骤02 在"开始"面板的"段落"选项板中，单击"居中"按钮，如下图所示。

步骤03 执行上述操作后，即可设置表格内容为水平居中，效果如下图所示。

数据统计表				
	一月	二月	三月	平均值
东部	57	62	51	56.7
西部	58	69	71	66.0
南部	82	58	62	67.3
华南	60	64	57	60.3

099 | 自动套用表格的格式

在 Word 2010 中，用户不仅可以自定义设置表格样式，还可以自动套用表格格式，使用表格效果更加美观。

步骤 01 打开上一例效果文件，在表格中选择需要自动套用格式的表格，如下图所示。

数据统计表				
	一月	二月	三月	平均值
东部	57	62	51	56.7
西部	58	69	71	66.0
南部	82	58	62	67.3
华南	60	64	57	60.3

步骤 02 切换至"设计"面板，在"表格样式"选项板的下拉列表框中，选择相应的表格样式，如下图所示。

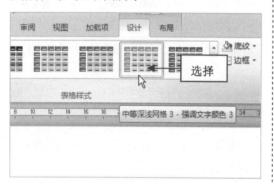

步骤 03 执行上述操作后，即可自动套用表格样式，效果如下图所示。

数据统计表				
	一月	二月	三月	平均值
东部	57	62	51	56.7
西部	58	69	71	66.0
南部	82	58	62	67.3
华南	60	64	57	60.3

100 | 自动调整表格

在 Word 2010 中，用户可以根据需要自动调整表格，以更好地显示表格。

步骤 01 打开一个 Word 文档，在表格中选择需要调整的单元格，如下图所示。

会议记录表

步骤 02 切换至"布局"面板，在"单元格大小"选项板中单击"自动调整"按钮，在弹出的列表框中选择"根据窗口自动调整表格"选项，如下图所示。

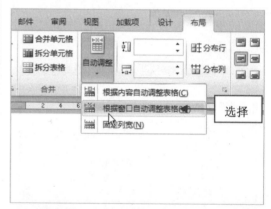

步骤 03 执行上述操作后，即可自动调整表格，效果如下图所示。

会议记录表

101 | 自动分布行和列

对于行和列不均匀的表格，用户可以根据需要设置自动分布行和列。

步骤 01 打开一个 Word 文档，在文档中选择需要调整的表格，如下图所示。

课　程　表				
星期一	历史	数学	数学	英语
星期二	语文	语文	地理	物理
星期三	地理	音乐	体育	政治
星期四	政治	语文	地理	历史
星期五	语文	美术	历史	科技
星期六	语文	历史	音乐	语文

步骤 02 切换至"布局"面板，在"单元格大小"选项板中，单击"分布行"按钮，如下图所示。

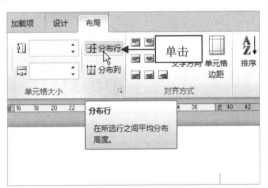

步骤 03 执行操作后，即可平均分布行，再次单击"分布列"按钮，可平均分布列，效果如下图所示。

课　程　表				
星期一	历史	数学	数学	英语
星期二	语文	语文	地理	物理
星期三	地理	音乐	体育	政治
星期四	政治	语文	地理	历史
星期五	语文	美术	历史	科技
星期六	语文	历史	音乐	语文

102 | 改变表格的文字方向

在 Word 2010 的表格中，用户还可以根据需要改变文字的方向。

步骤 01 打开一个 Word 文档，在表格中选择需要改变方向的文字，如下图所示。

饮食安排		早餐	中餐	晚餐
	星期一	酸奶	酸辣鸡丁	西红柿蛋汤
	星期二	面条	酸辣鸡丁	冬瓜排骨汤
	星期三	面条	蚂蚁上树	鱼香肉丝
	星期四	牛奶	麻婆豆腐	辣椒炒蛋
	星期五	面包	土豆丝炒肉	香辣鱿鱼
	星期六	包子	酸豆角炒肉	酸辣鸡丁
	星期日	馒头	香辣鱿鱼	麻婆豆腐

步骤 02 切换至"布局"面板，在"对齐方式"选项板中，单击"文字方向"按钮，如下图所示。

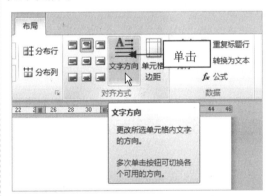

步骤 03 执行上述操作后，即可改变表格的文字方向，适当调整表格列宽，效果如下图所示。

		早餐	中餐	晚餐
饮食安排	星期一	酸奶	酸辣鸡丁	西红柿蛋汤
	星期二	面条	酸辣鸡丁	冬瓜排骨汤
	星期三	面条	蚂蚁上树	鱼香肉丝
	星期四	牛奶	麻婆豆腐	辣椒炒蛋
	星期五	面包	土豆丝炒肉	香辣鱿鱼
	星期六	包子	酸豆角炒肉	酸辣鸡丁
	星期日	馒头	香辣鱿鱼	麻婆豆腐

103 | 绘制表格的斜线表头

在插入的表格中，可以绘制斜线表头，以满足用户的需要。

步骤 01 单击"文件"|"打开"命令，打开一个 Word 文档，如下图所示。

联营电器员工业绩表		
	第一季度	第二季度
陈新	445,102	600,850
张志	400,500	750,482
王李	550,800	850,448
杨明	450,280	682,482
邱平	800,530	922,112
赵慧	486,450	542,852
李黎	588,123	896,510

步骤 02 切换至"插入"面板，在"表格"选项板中单击"表格"按钮，在弹出的列表框中选择"绘制表格"选项，此时鼠标指针呈 形状，在相应单元格内绘制表头斜线，按【Esc】键退出即可，效果如下图所示。

联营电器员工业绩表		
	第一季度	第二季度
陈新	445,102	600,850
张志	400,500	750,482
王李	550,800	850,448
杨明	450,280	682,482
邱平	800,530	922,112
赵慧	486,450	542,852
李黎	588,123	896,510

104 | 排序方式的规则

在进行复杂的排序时，Word 2010 会根据一定的排序规则进行排序。其中包括：

❀ 文字：Word 2010 首先排序以标点或符号开头的项目（如！、#、&或%），随后是以数字开头的项目，最后是以字母开头的项目。

❀ 数字：Word 2010 忽略数字以外的其他所有字符，数字可以在段落中的任何位置显示。

❀ 日期：Word 2010 将下列字符识别为有效的日期分隔符：连字符、斜线（\）、逗号和句号。同时 Word 2010 将冒号（：）识别为有效的时间分隔符。如果 Word 2010 无法识别一个日期或时间，会将该项目放置在列表的开头或结尾（依照升序或降序的排列方式）。

❀ 特定的语言：Word 2010 可根据语言的排序规则进行排序，某些特定的语言有不同的排序规则供选择。

❀ 以相同字符开头的两个或更多的项目：Word 2010 将比较各项目中的后续字符，以决定排序次序。

❀ 域结果：Word 2010 将按指定的排序选项对域结果进行排序。如果两个项目中的某个域（如姓氏）完全相同，Word 2010 将比较下一个域。

105 | 排序表格数据

排序是指在二维表中，针对某列的特性（如数字的大小、文字的拼音或笔画等），对二维表中的数据重新组织顺序的一种方法。在 Word 2010 中，用户可以方便地对表格中的数据进行排序操作。

步骤 01 打开一个 Word 文档，在表格中选择需要进行排序的内容，如下图所示。

成 绩 单				
姓名	语文	数学	英语	总分
李鑫	80	85	90	
刘志	78	90	87	
杨宁	75	81	90	
刘新	75	70	86	
李庆	83	78	75	
刘辉	80	80	73	
李旭	93	86	90	
刘斌	82	78	83	
张梅新	90	85	82	
陈伊容	83	90	78	

步骤02 在"开始"面板的"段落"选项板中，单击"排序"按钮，如下图所示。

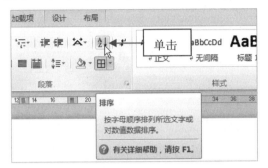

步骤03 弹出"排序"对话框，在其中设置"主要关键字"为"列 2"、"类型"为"数字"，选中"降序"单选按钮，如下图所示。

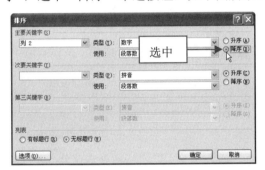

步骤04 设置完成后，单击"确定"按钮，即可对表格中的内容进行排序，效果如下图所示。

成 绩 单

姓名	语文	数学	英语	总分
李旭	93	86	90	
张梅新	90	85	82	
李庆	83	78	75	
陈伊容	83	90	78	
刘斌	82	78	83	
李鑫	80	85	90	
刘辉	80	80	73	
刘志	78	90	87	
杨宁	75	81	90	
刘新	75	70	86	

专家提醒

在表格中选择需要排序的内容，切换至"布局"面板，在"数据"选项板中单击"排序"按钮，也可以弹出"排序"对话框。

106 | 计算表格数据

在 Word 2010 中，用户可以对表格中的数据进行求和、求平均值、求最大值和求最小值等操作。

步骤01 打开上一例效果文件，在表格中，将鼠标定位于需要计算结果的单元格中，如下图所示。

成 绩 单

姓名	语文	数学	英语	总分
李旭	93	86	90	
张梅新	90	85	82	
李庆	83	78	75	
陈伊容	83	90	78	
刘斌	82	78	83	
李鑫	80	85	90	
刘辉	80	80	73	
刘志	78	90	87	
杨宁	75	81	90	
刘新	75	70	86	

步骤02 切换至"布局"面板，在"数据"选项板中单击"公式"按钮，如下图所示。

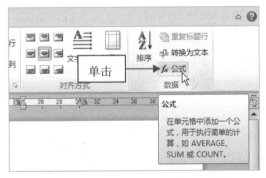

步骤03 弹出"公式"对话框，在"公式"文本框中将显示计算参数，如下图所示。

步骤04 单击"确定"按钮，即可计算表格数据，效果如下图所示。

成 绩 单

姓名	语文	数学	英语	总分
李旭	93	86	90	269
张梅新	90	85	82	
李庆	83	78	75	
陈伊容	83	90	78	
刘斌	82	78	83	
李鑫	80	85	90	
刘辉	80	80	73	
刘志	78	90	87	
杨宁	75	81	90	
刘新	75	70	86	

步骤 05 用与上述相同的方法，在表格中计算其他数据结果，如下图所示。

成 绩 单

姓名	语文	数学	英语	总分
李旭	93	86	90	269
张梅新	90	85	82	257
李庆	83	78	75	236
陈伊容	83	90	78	251
刘斌	82	78	83	243
李鑫	80	85	90	255
刘辉	80	80	73	233
刘志	78	90	87	255
杨宁	75	81	90	246
刘新	75	70	86	231

专家提醒

对一组横排数据进行求和计算时，单击"公式"按钮，如果弹出的"公式"对话框中显示"＝SUM（ABOVE）"，可将ABOVE更改为LEFT，以计算该行的数据总和。

107 | 快速转换表格为文本

在日常工作中，用户常常需要将表格中的内容转换为文本的形式，以节省工作时间，使用 Word 2010 可以非常方便地将表格转换为文本。

步骤 01 打开一个 Word 文档，选择整个表格，如下图所示。

步骤 02 切换至"布局"面板，在"数据"选项板中单击"转换为文本"按钮，如下图所示。

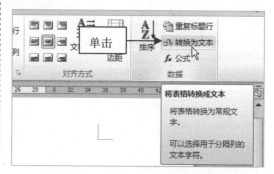

步骤 03 弹出"表格转换成文本"对话框，选中"制表符"单选按钮，如下图所示。

步骤 04 单击"确定"按钮，即可将表格转换为文本，如下图所示。

邀请函资料

公司	姓名	职务
常林科技公司	张键	总经理
常林科技公司	范勇	副总经理
常林科技公司	李刚	部门经理
天航公司	成刚	总经理
天航公司	李玉	副经理
天航公司	彭文	部门经理

05 图文排版格式特效

学前提示

在用户使用 Word 编辑文档的过程中，加入美观的图片或图形，不仅可以增加文档的可读性，而且会使整个文档变得赏心悦目。本章在上一章的基础上进一步介绍 Word 2010 的高级排版操作，主要包括图文混排操作、设置图形特效、设置特殊版式、编辑图表与数据表等内容。

本章知识重点

▶ 添加项目符号　　　　　▶ 插入剪贴画图像
▶ 自定义项目符号　　　　▶ 更改图片的大小
▶ 添加编号列表　　　　　▶ 设置图片样式
▶ 自定义编号列表　　　　▶ 插入艺术字体
▶ 插入图片对象　　　　　▶ 绘制简单图形

学完本章后你会做什么

▶ 掌握在 Word 2010 中插入图像的基本操作
▶ 掌握在 Word 2010 对图像的修改和编辑
▶ 掌握在 Word 2010 应用数据图表的方法

视频演示

插入图片对象

设置颜色效果

108 添加项目符号

项目符号一般在表述并列关系的情况下使用，创建项目符号后，能够使文档结构更加清晰，便于阅读。

步骤 01 打开一个 Word 文档，选择需要添加项目符号的文本内容，如下图所示。

步骤 02 在"开始"面板的"段落"选项板中，单击"项目符号"右侧的下拉按钮，在弹出的列表框中选择相应的项目符号样式，如下图所示。

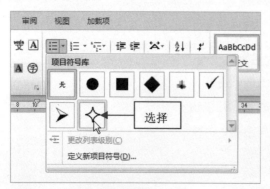

专家提醒

在新起一个段落后，切换至"开始"面板，在"段落"选项板中单击"项目符号"按钮，选择用户所需的项目符号，即可为本段添加项目符号，输入文字并按回车键后，下一段继续保留项目符号。

步骤 03 执行操作后，即可为文本添加项目符号，如下图所示。

牛奶分类

◇ 纯牛奶

◇ 酸　奶

◇ 鲜牛奶

◇ 低脂牛奶

109 自定义项目符号

如果需要设定特殊的项目符号，用户可以单击"项目符号"右侧的下拉按钮，在弹出的列表框中选择"定义新项目符号"选项，弹出"定义新项目符号"对话框，如下图所示。

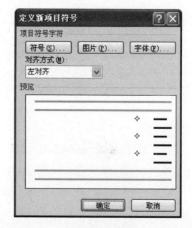

在其中用户可根据需要定义其他图片或图形为项目符号样式，并可以设置相应的对齐方式。

110 添加编号列表

编号列表经常用来创建由低到高有一定顺序的项目。默认状态下，运用 Word 2010 进行编辑时，在文档中输入（1）、1 或"第一"时，后跟一个空格或制表位，然后输入文本，按【Enter】键后，新的一段会自动进行编号。

步骤 01 打开一个 Word 文档，选择需要添加编号列表的文本内容，如下图所示。

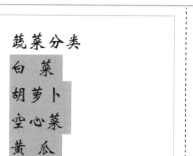

步骤02 在"段落"选项板中，单击"编号"右侧的下拉按钮，在弹出的列表框中选择相应的编号样式，如下图所示。

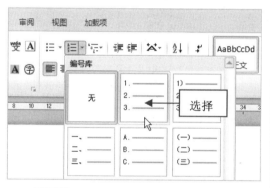

步骤03 执行操作后，即可为文本添加编号样式，如下图所示。

蔬菜分类

1. 白　菜
2. 胡萝卜
3. 空心菜
4. 黄　瓜
5. 菠　菜

111 | 自定义编号列表

如果需要自定义编号列表，可以单击"编号"右侧的下拉按钮，在弹出的列表框中选择"定义新编号格式"选项，弹出"定义新编号格式"对话框，如下图所示。

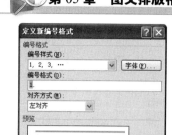

在其中用户可根据需要定义相应的编号格式，并预览其效果。

112 | 插入图片对象

在文档中插入图片，既可以插入来自文件的图片，还可以插入多种不同格式的图片，如 JPEG、CDR、MBP 和 TIFF 等格式。

步骤01 打开一个 Word 文档，将光标定位于要插入图片的位置，如下图所示。

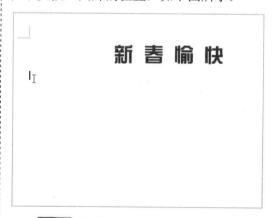

步骤02 切换至"插入"面板，在"插图"选项板中单击"图片"按钮，如下图所示。

步骤 03 弹出"插入图片"对话框,在其中选择需要插入的图片,如下图所示。

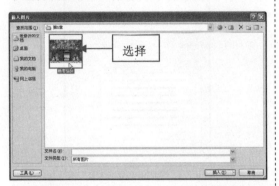

步骤 04 单击"插入"按钮,即可将图片插入到 Word 文档中,适当拖曳图片四周的控制柄,调整大小,效果如下图所示。

专家提醒

用户还可以从扫描仪或数码相机中插入图片,要直接从扫描仪或数码相机中插入图片,首先必须确认设备是 TWAIN 或 WIA 兼容的设备,并且与计算机是正常连接的。

113 | 插入剪贴画图像

Word 2010 中附带的剪贴画内容非常丰富,包含各种不同的主题,用户可以根据需要进行选择性插入。

步骤 01 新建一个 Word 文档,切换至"插入"面板,在"插图"选项板中单击"剪贴画"按钮,如下图所示。

步骤 02 打开"剪贴画"任务窗格,单击"搜索文字"右侧的"搜索"按钮,在下拉列表框中将显示搜索到的剪贴画,在其中选择相应的剪贴画,如下图所示。

步骤 03 单击该剪贴画,即可将其插入到 Word 文档中,如下图所示。

专家提醒

在任务窗格的"搜索文字"文本框中,输入所需剪辑的单词、短语,或者输入完整或部分文件名,然后单击"搜索"按钮,也可以在搜索列表框中列出搜索到的剪贴画。

114 更改图片的大小

对于插入的图片，如果其大小不能适合文档时，用户可以对其进行调整。

步骤 01 打开一个 Word 文档，选择要更改大小的图片，如下图所示。

步骤 02 切换至"格式"面板，在"大小"选项板的"形状高度"文本框中，输入"10厘米"，宽度自动调整，如下图所示。

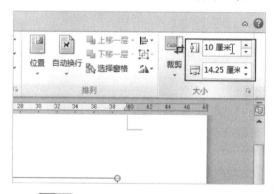

步骤 03 执行上述操作后，即可更改图片的大小，效果如下图所示。

115 设置图片样式

在 Word 2010 中，为了使图片更加美观，可以给图片添加各种样式，而操作起来也比其他专业的图片处理软件更简单。

步骤 01 打开上一例效果，选择需要添加样式的图片，切换至"格式"面板，在"图片样式"选项板中选择需要的图片样式，如下图所示。

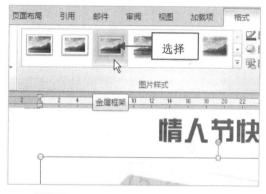

步骤 02 执行操作后，即可为图片添加相应的样式，如下图所示。

专家提醒

在"图片样式"选项板中，单击"图片边框"按钮，在弹出的列表框中选择相应的选项，也可为图片添加边框。

116 插入艺术字体

在 Word 2010 中，使用艺术字功能可以方便地为文档中的文本创建艺术字效果。

由于 Word 2010 是将艺术字作为图形对象来处理的，所以用户可以通过"格式"面板来设置艺术字的文字环绕、填充色、阴影和三维等效果。

步骤 01 新建一个 Word 文档，切换至"插入"面板，在"文本"选项板中单击"艺术字"按钮 ，在弹出的列表框中选择相应的艺术字样式，如下图所示。

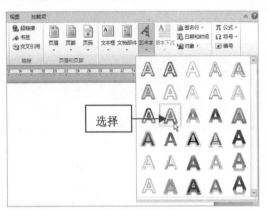

步骤 02 文档中将显示提示信息"请在此放置您的文字"，如下图所示。

步骤 03 在文本框中选择文字，按【Delete】键将其删除，然后输入相应文字，在编辑区中的空白位置单击鼠标左键，完成艺术字的创建，如下图所示。

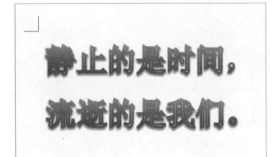

专家提醒

插入艺术字后，还可以更改艺术字属性，包括风格、样式、格式、形状和旋转等。Word 2010 提供了多种设置方式，使用户可以尽情地发挥想象力。

117│绘制简单图形

在 Word 2010 中，不但可以插入图片，还可以绘制各种形状。

Word 2010 提供了丰富的绘图工具，包括线条、基本形状、箭头总汇以及流程图等多种类型，通过使用这些工具可以绘制出需要的图形。

步骤 01 单击"文件"│"打开"命令，打开一个 Word 文档，如下图所示。

步骤 02 切换至"插入"面板，在"插图"选项板中单击"形状"按钮 ，在弹出的下拉列表框中选择"矩形"选项，如下图所示。

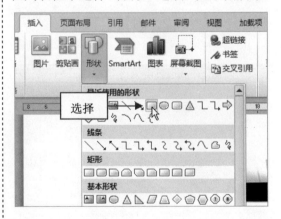

步骤 03　在图片的合适位置单击鼠标左键并拖曳，至合适大小后释放鼠标，即可绘制一个矩形，在文档空白处单击鼠标左键即可，如下图所示。

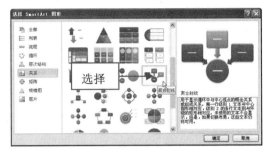

专家提醒

　　图片插入到文档后，如果其大小、位置不能满足用户需求，这时还可以使用图形编辑功能对这些图形进行适当的处理，使文档更加美观。

118 插入 SmartArt

　　在 Word 2010 中，为了使文字之间的关联表示得更加清晰，用户常常使用配有文字的插图，而使用 SmartArt 图形，可以制作出具有专业水准的插图。

　　步骤 01　新建一个 Word 文档，切换至"插入"面板，在"插图"选项板中单击 SmartArt 按钮，如下图所示。

步骤 02　弹出"选择 SmartArt 图形"选项，在左侧列表框中选择"关系"选项，在中间窗格选择需要的图形样式，如下图所示。

步骤 03　单击"确定"按钮，即可在文档中插入相应的 SmartArt 图形，如下图所示。

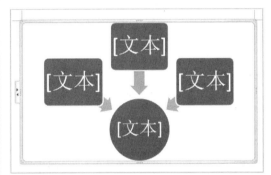

步骤 04　在图形中的"文本"处单击鼠标左键，输入相应文字，如下图所示。

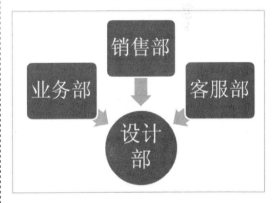

专家提醒

　　当插入 SmartArt 图形后，将激活 SmartArt 工具的"设计"和"格式"面板，在其中可以对 SmartArt 图形的布局、颜色和样式等属性进行编辑和修改。

119│绘制横排文本框

文本框实际是一种可移动的、大小可调整的文字或图形容器，使用文本框可以实现多个文本混排的效果。

步骤 01 单击"文件"│"打开"命令，打开一个 Word 文档，如下图所示。

步骤 02 切换至"插入"面板，在"文本"选项板中单击"文本框"按钮，在弹出的列表框中选择"绘制文本框"选项，如下图所示。

步骤 03 在图片中的合适位置单击鼠标左键并拖曳，绘制文本框，如下图所示。

步骤 04 输入并选择文字，在"开始"面板的"字体"选项中设置"字体"为"楷体"、"字号"为"小初"、"字体颜色"为"绿色"，在"格式"面板中设置"无填充"、"无轮廓"，在空白位置单击鼠标左键，调整其位置，即可绘制横排文本框，如下图所示。

专家提醒

文本框与图片一样，文本框上也有 8 个控制点，也可以通过鼠标来调整文本框的大小。文本框 4 个角上的控制点可以用于同时调整文本框的宽度和高度，文本框左右两边中间的控制点用于调整文本框的宽度，上下两边中间的控制点用于调整文本框的高度。

120│绘制竖排文本框

除了绘制横排文本框外，用户还可以根据需要绘制竖排文本框。

步骤 01 单击"文件"│"打开"命令，打开一个 Word 文档，如下图所示。

步骤02 切换至"插入"面板，在"文本"选项板中单击"文本框"按钮，在弹出的列表框中选择"绘制竖排文本框"选项，如下图所示。

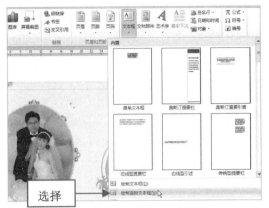

步骤03 在图片中的合适位置上单击鼠标左键并拖曳，绘制竖排文本框，输入并选择文字，在"开始"面板中设置"字体"为"方正粗圆简体"、"字号"为"二号"、"字体颜色"为"红色"，在"格式"面板中设置"无填充"、"无轮廓"，在空白位置单击鼠标左键，调整其位置和大小，即可绘制竖排文本框，如下图所示。

121 | 设置文字环绕

　　对于插入文档中的图片，可以进行文字环绕设置，以改变文字与图片的排版方式，更好地美化文档。

步骤01 单击"文件"|"打开"命令，打开一个 Word 文档，如下图所示。

　　明度指色彩的亮度，不同明度的同一色彩没有色别上的差异。自然界中，同一种色别但明度不同的色彩广泛存在，其中典型的例子就是绿色。如果不同明度的同一色彩在摄影中出现在同一画面，依然可以形成对比。

　　这种颜色在敏感和深浅方面的不同变化可能是由于植物种类的差异所造成，也可能是由于光照条件的不同所造成的。在同一色别的颜色所形成对比中，明度较高的色彩更加鲜艳明亮，突出醒目，这种色彩的对比虽然没有强烈的视觉冲击力，但是过渡自然，从而使画面效果和谐。红、橙、黄、绿、青、蓝、紫这七种光谱色中，黄色的明度最高（最亮），橙和绿色的明度低于黄色；红、青色又低于橙色和绿色，紫色的明度最低（最暗）。但是同是一种色彩受光照射情况不同而产生的明度变化也不尽相同

步骤02 选择图片，切换至"格式"面板，在"排列"选项板中单击"自动换行"按钮，在弹出的列表框中选择"四周型环绕"选项，如下图所示。

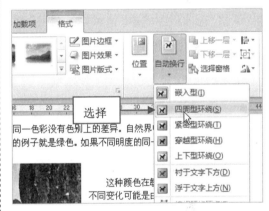

步骤03 执行操作后，在空白位置单击鼠标左键，即可设置文字环绕，如下图所示。

122 | 设置艺术效果

　　在 Word 2010 中，可以给插入的图片添加以及设置各种艺术效果。

例如，给图片添加铅笔素描、粉笔素描、纹理化等，使图片更像草图或油画。

步骤 01 单击"文件"｜"打开"命令，打开一个 Word 文档，如下图所示。

步骤 02 选择图片，切换至"格式"面板，在"调整"选项板中单击"艺术效果"按钮，在弹出的列表框中选择"影印"选项，如下图所示。

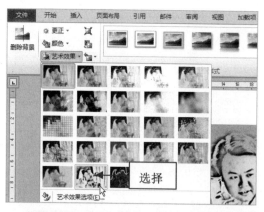

步骤 03 执行操作后，在空白位置单击鼠标左键，即可将图片的艺术效果设置为影印，如下图所示。

123 | 设置阴影效果

在 Word 2010 中，用户可以为文档中的图形添加阴影效果，并且可以改变阴影的方向和颜色，在改变阴影颜色时，只会改变阴影部分，而不会改变图形对象本身。

步骤 01 单击"文件"｜"打开"命令，打开一个 Word 文档，如下图所示。

步骤 02 选择图片，切换至"格式"面板，在"形状样式"选项板中单击"图片效果"按钮，在弹出的列表框中选择"阴影"选项，在弹出的子菜单中选择相应的阴影样式，如下图所示。

步骤 03　执行操作后,即可设置图片的阴影样式,如下图所示。

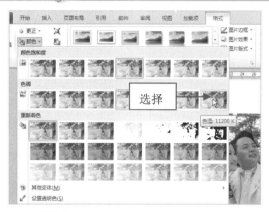

步骤 03　执行操作后,即可设置图片的颜色效果,如下图所示。

专家提醒

　　单击"形状效果"按钮,在弹出的列表框中选择"阴影"选项,在弹出的子菜单中,如果列出的阴影样式用户都不满意,可选择"阴影选项"选项,在弹出的对话框中可以设置相关的阴影参数。

124 设置颜色效果

　　在 Word 2010 中,用户可以为文档中的图像调整饱和度、色调,或者进行重新着色等操作。

步骤 01　单击"文件"|"打开"命令,打开一个 Word 文档,如下图所示。

步骤 02　选择图片,切换至"格式"面板,在"调整"选项板中单击"颜色"按钮,在弹出的列表框中选择相应的选项,如下图所示。

125 设置三维效果

　　在 Word 2010 中,还可以给绘制的线条、自选图形、任意多边形、艺术字和图片添加三维效果,并且允许用户自定义延伸深度、照明颜色、旋转角度和方向等。在改变三维效果的颜色时,只会影响对象的三维效果而不会影响对象本身。

步骤 01　单击"文件"|"打开"命令,打开一个 Word 文档,如下图所示。

步骤02 选择图片，切换至"格式"面板，在"图片样式"选项板中单击"图片效果"按钮，在弹出的列表框中选择"预设"选项，在"预设"子菜单中选择需要的三维样式，如下图所示。

步骤03 执行操作后，即可设置图片的三维效果，如下图所示。

专家提醒

如果对列出的三维效果不满意，可以在"图片效果"列表框中选择"三维设置"选项，然后在弹出的"三维设置"工具栏中自定义需要的三维效果参数。

126 设置填充效果

在 Word 2010 中，不仅可以给图形图像设置相应的艺术、阴影以及三维效果，还可以为绘制的图形添加相应的填充效果，以更好地显示图形。

步骤01 新建一个 Word 文档，切换至"插入"面板，单击"形状"按钮，在弹出的列表框中选择"形状"选项，在文档中绘制一个形状，如下图所示。

步骤02 在文档中选择需要编辑的图形对象，切换至"格式"面板，在"图形样式"选项板中单击"形状填充"按钮，在弹出的列表框中选择"图片"选项，如下图所示。

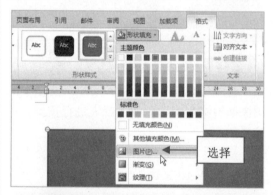

步骤03 弹出"插入图片"对话框，在其中选择需要插入的素材图片，如下图所示。

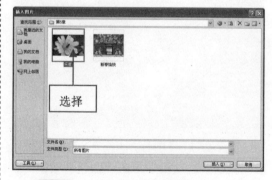

步骤04 单击"插入"按钮，即可将图片插入至图形中，效果如下图所示。

在"图片样式"选项板中单击"形状填充"按钮,在弹出的列表框中选择"纹理"选项,在弹出的子菜单中,用户可根据需要选择相应的纹理样式为填充效果。

127 插入数据图表

Word 2010 能够很方便地根据已有表格的数据插入图表,通过图表表示表格中的数据。在文档中添加相应的图表说明,将会使叙述的内容更加形象,更有说服力。很多情况下,图表比单纯的数据更有说服力。如果能根据表格绘制一幅简洁的统计图表,会使数据的表示更加直观,分析更加方便。

步骤 01 新建一个 Word 文档,切换至"插入"面板,在"插图"选项板中单击"图表"按钮，如下图所示。

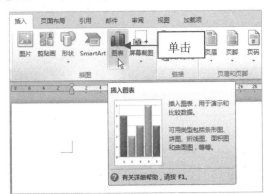

步骤 02 弹出"插入图表"对话框,在右侧窗格中选择需要的图表样式,如下图所示。

步骤 03 单击"确定"按钮,即可在 Word 文档中插入图表,同时系统会自动启动 Excel 2010 应用程序,其中显示了图表数据,如下图所示。

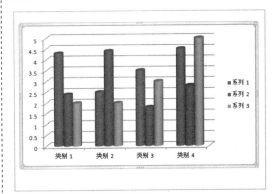

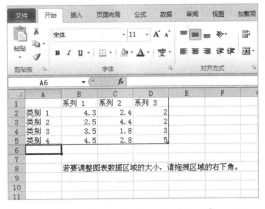

128 更改图表的类型

用户如果对图表的类型不满意,还可以选择其他图表类型,如折线图、曲线图或者三维图等类型。

步骤 01 单击"文件"菜单,在弹出的面板中单击"打开"命令,打开一个 Word 文档,如下图所示。

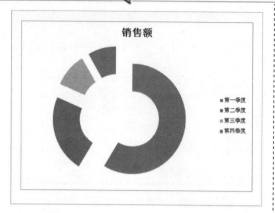

步骤 02 在文档中选择需要更改类型的图表，切换至"设计"面板，在"类型"选项板中单击"更改图表类型"按钮，如下图所示。

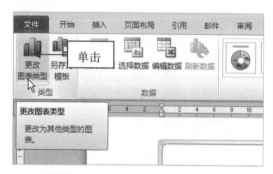

步骤 03 弹出"更改图表类型"对话框，在"饼图"选项区中选择相应的饼图样式，如下图所示。

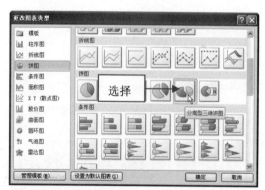

专家提醒

在"更改图表类型"对话框中，单击下方的"设置为默认图表"按钮，即可将图表类型更改为默认设置。

步骤 04 单击"确定"按钮，即可更改图表样式，如下图所示。

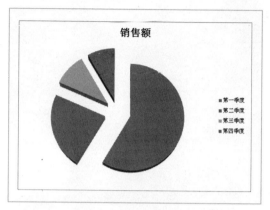

129 | 修改图表的数据

在 Word 2010 中，如果用户对图表中的数据不满意，可在 Excel 中对数据进行更改。

步骤 01 单击"文件"|"打开"命令，打开一个 Word 文档，如下图所示。

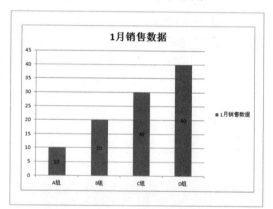

步骤 02 选择需要更改数据的图表，切换至"设计"面板，在"数据"选项板中单击"编辑数据"按钮，如下图所示。

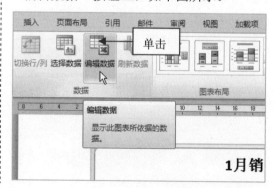

步骤 03 执行操作后，系统自动启动 Excel 应用程序，在其中根据需要更改相应数据，并按【Enter】键确认，如下图所示。

步骤 04 返回 Word 工作界面，图表中的相应参数将发生变化，如下图所示。

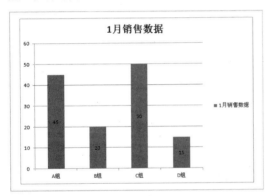

专家提醒

选择需要更改数据的图表，单击鼠标右键，在弹出的快捷菜单中选择"编辑数据"选项，也可以启动 Excel 应用程序来修改数据。

130 快速创建数据表

图表的主要元素是表格数据，因此首先要将数据输入到数据表中。只有将数据表中的数据具体化，并且配合适当的图片示例，才能更好地将所要说明的例子表述清楚。

步骤 01 新建一个 Word 文档，切换至"插入"面板，在"文本"选项板中单击"对象"右侧的下三角按钮，在弹出的列表框中选择"对象"选项，如下图所示。

步骤 02 弹出"对象"对话框，在"对象类型"下拉列表框中选择"Microsoft Graph 图表"选项，如下图所示。

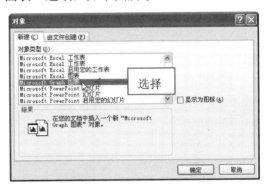

步骤 03 单击"确定"按钮，即可在 Word 文档中插入数据图表，如下图所示。

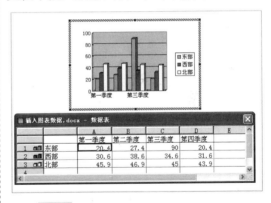

步骤 04 将鼠标移至图表四周的控制柄上，单击鼠标左键并拖曳，可以调整图表的大小，效果如下图所示。

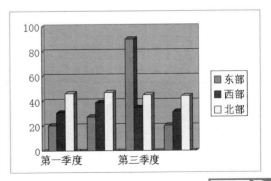

131 | 设置图表的背景效果

为了使数据图表更加美观，用户可以给数据图表添加背景边框，并且可以指定边框的样式，还可以对背景使用各种填充效果。

步骤 01 新建一个 Word 文档，单击"插入"面板中的"图表"按钮，插入一张图表，如下图所示。

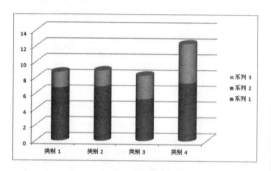

步骤 02 选择图表，切换至"布局"面板，在"背景"选项板中单击"图表背景墙"的右侧的下三角按钮，在弹出的列表框中选择"其他背景墙选项"选项，如下图所示。

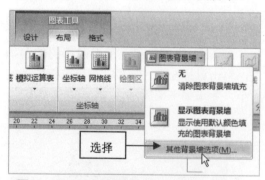

步骤 03 弹出"设置背景墙格式"对话框，在"填充"选项卡中选中"图片或纹理填充"单选按钮，并单击"纹理"右侧的下三角按钮，在弹出的列表框中选择"蓝色面巾纸"选项，如下图所示。

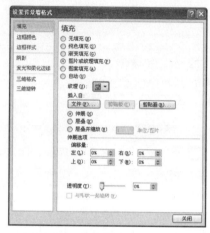

步骤 04 单击"关闭"按钮，即可设置图表的背景效果，如下图所示。

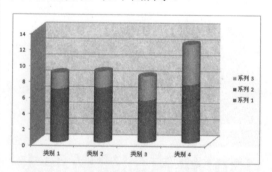

132 | 设置图表的布局效果

为了使数据图表的布局更加清晰，用户可以根据需要对图表布局进行相应设置。

步骤 01 新建一个 Word 文档，单击"插入"面板中的"图表"按钮，插入一张图表，如下图所示。

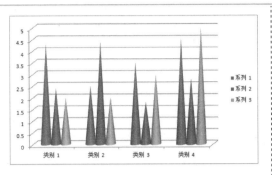

步骤 02　选择图表，切换至"设计"面板，在"图表布局"选项板中选择相应的图表布局样式，如下图所示。

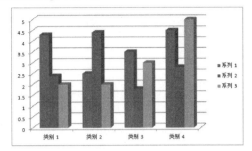

步骤 02　选择图表，切换至"布局"面板，在"背景"选项卡中单击"三维旋转"按钮 📊，如下图所示。

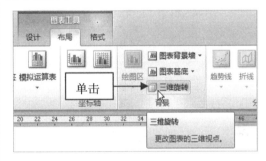

步骤 03　执行操作后，即可设置图表的布局效果，如下图所示。

步骤 03　弹出"设置图表区格式"对话框，切换至"三维旋转"选项卡，在其中设置 X、Y 分别为 120°、90°，如下图所示。

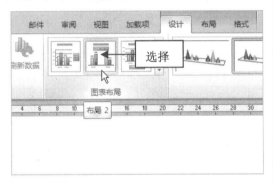

步骤 04　单击"关闭"按钮，即可设置三维旋转效果，如下图所示。

133 设置图表的三维旋转

在文档中添加的图表可以用三维视图的格式显示出来，这样制作的图表示例具有三维的效果，而且用户可以对三维图表进行调整，以满足各种需要。

步骤 01　新建一个 Word 文档，单击"插入"面板中的"图表"按钮 📊，插入一张图表，如下图所示。

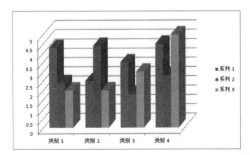

134 设置图表的三维格式

在 Word 中,设计完成图表后,如果对图表不满意,还可以为图表设置三维格式。

步骤 01 新建一个 Word 文档,单击"插入"面板中的"图表"按钮,插入一张图表,如下图所示。

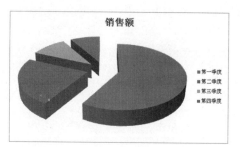

步骤 02 双击图表,弹出"设置数据系列格式"对话框,切换至"三维格式"选项卡,在其中设置相应参数,如下图所示。

步骤 03 单击"关闭"按钮,即可设置图表三维格式效果,如下图所示。

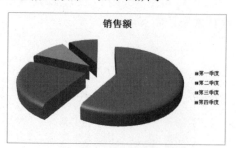

135 设置图表的系列样式

在 Word 的图表中提供了大量的图表系列样式,用户可以根据需要进行相应选择。

步骤 01 新建一个 Word 文档,单击"插入"面板中的"图表"按钮,插入一张图表,如下图所示。

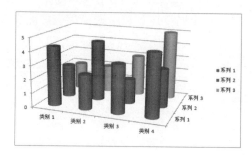

步骤 02 选择图表,切换至"设计"面板,在"图表样式"选项板中选择相应的图表系列样式,如下图所示。

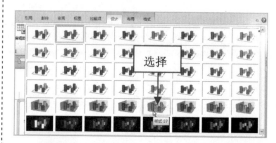

步骤 03 执行操作后,即可设置图表的系列样式,如下图所示。

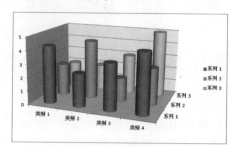

06 打印预览文档内容

学前提示

　　用户经常需要将编辑好的 Word 文档打印出来，以便携带和随时阅读。要进行文档的打印，首先应该进行页面设置，包括设置页边距、页边框、页面方向和打印版式。本章主要向读者介绍文档的页面设置、文档页面排版、使用脚注和尾注以及打印文档等内容。

本章知识重点

- ▶ 快速插入页眉
- ▶ 快速修改页眉
- ▶ 快速插入页脚
- ▶ 快速修改页脚
- ▶ 在页眉中插入图片

- ▶ 快速插入页码
- ▶ 设置奇偶页不同
- ▶ 使用文档行号
- ▶ 快速插入分隔符
- ▶ 快速插入水印

学完本章后你会做什么

- ▶ 掌握在 Word 2010 中应用页眉、页脚以及页码
- ▶ 掌握在 Word 2010 中设置基本页面效果
- ▶ 掌握在 Word 2010 中打印文档的操作方法

视频演示

个人简历

姓名		性别		出生年月		
民族		籍贯				
学历		政治面貌		健康状况		贴相片处
婚姻		职称		技术等级		
家庭住址						
联系电话		邮编		电子邮件		
主要经历:						

在页眉中插入图片

销售人员收入核算

2011 年 12 月

销售人员	基本工资	补贴	销售提成	应得收入
张存	1200	100	6000	
邓灵	1200	100	3500	
陈鑫	1200	100	6500	
曾平	1200	100	7000	
王麟	1200	100	5600	

设置背景填充

136 快速插入页眉

在 Word 2010 中，可以使用页码、日期或公司徽标等文字或图形作为页眉或页脚。

步骤 01 按【Ctrl＋O】组合键，打开一个 Word 文档，如下图所示。

步骤 02 切换至"插入"面板，在"页眉和页脚"选项板中单击"页眉"按钮，在弹出的下拉列表框中选择"空白"选项，如下图所示。

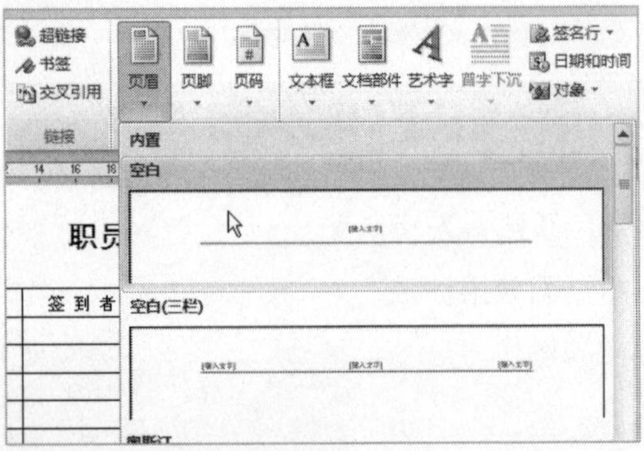

专家提醒

一般情况下，在书籍的页眉和页脚中，页眉会有书名和章节的名称。"页眉"不属于正文，因此在编辑正文时，页眉以淡颜色显示。一旦为文档建立了页眉，则在此文档的每一页中都会有页眉，而且同一文档中的页眉都相同。

步骤 03 执行操作后，进入"设计"面板，在页眉位置处输入相应文字，如下图所示。

步骤 04 在"设计"面板中单击"关闭页眉和页脚"按钮，退出编辑状态，即可在文档中插入页眉，如下图所示。

137 快速修改页眉

在输入页眉后，Word 2010 会自动进入页眉编辑状态，此时系统会自动激活"设计"面板，如下图所示。

对于已经设置好的页眉和页脚，如果要重新编辑其中的内容，可在"页眉和页脚"选项板内单击"页眉"按钮，在弹出的下拉列表框中选择"编辑页眉"选项。

"设计"面板中包含 6 个选项板，各选项板包含不同的功能。

专家提醒

要编辑页眉，也可以直接双击页眉区域，使页眉处于编辑状态。

138 快速插入页脚

"页脚"在文档页面的底部，文档的页码一般也在页脚中。

步骤 01 打开上一例效果文档，切换至"插入"面板，在"页眉和页脚"选项板中单击"页脚"按钮，在弹出的列表框中选择"空白"选项，如下图所示。

步骤 02 执行上述操作后，进入"设计"面板，在页脚位置处输入相应文字，如下图所示。在"设计"面板中单击"关闭页眉和页脚"按钮，退出编辑状态，即可在文档中插入页脚。

139 快速修改页脚

页脚的修改与页眉类似，在输入页脚后，Word 2010 会自动进入页脚编辑状态，如果要重新编辑其中的内容，可在"页眉和页脚"选项板中单击"页眉"按钮，在弹出的下拉列表框中选择"编辑页脚"选项。

同样，也可以双击页脚区域，进行修改页脚内容操作。

140 在页眉中插入图片

在页眉中可以插入来自文件的图片，以使画面更加美观。

步骤 01 按【Ctrl＋O】组合键，打开一个 Word 文档，如下图所示。

步骤 02 双击页眉区域，进入页眉编辑状态，在"设计"面板的"插入"选项板中单击"图片"按钮，如下图所示。

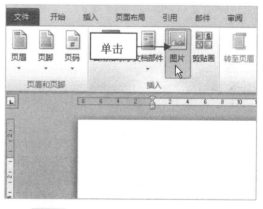

步骤 03 弹出"插入图片"对话框，在其中选择需要插入的图片，如下图所示。

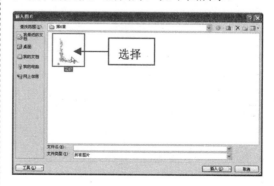

步骤 04 单击"插入"按钮，即可将图片插入到页眉中，如下图所示。

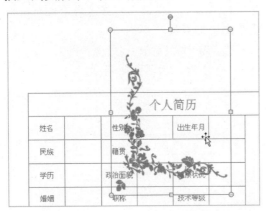

步骤 05 在"格式"面板的"排列"选项板中，单击"旋转"按钮，在弹出的列表框中选择"向右旋转 90°"选项，并设置图片版式为"浮于文字上方"，然后拖动图片至左上角合适位置，如下图所示

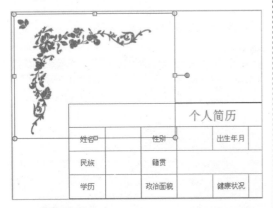

步骤 06 切换至"设计"面板，单击"关闭页眉和页脚"按钮，退出编辑状态，即可插入图片，效果如下图所示

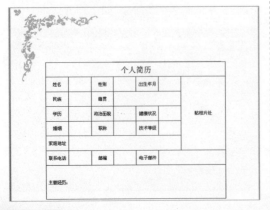

141 快速插入页码

通常，用户都会在页眉或页脚区设置页码，为整个文档添加页码，其操作方法非常简单。

打开需要设置页码的文档，切换至"插入"面板，在"页眉和页脚"选项板中单击"页码"按钮，在弹出的列表框中选择用户需要插入的位置以及页码样式即可。

在 Word 2010 中，用户还可以根据需要设置页码的格式，在"页眉和页脚"选项板中单击"页码"按钮，在弹出的列表框中选择"设置页码格式"选项，弹出"页码格式"对话框，如下图所示，设置相应属性，即可设置页码的格式。

在"页码格式"对话框中，各选项的含义如下：

❖ 单击"编号格式"右侧的下拉按钮，在弹出的下拉列表框中，显示了可供用户选择的十种格式，在其中选择一种需要的格式即可。

专家提醒

如果要将文档中的章节号添加到页码中，可以选中"包含章节号"复选框，然后设置章节号格式：在"章节起始样式"下拉列表框中，选择要包含的章节标题的标题样式；在"使用分隔符"下拉列表框中，选择要包含在章节号和页码之间的分隔符，默认状态下使用连字符。

❀ 在"页码编号"选项区中，选择页码编排方式：如果要对文档使用统一的页码编号，选择"续前节"单选按钮；如果要自定义设置页码的起始数值，选择"起始页码"单选按钮，在后面的数值框中输入或设置用户所需要的起始页码数即可。

142 设置奇偶页不同

在设置了页眉、页脚以及页码后，如果要使奇数页和偶数页不同，可以将其设置为奇偶页不同。

打开需要设置的文档后，切换至"页面布局"面板，在"页面设置"选项板中单击"页面设置"按钮 ，弹出"页面设置"对话框，切换至"版式"选项卡，在"页眉和页脚"选项区中，选中"奇偶页不同"复选框，如下图所示，单击"确定"按钮即可。

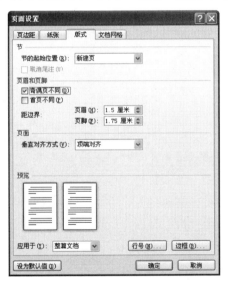

143 使用文档行号

有些特殊的文档需要在每行的前面添加行号以方便用户查找，行号一般显示在正文左侧与页边缘之间，也就是左侧页边距内的空白区域。

在插入行号前，首先打开一个需要设置行号的文档，切换至"页面布局"面板，在"页面设置"选项板中，单击"页面设置"按钮 ，弹出"页面设置"对话框，切换至

"版式"选项卡，单击"行号"按钮，弹出"行号"对话框，如下图所示。选中"添加行号"复选框，单击"确定"按钮，即可为文档添加行号。

在"行号"对话框中各选项的含义如下。

❀ 在"起始编号"数值框中，设置或者直接输入一个数值来指定开始的行号，默认为1，用户也可以根据需要设置其他数值。

❀ 在"距正文"数值框中，设置或者直接输入一个数值来指定行号与正文之间的距离，如果选择"自动"选项，Word 2010会使用默认的设置。

❀ 在"行号间隔"数值框中，设置或者直接输入一个数值指定要显示的行号增量。例如，如果输入2，则 Word 2010 记录所有行，但是行号将显示2、4、6等2的倍数，并且每隔2行才显示行号。

❀ 在"编号方式"选项区中，选择需要的行号方式：选择"每页重新编排"单选按钮，则文档中的每一页都从头进行行编号；选择"每节重新编号"单选按钮，则文档中每一节都从头开始进行编号；选择"连续编号"单选按钮，整个文档进行统一的连续行编号。

为文档设置行号时，在弹出的"行号"对话框中，首先应该选中"添加行号"复选框，才能设置行号的类型。

144 快速插入分隔符

在 Word 2010 中，用户可以插入三类分隔符，即分页符、分栏符和分节符，而在分节符中又分为下一页分节符、偶数页分节符、奇数页分节符和连续分节符。

步骤 01 打开一个 Word 文档，将光标定位于需要插入分隔符的位置，如下图所示。

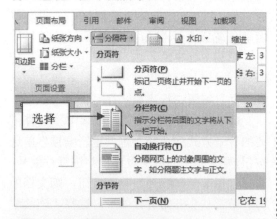

步骤 02 切换至"页面布局"面板，在"页面设置"选项板中单击"插入分页符和分节符"按钮，在弹出的列表框中选择"分栏符"选项，如下图所示。

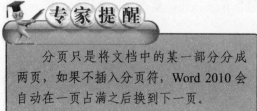

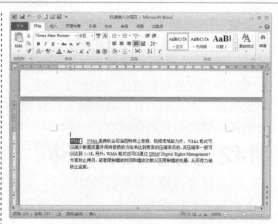

145 快速插入水印

水印就是显示在文档文本后面的文字或图片，它们可以增加趣味或标识文档的状态。如果使用图片，可将其淡化或冲蚀，从而不影响文档文本的显示；如果使用文字，可从内置词组中选择或亲自输入，水印适用于打印文档。

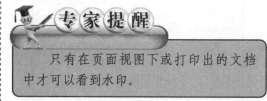

专家提醒

只有在页面视图下或打印出的文档中才可以看到水印。

使用 Word 2010 改进的水印功能，可以方便的选择图片、徽章或自定义文本，并用于打印文档的背景。要给打印的文档添加水印，首先需要打开一个要插入水印的文档，切换至"页面布局"面板，在"页面背景"选项板中单击"水印"按钮，在弹出的下拉列表框中选择"自定义水印"选项，弹出"水印"对话框，如下图所示。

专家提醒

分页只是将文档中的某一部分分成两页，如果不插入分页符，Word 2010 会自动在一页占满之后换到下一页。

步骤 03 执行上述操作后，即可插入分栏符，效果如下图所示。

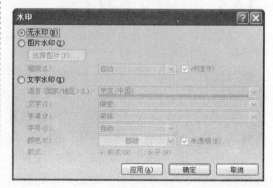

如果需要插入一幅图片作为水印，选中"图片水印"单选按钮，再单击"选择图片"按钮，选择用户所需的图片后，单击"插入"按钮，即可将图片插入到文档中。

如果需要插入文字水印，选中"文字水印"单选按钮，然后选择或输入所需文本，设置所需的其他选项，并单击"应用"按钮，即可插入文字水印。

146 快速添加脚注

很多情况下，文档中都会有脚注。在书籍中，如果某一部分需要脚注，则在此内容的旁边编上一个编号，然后在同一页的最后留下一些空白位置，在此空白处写上脚注。用户可以像书籍一样使用脚注。

步骤 01　按【Ctrl＋O】组合键，打开一个 Word 文档，将光标定位于需要添加脚注的文档中，如下图所示。

一台配置为 PII233、ASUSP2L97 主板、4.3G 钻石三代硬盘的电脑，在超频时首先将其跳线设置为 4×66MHz，开机后无显示；再设为 4.5×66 MHz、5×66 MHz，显示都一样，后来改变频率总线，开始为 3.5×75 MHz，开机显示 126MHz，后来又改成 3.5×83 MHz，自检正常，可进入 Windows 后出现"硬盘读写失败"。这主要是因为 PII 以上的 CPU 几乎被"锁频"；为了阻止不法商人打开 Remark CPU，Intel 取消了 CPU 中负责高于额定倍频设定针脚的功能，因此像 PII233 的倍频就不会高于或者低于 3.5。

步骤 02　切换至"引用"面板，在"脚注"选项板中单击"插入脚注"按钮 AB¹，如下图所示。

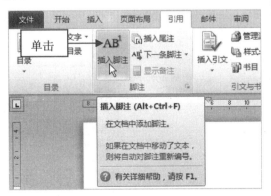

步骤 03　在文档的下方，用户可根据需要输入脚注内容，如下图所示。

1 锁频：就是厂商用某种手段使 CPU 不能在高于其额定倍频下运行的情况。

步骤 04　将鼠标指针移至添加脚注的文本旁，将会显示注释文本，效果如下图所示。

一台配置为 PII233、ASUSP2L97 主板、4.3G 钻石三代硬盘的电脑，在超频时首先将其跳线设置为 4×66MHz，开机后无显示；再设为 4.5×66 MHz、5×66 MHz，显示都一样，后来改变频率总线，开始为 3.5×75 MHz，开机显示 126MHz，后来又改成 3.5×83 MHz，自检正常，可进入 Windows 后出现"硬盘设置失败"。这主要是因为 PII 以上的 CPU 几乎被"锁频"为了阻止不法商人打开 Remark CPU，Intel 取消了 CPU 中负责高于额定倍频设定针脚的功能，因此像 PII233 的倍频就不会高于或者低于 3.5。

锁频：就是厂商用某种手段使CPU不能在高于其额定倍频下运行的情况。

专家提醒

如果用户需要在两个已经存在的脚注间插入新的脚注，Word 2010 会对其后的脚注标号自动进行调整。

147 删除文档脚注

在 Word 2010 中，在编辑完所有脚注后，用户可以对脚注进行修改，也可以根据需要删除一些不必要的脚注。

删除脚注的方法很简单，首先打开需要删除脚注的文档，选择要删除的脚注，按【Delete】键即可。

专家提醒

删除脚注时，不能删除脚注注释文本，否则将留下一个空白的脚注。

148 添加文档尾注

尾注在文稿的尾部，通常连续计数，注释标号一般用㈠、㈡、㈢等。

步骤 01 按【Ctrl＋O】组合键，打开一个 Word 文档，将光标定位于需要添加尾注的文档中，如下图所示。

你见，或者不见我，我就在那里，不悲不喜；

你念，或者不念我，情就在那里，不来不去；

你爱，或者不爱我，爱就在那里，不增不减；

你跟，或者不跟我，我的手就在你手里，不舍不弃。

步骤 02 切换至"引用"面板，在"脚注"选项板中单击"插入尾注"按钮，如下图所示。

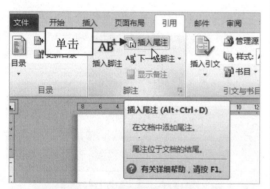

步骤 03 在文档的下方，用户可根据需要输入尾注内容，如下图所示。

你见，或者不见我，我就在那里，不悲不喜；

你念，或者不念我，情就在那里，不来不去；

你爱，或者不爱我，爱就在那里，不增不减；

你跟，或者不跟我，我的手就在你手里，不舍不弃。

爱：对人或事物有很深的感情。

步骤 04 输入完成后，将光标定位在添加尾注的词旁，显示注释文本，如下图所示。

你见，或者不见我，我就在那里，不悲不喜；

你念，或者不念我，情就在那里，不来不去；
爱：对人或事物有很深的感情。

你爱，或者不爱我，爱就在那里，不增不减；

你跟，或者不跟我，我的手就在你手里，不舍不弃。

爱：对人或事物有很深的感情。

149 设置背景填充

在 Word 2010 中，用户可以根据需要设置背景填充效果。

步骤 01 按【Ctrl＋O】组合键，打开一个 Word 文档，如下图所示。

销售人员收入核算

2011 年 12 月

销售人员	基本工资	补贴	销售提成	应得收入
张存	1200	100	6000	
邓灵	1200	100	3500	
陈鑫	1200	100	6500	
曾平	1200	100	7000	
王麟	1200	100	5600	

步骤 02 切换至"页面布局"面板，在"页面背景"选项区中单击"页面颜色"按钮，在弹出的颜色面板中选择"填充效果"选项，如下图所示。

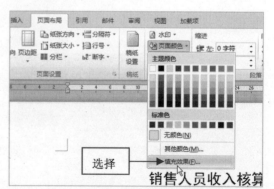

销售人员收入核算

步骤 03　弹出"填充效果"对话框，切换至"纹理"选项卡，在"纹理"下拉列表框中选择"羊皮纸"选项，如下图所示。

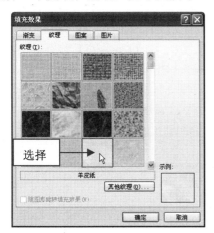

步骤 04　单击"确定"按钮，即可设置背景填充效果，如下图所示。

销售人员收入核算

2011 年 12 月

销售人员	基本工资	补贴	销售提成	应得收入
张存	1200	100	6000	
邓灵	1200	100	3500	
陈鑫	1200	100	6500	
普平	1200	100	7000	
王囍	1200	100	5600	

150 | 设置页面颜色

在 Word 2010 中，系统提供了多种页面颜色，用户可以选择这些颜色作为页面颜色。

步骤 01　按【Ctrl＋O】组合键，打开一个 Word 文档，如下图所示。

通告

根据公司发展需要，从 2011 年 12 月 18 日起，公司将增设一个新的部门，职能为协助其他项目组开拓客户。由于新设市场部，公司严重缺员，经企业管理委员会决定，从本公司内部指派一名骨干人员，担任市场部经理，以便与其他组之间协调、尽快展开业务。经考核决定指派原销售部主任张纯新为市场部经理。其他人员由经理直接面向社会招聘。

特此通告

星辉传媒有限公司人事部
2011 年 12 月 10 日

步骤 02　切换至"页面布局"面板，在"页面背景"选项板中单击"页面颜色"按钮，在弹出的颜色面板中选择一种颜色，如下图所示。

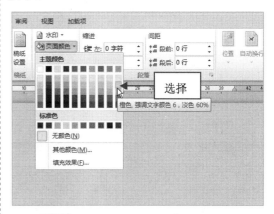

步骤 03　执行上述操作后，即可设置页面颜色，如下图所示。

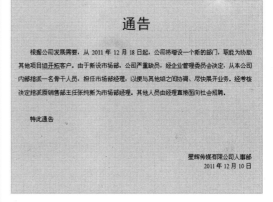

151 | 设置页面边距

页边距是在页面四周的空白区域，通常可以在页边距之内的可打印区域中插入文字和图片，也可以将某些项目放置在页边距区域中，如页眉、页脚和页码等。如果页边距设置的太窄，打印机将无法打印纸张边缘的文档内容，从而导致打印不完整。

专家提醒

　　页边距太窄会影响文档的装订，太宽会影响美观且浪费纸张，一般情况下，如果使用 A4 纸，可用 Word 提供的默认值。

步骤 01 按【Ctrl＋O】组合键，打开一个 Word 文档，如下图所示。

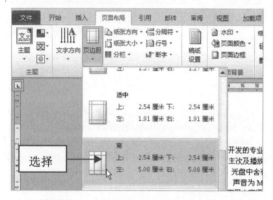

步骤 02 切换至"页面布局"面板，在"页面设置"选项区中单击"页边距"按钮，在弹出的下拉列表框中选择"宽"选项，如下图所示。

步骤 03 执行操作后，即可设置页面边距，如下图所示。

152 | 设置页面方向

在 Word 2010 中，整个页面的方向可以设置为横向或者纵向，也可以在同一文档中综合使用横向和纵向设置。

步骤 01 按【Ctrl＋O】组合键，打开一个 Word 文档，如下图所示。

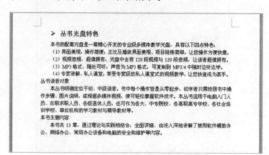

步骤 02 切换至"页面布局"面板，在"页面设置"选项区中单击"纸张方向"按钮，在弹出的列表框中选择"横向"选项，如下图所示。

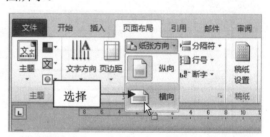

步骤 03 执行操作后，即可设置页面方向，如下图所示。

专家提醒

用户还可以在"页边距"下拉列表框中选择"自定义边距"选项，自定义设置页边距的大小。

专家提醒

还可以在"页面布局"面板的"页面设置"选项板中，单击"纸张方向"按钮，在弹出的列表框中选择相应纸张方向。

153 | 设置纸张大小

若用户创建的文档需要打印出来，则在设置页面大小时，应选用与打印机对应的纸张大小。

步骤 01 按【Ctrl＋O】组合键，打开一个 Word 文档，如下图所示。

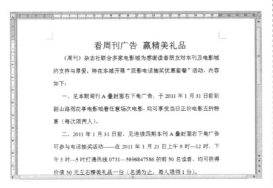

步骤 02 切换至"页面布局"面板，在"页面设置"选项板中单击"纸张大小"按钮，在弹出的下拉列表框中选择 A5 选项，如下图所示。

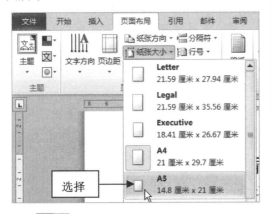

步骤 03 执行操作后，即可设置纸张大小，如下图所示。

154 | 设置页面边框

在 Word 2010 中，为了使打印出来的文档更加吸引眼球，用户可根据需要为文档添加页边框，设置页边框可以为打印出来的文档增加效果。

步骤 01 按【Ctrl＋O】组合键，打开一个 Word 文档，如下图所示。

步骤 02 在"开始"面板的"段落"选项板中，单击"边框"右侧的下拉按钮，在弹出的列表框中选择"边框和底纹"选项，如下图所示。

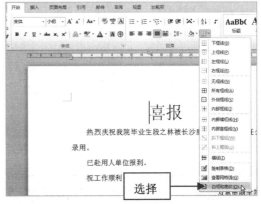

步骤 03 弹出"边框和底纹"对话框，切换至"页面边框"选项卡，在"艺术型"下拉列表框中选择相应效果，如下图所示。

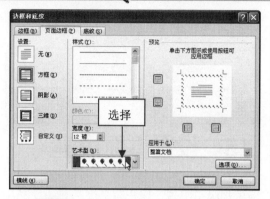

步骤 04 单击"确定"按钮，即可设置页面边框效果，如下图所示。

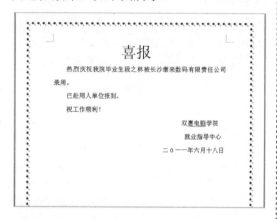

专家提醒

在"页面边框"选项卡中单击"宽度"右侧的微调控制柄，可以调整页面边框的宽度。

155 设置文档网格

在选择好纸型以后，Word 2010 会根据选择的纸张设置默认的每页中所包含的字符数和行数。用户也可以通过设置文档的网格来自定义设置行数和字符数。

设置网格之前，用户首先应将需要设置网格的文档打开，然后切换至"页面布局"面板，在"页面设置"选项板中单击右侧的"页面设置"按钮 ，弹出"页面设置"对话框，切换至"文档网格"选项卡，选中"网格"区域下的"指定行和字符网格"单选按钮，如下图所示。

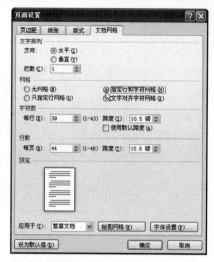

选中"指定行和字符网格"单选按钮后，可以执行以下操作：

❀ 设置每行的字符数：在"字符"项下的"每行"数值框中，设置每行字符数，字符跨度会自动调整以适应更改的设置。

❀ 设置每页行数：在"行"项下的"每页"数值框中，设置每页行数，行的跨度会自动调整以适应更改的设置。

❀ 设置字符跨度：在"字符"项下的"跨度"数值框中，输入以磅值为单位的字符间距值，每行的字符数将会自动更改以适应更改的设置。

❀ 设置行距：在"行"项下的"跨度"数值框中，输入以磅为单位的行间距值，每页的行数将会自动更改以适应更改的设置。

专家提醒

在"文档网格"选项卡的"网格"选项区中，选中"无网格"单选按钮，将按照 Word 中对当前使用纸张的默认值设置字符数和行数。

156 设置打印版式

在 Word 2010 中，通过为文档设置版式，可以使文档中的不同页使用不同的页眉和页脚，还可以设置文档的打印边框、打印时显示每页的行号等属性。

步骤01 按【Ctrl＋O】组合键，打开一个 Word 文档，如下图所示。

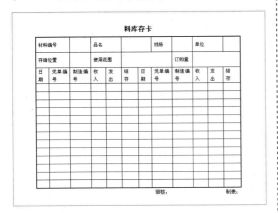

步骤02 切换至"页面布局"面板，在"页面设置"选项板中单击右侧的"页面设置"按钮，弹出"页面设置"对话框，切换至"版式"选项卡，在"节"选项区中单击右侧的下拉按钮，在弹出的列表框中可对节的起始位置进行设置，如下图所示。

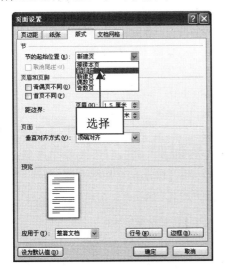

步骤03 设置完成后，单击"确定"按钮，即可设置节的起点位置。

在"版式"选项卡的"节的起始位置"下拉列表框中，各主要选项的含义如下：

❂ 选择"连续本页"选项：将本节前的分节符设置为"连续"类型，将本节同前一页连接起来。

❂ "新建栏"选项：将本节前的分节符设置为"分栏"类型，新节从下一栏开始。

❂ "新建页"选项：将本节前的分节符设置为"下一页"类型，新节从下一页码开始。

❂ "偶数页"选项：将本节的分节符设置为"偶数页"类型，新节从下一个偶数页开始。

❂ "奇数页"选项：将本节的分节符设置为"奇数页"类型，新节从下一个奇数页开始。

❂ "取消尾注"复选框：选中该复选框，可以避免将尾注打印在当前节的末尾。只有用户已经将尾注设置在节的末尾时，该复选框才可用。

157 设置打印文档

确定打印机与用户所使用的电脑正确连接后，便可以对打印机进行设置。

步骤01 按【Ctrl＋O】组合键，打开一个 Word 文档，如下图所示。

步骤02 切换至"文件"菜单，在弹出的面板中单击"打印"命令，单击"打印机"右侧的下拉按钮，在弹出的列表框中选择相应的打印机选项，如下图所示。

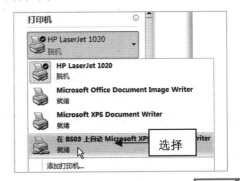

步骤 03 单击"设置"右侧的下拉按钮，在弹出的下拉列表框中选择"打印当前页面"选项，如下图所示。

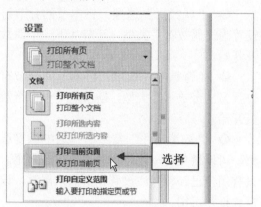

步骤 04 单击"纵向"右侧的下拉按钮，在弹出的列表框中选择"横向"选项，如下图所示，即可完成文档打印设置。

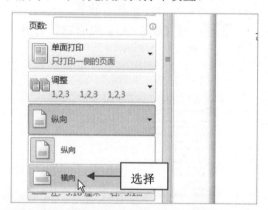

专家提醒

对于文档中通过分页符新建的奇数页或偶数页，前面的空页在文档中看不到，但在打印时，新建的奇数页或偶数页仍被视为奇数页或偶数页，看不到的页面虽然不会被打印，但仍在计算范围之内。

158 预览打印文档

打印预览功能可以使用户在打印前预览文档的打印效果。在打印文档前，应该预览一下，查看文档页边距的设置有没有问题，图形位置是否得当，或者分栏是否合适等。

打开上一例效果文件，切换至"文件"菜单，在弹出的面板中单击"打印"命令，在右侧窗格中可以预览文档的打印效果，如下图所示。

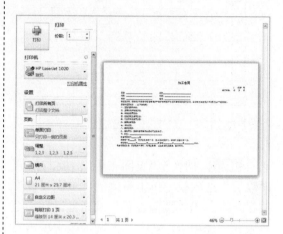

打印预览功能不但能使用户在打印前看到非常逼真的打印效果，还能在预览时对文档进行调整和编辑，而不必切换到相应的视图状态。

在 Word 2010 中，用户可以利用以下几种方法进入打印预览窗口。

❀ 单击"文件"菜单，在弹出的面板中单击"打印"命令。

❀ 在自定义快速工具栏上单击"打印预览"按钮 📄。

❀ 按【Ctrl＋F2】组合键。

❀ 按【Ctrl＋P】组合键。

专家提醒

在"打印预览"区域下，用户可以根据需要对显示比例进行调整。

159 打印页面范围

"页面范围"选项区主要用来设置文档打印的范围，由"打印所有页"、"打印所选内容"、"打印当前页面"和"打印自定义范围" 4 个选项和一个用来输入页码范围的文本框组成。

选择"打印所有页"选项，则打印整个文档。

选择"打印所选内容"选项，如果在打印前没有选择一些文本，此选项不可用；如果要打印文档中的部分内容，可以先在文档中选择要进行打印的内容，然后再单击"开始"菜单下的"打印"命令，即可打印所选内容。

选择"打印当前页"选项，仅打印当前插入点所在的页

选择"打印自定义范围"选项，然后在下面的文本框中输入要打印的页，可以仅打印指定的页。

在"打印自定义范围"选项下的文本框中输入页数时，连续的页码之间用连字符连接，不连续的页码用逗号隔开。

160 打印文档内容

日常办公事务中，经常会打印一些文档稿件，使用打印机可以将所需要的文件打印出来。

步骤01 按【Ctrl＋O】组合键，打开一个 Word 文档，如下图所示。

个 人 简 历

姓 名		性 别		照片
年 龄		学 历		
籍 贯		爱 好		
电 话		Email		
毕业院校				
应聘职业				
有何奖项				
个 人 经 历：				
备注：				

步骤02 单击"文件"菜单，在弹出的面板中单击"打印"命令，在中间窗格中单击"打印"按钮🖶，如下图所示，执行操作后，即可打印文档内容。

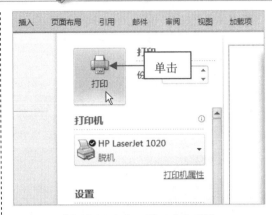

161 设置打印份数

当用户对文档进行设置，同时打印预览无误后，便可进行打印文档操作。

如果用户只需打印一份文档，可直接单击"打印"按钮，如果要打印多份（两份以上），则不需每打印一份单击一次"打印"按钮，只需在"打印"按钮右侧的"份数"数值框中输入所需的份数，如下图所示，再单击"打印"按钮，即可开始打印。

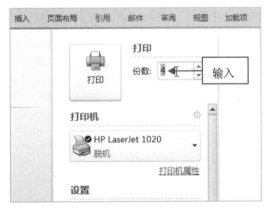

162 设置双面打印

如果不是太重要的文件，为了节省纸张，可以在纸的正反两面都打印文档。如果用户使用的是双面打印机，只需在"打印"命令选项区的"文档属性"下拉列表框中选择"仅打印奇数页"选项，将所有的奇数页打印出来，再选择"仅打印偶数页"选项，将所有的偶数页打印出来。

如果用户使用的不是双面打印机，选择

"手动双面打印"选项，如下图所示。

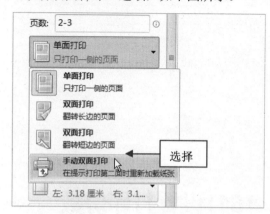

然后再单击"打印"按钮进行打印。打印完成一面之后，Word 2010 会弹出提示信息框，提示用户重新将纸张放回到纸盒中进行另一面打印。

163 | 暂停打印文档

确定打印后，系统会将打印的内容放入缓冲区中，文档开始正式打印。

在打印过程中，如果要暂停打印，需先打开"打印机"窗口，然后双击当前默认的打印机图标，在弹出的"打印机"窗口中选择正在打印的文件，单击鼠标右键，在弹出的快捷菜单中，选择"暂停"选项，如下图所示。

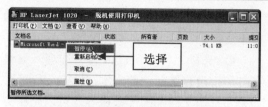

164 | 取消打印文档

在打印过程中，如果要取消打印，可以在弹出的"打印机"窗口中选择正在打印的文件，单击鼠标右键，在弹出的快捷菜单中选择"取消"选项，则可以取消打印文档，如下图所示。

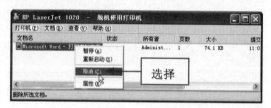

如果用户使用的是后台打印模式，那么只需双击任务栏上的打印机图标，即可取消正在进行的打印作业。此外，单击任务栏上的打印图标，在弹出的"打印机"对话框中单击"清除打印作业"命令，也可立即取消打印作业。不过即使打印状态信息在屏幕上消失了，打印机还会在终止打印命令发出前打印出几页，因为许多打印机都会有自己的内存（缓冲区）。

Excel 2010 轻松入门

学前提示

Excel 2010是微软公司 Office 2010 系列办公软件中的重要组件之一。它不仅具有强大的组织、分析和统计数据功能，还可以使用透视表和图表等多种形式显示处理结果，也能够方便地与 Office 2010 的其他组件相互调用数据、共享资源。本章主要向读者介绍 Excel 2010 的基本操作。

本章知识重点

- ▶ 快速插入页眉
- ▶ 快速修改页眉
- ▶ 快速插入页脚
- ▶ 快速修改页脚
- ▶ 在页眉中插入图
- ▶ 快速插入页码
- ▶ 设置奇偶页不同
- ▶ 使用文档行号
- ▶ 快速插入分隔符
- ▶ 快速插入水印

学完本章后你会做什么

- ▶ 掌握 Excel 2010 的基本操作
- ▶ 掌握 Excel 2010 工作簿以及工作表的应用
- ▶ 掌握 Excel 2010 中单元格的基本应用

视频演示

打开工作簿 合并单元格

165 | 强大的图表功能

在 Excel 2010 中可以更方便地更改图表的布局或样式,提供了更多有用的预定义布局和样式,不仅可以快速将其应用于图表中,而且还可以通过手动更改单个图表元素的布局和样式来进一步自定义布局或样式。

在以前的版本中,对于二维图表,数据系列中最多可具有 32,000 个数据点,但在 Excel 2010 中,数据系列中的数据点数目仅受可用内存限制。这样,可以更有效地可视化和分析大型数据。

166 | 增强的数据筛选功能

使用 Excel 2010 表格的新增功能在工作表中能够更轻松地设置数据格式、组织和显示数据,在表格中筛选数据时,可以直接使用筛选器界面中的"搜索"框搜索文本和数字。在 Excel 2010 中启用筛选后,表格列中不仅显示表格标题,还显示"自动筛选"按钮,这样可以很方便地对数据进行快速排序和筛选。

167 | 完美的照片编辑功能

在 Excel 2010 中,可以使用照片、绘图或 SmartArt 图形布局等来创建具有整洁、专业外观的表格。照片编辑新增和改进的艺术效果功能可以对图片应用不同的艺术效果,使其看起来更像素描、绘图或绘画作品。新增艺术效果主要包括铅笔素描、线条图形、水彩、海绵、马赛克气泡、玻璃、蜡笔平滑、塑封、影印、画图笔划等。而且新增的压缩和裁剪功能可以更好地控制图像质量和压缩之间的取舍,以便选择工作簿将适用的相应介质。

Excel 2010 中新增的 SmartArt 图形是信息和观点的视觉表示形式。可以通过从多种不同布局中进行选择来创建 SmartArt 图形,从而快速、轻松、有效地传达信息。

168 | 数据透视图功能

Excel 2010 中新增和改进的数据透视图功能,可以获取重要的关键信息,并采用便于理解的醒目方式呈现这些关键信息。

例如,可以使用迷你图可视化方式来汇总趋势和数据。新增的切片器功能提供了一种可视性极强的筛选方法,以筛选数据透视表中的数据。

169 | 图表元素宏录制功能

在 Excel 2010 中,可以使用宏录制器对图表和其他对象的格式进行设置更改。宏是可运行任意次数的一个操作或一组操作。创建宏就是录制鼠标单击操作和键盘按键操作,宏可自动执行经常使用的任务,从而节省击键和鼠标操作的时间。

170 | 条件格式的设置功能

Excel 2010 中条件格式设置增强功能是通过设置数据应用条件格式来完成的,只需快速浏览,即可立即识别一系列数值中存在的差异,使用条件格式可以帮助读者直观地查看和分析数据、发现关键问题以及识别模式和趋势。Excel 2010 可以对单元格区域、表格或数据透视表应用条件格式。

171 | 启动 Excel 2010

使用 Excel 时,需要先启动应用程序,启动 Excel 2010 主要有以下 3 种方法:

1. 开始菜单

在桌面上,单击"开始"|"所有程序"|Microsoft Office|Microsoft Excel 2010 命令,如下图所示。执行操作后,即可启动 Excel 软件。

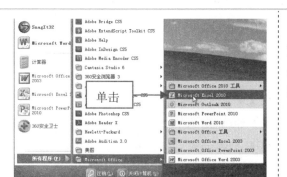

2. 快捷方式图标

在桌面上双击 Microsoft Excel 2010 图标，如下图所示，即可快速启动 Excel 程序。

3. 打开文件方式

选择 Excel 文件，单击鼠标右键，在弹出的快捷菜单中选择"打开"选项，如下图所示。执行上述操作后，在启动 Excel 的同时，将打开相应的 Excel 工作簿文件。

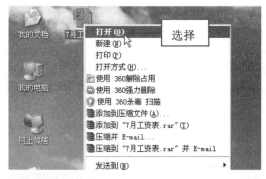

172 退出 Excel 2010

退出 Excel 2010 的方法也非常简单，下面进行简单介绍。

◈ "退出"按钮：单击工作界面左上方的"文件"菜单，在弹出的面板中单击"退出"命令，如下图所示。执行上述操作后，即可退出 Excel 2010 应用程序。

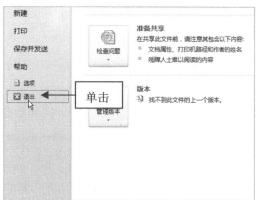

◈ 按钮：单击 Excel 2010 标题栏上的"关闭"按钮。

◈ 图标：在标题栏的 Excel 2010 程序图标上，双击鼠标左键。

◈ 快捷键：按【Alt＋F4】组合键。

◈ 若在工作界面中进行了部分操作，之前也未保存，在退出该软件时，将会弹出提示信息框，如下图所示。

单击"保存"按钮，将文件保存后退出；单击"不保存"按钮，将不保存文件直接退出；单击"取消"按钮，将不退出 Excel 2010 应用程序。

173 认识工作簿

在 Excel 2010 中，工作簿是处理和存储数据的文件，每个工作簿可以包含多张工作表，每张工作表可以存储不同类型的数据，因此可以在一个工作簿文件中管理多种类型的工作表信息。

在工作簿中可进行的操作主要有以下两个方面：

利用工作簿底部的四个标签滚动按钮 ⅠⅠ◀▶ⅡⅠ，可以对同一个工作簿中的不同工作表进行切换。单击中间两个按钮每次只能沿指定方向前进或后退一个工作表，而单击位于左右两端的两个按钮，则可以直接切换到工作簿的第一个或最后一个工作表。

利用工作簿底部的工作标签 Sheet1 Sheet2 Sheet3，可进行工作表之间的切换。单击控制按钮右边的工作标签，进行工作表的选取或切换。例如单击 Sheet3，则直接从 Sheet1 表切换到 Sheet3，使 Sheet3 成为当前的工作表。

专家提醒

在默认情况下，启动 Excel 2010，系统将会自动生成一个包含 3 个工作表的工作簿。

174 认识工作表

在 Excel 2010 中，工作表是组成工作簿的基本单位。工作表本身是由若干行、若干列组成的。了解工作表的行、列数对于编辑工作表非常重要。

工作表是 Excel 中用于存储和处理数据的主要文档，也称电子表格。工作表总是存储在工作簿中。从外观上看，工作表是由排列在一起的行和列，即单元格构成，列是垂直的，由字母区别；行是水平的，由数字区别，在工作表界面上分别移动水平滚动条和垂直滚动条，可以看到行的编号是由上到下从 1 到 1048576，列是从左到右字母编号从 A 到 XFD。因此，一个工作表可以达到 1048576 行、16384 列。

专家提醒

用户可以通过单击不同的工作表标签来进行工作表之间的切换，在使用工作簿文件时，只有一个工作表是当前活动的工作表。

默认情况下，每张工作表都是有相对应工作标签的，如 Sheet1、Sheet2、Sheet3 等，根据数字依次递增。

175 认识单元格

单元格是工作表中的小方格，它是工作表的基本元素，也是 Excel 2010 独立操作的最小单位。用户可以向单元格中输入文字、数据和公式，也可以对单元格进行各种格式的设置，如字体、颜色、长度、宽度和对齐方式等。单元格的位置是通过它所在的行号和列标来确定的，例如 B12 单元格是第 C 列和第 10 行交汇处的小方格。

在 Excel 2010 中，当选择某个单元格后，在窗口"编辑栏"左侧的"名称"框中将会显示出该单元格的名称。

专家提醒

当前选择的单元格称为当前活动单元格。若该单元格中有内容，则会将该单元格中的内容显示在"编辑栏"中。

176 了解单元格区域

单元格区域是指多个单元格的集合，它是由许多个单元格组合而成的一个范围。单元格区域分为连续单元格区域和不连续单元格区域。对一个单元格区域的操作就是对该区域内的所有单元格执行相同的操作。要取消单元格区域的选择，只需在选择的单元格区域外单击鼠标左键即可。

单元格或单元格区域可以以一个变量的形式引入到公式中，为了便于使用，需要对单元格或单元格区域进行命名或引用。

专家提醒

在单元格区域的表示中，如果单元格名称与单元格名称中间是冒号，则表示一个不连续的单元格区域；如果中间是逗号，则表示不连续的单元格区域。

177 | 新建工作簿

　　每次启动 Excel 2010 时，系统会自动生成一个新的工作簿，文件名为"工作簿 1"，并且在工作簿中自动新建 3 个空白工作表，分别为 Sheet1、Sheet2 和 Sheet3，用户还可以创建新的工作簿或根据 Excel 提供的模板新建工作簿，以提高工作效率。

　　步骤 01　启动 Excel 2010 应用程序，单击"文件"菜单，在弹出的面板中单击"新建"命令，如下图所示。

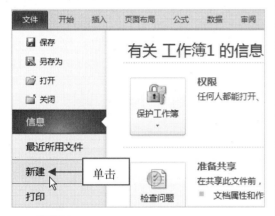

　　步骤 02　在中间窗格的"主页"选项区中，单击"空白工作簿"按钮，如下图所示。

专家提醒

　　在 Excel 2010 工作界面中，单击自定义快速访问工具栏上的"新建"按钮，或者按【Ctrl + N】组合键，都可以新建工作簿。

　　步骤 03　在右侧窗格中，单击"创建"按钮，如下图所示。

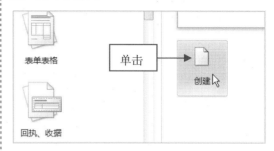

　　步骤 04　执行操作后，即可新建一个工作簿，并命名为"工作簿 2"，如下图所示。

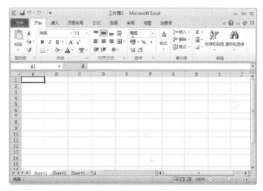

178 | 保存工作簿

　　制作好一份电子表格或完成工作簿的操作后，就应该将其保存起来，以备日后修改或编辑使用。用户应该养成经常存盘的好习惯，每隔一段时间存盘一次，这样在突然停电或死机时就可以把损失降到最小。

　　步骤 01　以上一例新建的工作簿为例，单击"文件"菜单，在弹出的面板中单击"保存"命令，如下图所示。

步骤 02 弹出"另存为"对话框,在其中设置文件的保存位置及文件名,如下图所示。

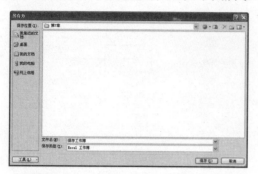

步骤 03 单击"保存"按钮,即可保存工作簿。

专家提醒

在 Excel 2010 中,如果该工作簿之前已经被保存过,当再次执行保存操作时,Excel 2010 会自动在上次保存的基础上继续保存该工作簿,如果用户想要修改 Excel 文件的保存位置或名称,可另存工作簿以更改文件夹保存位置和名称。

在 Excel 2010 中,用户还可以通过以下 6 种方法保存工作簿。

❀ 按钮:单击自定义快速访问工具栏中的"保存"按钮 ■。

❀ 命令:单击"文件"菜单,在弹出的面板中单击"另存为"命令。

❀ 快捷键 1:按【F12】键。

❀ 快捷键 2:按【Ctrl+S】组合键。

❀ 快捷键 3:按【Shift+F12】组合键。

❀ 快捷键 4:依次按【Alt】、【F】和【S】键。

179 | 打开工作簿

如果要对已有工作簿进行编辑,首先需要先打开该工作簿,将其内容在 Excel 2010 工作界面中显示出来。

步骤 01 进入 Excel 2010 工作界面,单击"文件"菜单,在弹出的面板中单击"打开"命令,如下图所示。

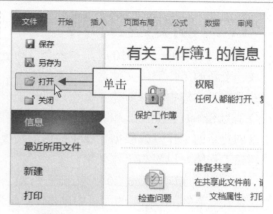

步骤 02 弹出"打开"对话框,在其中选择需要打开的 Excel 文件,如下图所示。

步骤 03 单击"打开"按钮,即可将选择的工作簿打开,如下图所示。

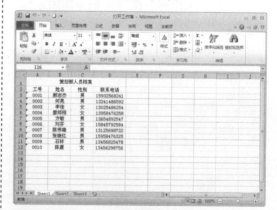

专家提醒

在 Excel 2010 中,如果需要同时打开多个工作簿,只需在"打开"对话框中,按住【Ctrl】键依次单击要打开的工作簿即可,但要求被打开的多个工作簿文件必须在同一个文件夹中。

180 | 关闭工作簿

当打开了多个工作簿时，每个工作簿都要耗费一定的内存，从而导致电脑的运行速度降低。因此，用户应及时关闭一些不需要的工作簿。

在 Excel 2010 中，用户可以通过以下几种方法关闭工作簿。

✿ 按钮 1：单击标题栏右上角的"关闭"按钮 ⊠ 。

✿ 按钮 2：双击 Excel 按钮 。

✿ 命令：单击"文件"菜单，在弹出的面板中单击"关闭"命令。

✿ 快捷键 1：按【Alt＋F4】组合键。

✿ 快捷键 2：按【Ctrl＋F4】组合键。

✿ 快捷键 3：按【Ctrl＋W】组合键。

✿ 快捷键 4：依次按键盘上的【Alt】、【F】、【C】键。

✿ 快捷键 5：依次按键盘上的【Alt】、【F】、【X】键。

专家提醒

与在 Word 2010 中关闭文档类似，如果在关闭工作簿之前未对编辑的工作簿进行保存，系统将弹出一个提示信息框，询问用户是否进行保存。

181 | 隐藏工作簿

工作簿的显示状态有两种，即隐藏和非隐藏，在非隐藏状态下的工作簿，用户可以查看这些工作簿中的工作表。

专家提醒

在 Excel 2010 中，隐藏工作簿的方法很简单，只需打开需要设置隐藏的工作簿，切换至"视图"面板，在"窗口"选项板中单击"隐藏"按钮 ，即可将该工作簿隐藏。

步骤 01 单击"文件"菜单，在弹出的面板中单击"打开"命令，打开一个 Excel 工作簿，如下图所示。

步骤 02 切换至"视图"面板，在"窗口"选项板中，单击"隐藏"按钮 隐藏，如下图所示。

步骤 03 执行操作后，即可隐藏工作簿，如下图所示。

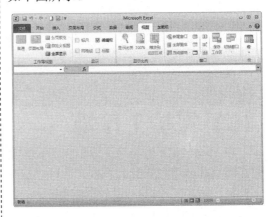

182 取消隐藏工作簿

处于隐藏状态的工作簿，虽然该工作簿中的内容无法在屏幕上显示出来，但工作簿仍然处于打开状态，其他的工作簿仍可引用其中的数据。

步骤 01 以上一例效果为例，在"视图"面板的"窗口"选项板中，单击"取消隐藏"按钮 □ ，如下图所示。

步骤 02 弹出"取消隐藏"对话框，如下图所示。

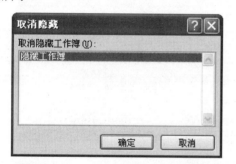

步骤 03 单击"确定"按钮，即可取消隐藏工作簿。

专家提醒

当用户隐藏了多个工作簿时，在"取消隐藏"对话框的列表框中将显示多个被隐藏的工作簿，可以对相应的工作簿进行显示操作。

183 保护工作簿

在 Excel 2010 中，除了给工作簿设置密码，防止其他用户看到或修改，还可以保护工作簿，防止其他用户对工作簿进行移动、重命名和删除等操作。

步骤 01 单击"文件"菜单，在弹出的面板中单击"打开"命令，打开一个 Excel 工作簿，如下图所示。

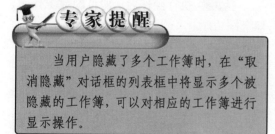

步骤 02 切换至"审阅"面板，在"更改"选项板中单击"保护工作簿"按钮 ，如下图所示。

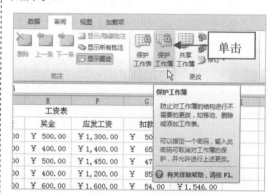

步骤 03 弹出"保护结构和窗口"对话框，在"保护工作簿"选项卡中，选中"结构"和"窗口"复选框，在"密码"文本框中输入密码，如下图所示。

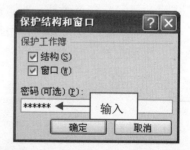

步骤 04 单击"确定"按钮，弹出"确认密码"对话框，在"重新输入密码"文本框中再次输入密码，如下图所示，单击"确定"按钮，即可设置保护工作簿。

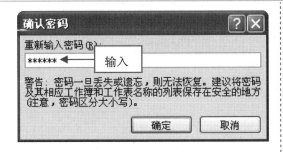

　　"结构"和"窗口"复选框的区别：选中"结构"复选框，可以防止修改工作簿的结构，防止删除、重命名、复制与移动工作簿。选中"窗口"复选框，可以防止修改工作簿的窗口，窗口控制按钮变为隐藏，并且多数窗口功能，如移动、缩放、最小化、关闭、拆分和冻结窗口等将不起作用。

184 设置工作簿密码

　　如果用户创建的工作簿比较重要，又不想让其他用户打开或进行修改，这时就可以为工作簿设置密码。

　　步骤 01 单击"文件"菜单，在弹出的面板中单击"打开"命令，打开一个 Excel 工作簿，如下图所示。

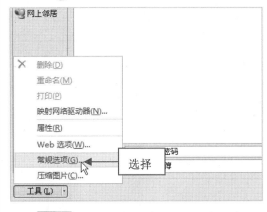

　　步骤 03 弹出"常规选项"对话框，在"打开权限密码"和"修改权限密码"文本框中输入密码，如下图所示。

　　步骤 02 单击"文件"菜单，在弹出的面板中单击"另存为"命令，弹出"另存为"对话框，设置保存路径和文件名，单击"工具"右侧的下三角按钮，在弹出的列表框中选择"常规选项"选项，如下图所示。

　　步骤 04 单击"确定"按钮，弹出"确认密码"对话框，在"重新输入密码"文本框中，再次输入打开权限的密码，如下图所示。

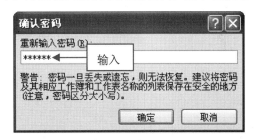

　　步骤 05 单击"确定"按钮，弹出"确认密码"对话框，在"请再次输入修改权限密码"文本框中，再次输入修改权限的密码，如下图所示。

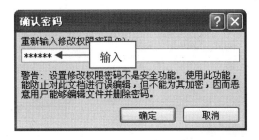

 **步骤06** 单击"确定"按钮,返回到"另存为"对话框,单击"保存"按钮,即可设置工作簿密码。

专家提醒

对工作簿进行加密后,如果密码丢失或遗忘,则无法将其恢复,所以建议用户在设置密码时要慎重。修改权限密码和打开权限密码的功能不同,一个是用于修改文档,另一个是用于打开文档。这两个密码可以同时设置,但不可以相同。

185 | 插入新工作表

若当前工作簿中的工作表数量不够,用户可以在工作簿中插入工作表,不仅可以插入空白的工作表,还可以根据模板插入带有样式的新工作表。

步骤01 单击"文件"菜单,在弹出的面板中单击"打开"命令,打开一个 Excel 工作簿,如下图所示。

	A	B	C	D
1				
2				
3		数学	英文	历史
4	赵元	79	81	85
5	方芳	87	73	95
6	谢丽	65	94	84
7	成大为	87	85	26
8	刘烨	97	83	85
9	薛家佳	58	79	75
10	陈思华	92	88	26
11	东小巧	82	74	85

步骤02 在"开始"面板的"单元格"选项板中,单击"插入"右侧的下拉按钮,在弹出的列表框中选择"插入工作表"选项,如下图所示。

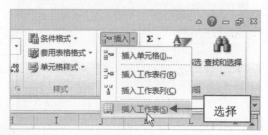

步骤03 执行操作后,即可插入一个工作表,并命名为 Sheet4,如下图所示。

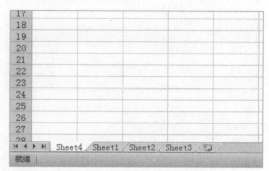

专家提醒

如果用户要在第 2 张工作表前插入一张新的工作表,只需选择第 2 张工作表,然后执行上述任何一种方法,均可在第 2 张工作表前插入一张新的工作表。

186 | 选择工作表

对工作表进行编辑之前,应先选择工作表,选择工作表主要有以下几种方法:

选择单张工作表: 直接用鼠标单击工作表标签,即可选择一张工作表。

选择多张连续的工作表: 选择第一张工作表,然后按住【Shift】键,单击最后一张目标工作表标签,可选择这两张工作表标签之间的所有工作表。

选择多张不连续的工作表: 选择第一张工作表,然后按住【Ctrl】键,依次选择其他需要选择的工作表标签。

选择所有工作表: 在工作表标签上单击鼠标右键,在弹出的快捷菜单中选择"选定全部工作表"选项。

专家提醒

当用户按住【Ctrl】键并单击鼠标左键选择多个不连续的工作表时,若选中不需要选择的工作表,只需再次单击该工作表,即可取消选择。

187 重命名工作表

在 Excel 2010 中，系统默认情况下，工作表都是以 Sheet1、Sheet2、Sheet3……来命名的，这在实际工作中，很不方便记忆和进行有效的管理，这时用户可以通过对工作表的重命名来进行有效的管理。

在 Excel 2010 中，用户可以通过以下几种方法重命名工作表：

❀ 鼠标：在需要重命名的工作表标签上双击鼠标左键，工作表的名称将以黑色底显示，此时直接输入新的名称，按【Enter】键或在其他位置单击即可完成重命名操作。

❀ 选项 1：在需要重命名的工作表标签上单击鼠标右键，在弹出的快捷菜单中选择"重命名"选项。

❀ 选项 2：在"单元格"选项板中单击"格式"下拉三角按钮 ，在弹出的列表框中选择"重命名工作表"选项。

大家需要注意的是，在 Excel 2010 的同一个工作簿中，不能存在两个相同名字的工作表。

188 移动工作表

Excel 2010 中的工作表并不是固定不变的，有时为了工作需要可以移动或复制工作表，这样可以大大提高工作效率。

步骤01 单击"文件"菜单，在弹出的面板中单击"打开"命令，打开一个 Excel 工作簿，如下图所示。

步骤02 在"开始"面板的"单元格"选项板中，单击"格式"右侧的下拉按钮，在弹出的列表框中选择"移动或复制工作表"选项，如下图所示。

步骤03 弹出"移动或复制工作表"对话框，在"下列选定工作表之前"列表框中选择"（移至最后）"选项，如下图所示。

步骤04 单击"确定"按钮，即可移动工作表，如下图所示。

专家提醒

　　选择需要移动的工作表，在工作表标签上单击鼠标右键，在弹出的快捷菜单中选择"移动或复制"选项，也可以弹出"移动或复制工作表"对话框。

189 复制工作表

　　在 Excel 2010 中，还可以对工作表进行复制，在"开始"面板的"单元格"选项板中，单击"格式"右侧的下拉三角按钮，在弹出的列表框中选择"移动和复制工作表"选项，弹出"移动或复制工作表"对话框，选中"建立副本"复选框，如下图所示，单击"确定"按钮，即可复制工作表。

专家提醒

　　如果要在当前的工作簿中复制工作表，只需按住【Ctrl】键并拖曳鼠标，在目标位置释放鼠标即可。

190 删除工作表

　　对工作表进行编辑操作时，可以删除一些多余的工作表，这样不仅可以方便对工作表进行管理，也可以节省系统资源。在 Excel 中，可以通过以下两种方法删除工作表。

　　❀ 选项 1：在要删除的工作表标签上，单击鼠标右键，在弹出的快捷菜单中选择"删除"选项。

　　❀ 选项 2：在"开始"面板的"单元格"选项板中，单击"删除"按钮右侧的下三角按钮，在弹出的列表框中选择"删除工作表"选项。

专家提醒

　　如果在删除工作表之前，工作表中存在数据，Excel 2010 将弹出提示信息框，单击"删除"按钮删除工作表，单击"取消"按钮不删除工作表。

191 隐藏工作表

　　在 Excel 2010 中，用户可以将工作表隐藏，这样可以避免工作表中的重要数据外泄。

　　步骤 01　单击"文件"菜单，在弹出的面板中单击"打开"命令，打开一个 Excel 工作簿，如下图所示。

	A	B	C	D
1				
2	姓名	性别	出生日期	电话
3	张艳	女	1990年5月2日	15925845738
4	李峰	男	1990年3月28日	15869874852
5	李婧	女	1990年4月2日	18257513684
6	陈杰	男	1991年6月7日	13584520384
7	李方	男	1992年12月25日	15218743649
8	刘康	女	1989年11月25日	15843589523
9	赵来	女	1990年10月15日	13207385858
10				

　　步骤 02　在需要隐藏的工作表标签上，单击鼠标右键，在弹出的快捷菜单中选择"隐藏"选项，如下图所示。

8	刘康	插入(I)...		年11月25日	158
9	赵来	删除(D)		年10月15日	132
10		重命名(R)			
11		移动或复制(M)...			
12		查看代码(V)			
13		保护工作表(P)...			
14					
15		工作表标签颜色(T) ▶			
16					
17		隐藏(H) ← 选择			
18		取消隐藏(U)...			
19		选定全部工作表(S)			

Sheet1　Sheet2　Sheet3

步骤 03 执行操作后，即可隐藏工作表，如下图所示。

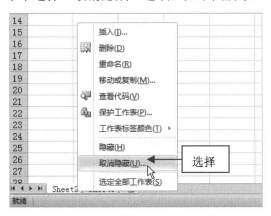

192 显示工作表

用户还可以将隐藏的工作表显示出来，以供使用。

步骤 01 以上一例的效果为例，在相应工作表标签上单击鼠标右键，在弹出的快捷菜单中选择"取消隐藏"选项，如下图所示。

步骤 02 弹出"取消隐藏"对话框，如下图所示，单击"确定"按钮，即可取消隐藏工作表。

专家提醒

在"开始"面板的"单元格"选项板中，单击"格式"右侧的下拉按钮，在弹出的列表框中选择"隐藏和取消隐藏"|"取消隐藏工作表"选项，也可以弹出"取消隐藏"对话框。

193 保护工作表

为了保护工作表的安全，避免其他用户访问或修改工作表中的内容，用户可以对工作表权限进行设置。

步骤 01 单击"文件"菜单，在弹出的面板中单击"打开"命令，打开一个 Excel 工作簿，如下图所示。

步骤 02 切换至"审阅"面板，在"更改"选项板中单击"保护工作表"按钮，如下图所示。

步骤 03 弹出"保护工作表"对话框，在"取消工作表保护时使用的密码"文本框中输入密码，如下图所示。

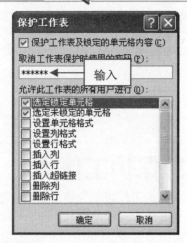

步骤 04 单击"确定"按钮，弹出"确认密码"对话框，在"重新输入密码"文本框中，再次输入密码，如下图所示，单击"确定"按钮，即可设置保护工作表。

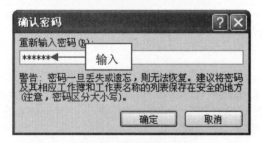

194 选择单元格

在 Excel 2010 中，对工作表的操作都是建立在对单元格或单元格区域进行操作的基础上。所以对于一个当前的工作表，要进行各种操作，必须以选择单元格或单元格区域为前提。下面将对选定单元格的方法进行详细介绍。

1. 选择单个单元格

选择单个单元格的方法很简单，只需将鼠标指针移至需要选择的单元格上，单击鼠标左键即可。

2. 选择单元格区域

选择单元格区域的方法有以下两种：

❀ 将鼠标指针移至需要选择的第一个单元格上，按住鼠标左键并拖动鼠标，至合适位置后释放鼠标左键,可选择单元格区域。

❀ 用鼠标单击需要选择的第一个单元格，按住【Shift】键，单击需要选择的最后一个单元格，可选择这两个单元格之间的所有单元格。

3. 选择不相邻的单元格

选择第一个单元格，按住【Ctrl】键的同时依次单击其他需要选择的单元格，即可选择多个不相邻的单元格。

4. 选择整行或整列

将鼠标指针移至需要选择行或列单元格的行号或列表上，单击鼠标左键，即可选择该行或该列的所有单元格。

5. 选择表中所有单元格

选择工作表中的所有单元格主要有以下两种方法：

❀ 按钮：单击工作表左上角行号和列标交叉处的 按钮，即可选择工作表中的所有单元格。

❀ 快捷键：按【Ctrl＋A】组合键。

195 插入单元格

在表格的实际应用中，经常需要在表格中添加一些内容。这时，就可以通过插入的单元格来解决这些问题。

插入单元格或单元格区域的方法很简单：将鼠标定位于需要插入单元格的位置，单击鼠标右键,在弹出的快捷菜单中选择"插入"选项，弹出"插入"对话框，如下图所示，选中相应的单选按钮，单击"确定"按钮即可。

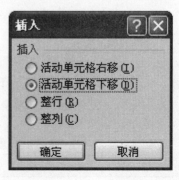

在 Excel 中，“插入”对话框内各单选按钮的含义如下：

- “活动单元格右移”单选按钮：插入的单元格出现在选定单元格的左边。
- “活动单元格下移”单选按钮：插入的单元格出现在选定单元格的上方。
- “整行”单选按钮：在选定的单元格上面插入一行，如果选定的是单元格区域，则选定单元格区域包括几行就插几行。
- “整列”单选按钮：在选定的单元格左侧插入一列，如果选定的是单元格区域，则选定单元格区域包括几列就插几列。

专家提醒

在“开始”面板的“单元格”选项板中，单击“插入”右侧的下拉按钮，在弹出的列表框中选择相应的单选按钮，也可以插入单元格。

196 重命名单元格

在 Excel 2010 中，创建大型表格时，会涉及非常多的表格，这时可以为其中某些单元格重命名，以方便用户使用。

步骤01 打开一个 Excel 工作表，在表格中选择 A1 单元格，如下图所示。

A1　7月份员工工资详单

	A	B	C	D	E	F	G
1	7月份员工工资详单						
2	月份	姓名	部门	基本工资	奖金	其他扣款	实发工资
3	07.07	王珊珊	企划	1650	100	30	1720
4	07.07	赵同国	销售	1750	300	50	2000
5	07.07	赵秀秀	设计	1900	250	80	2280
6	07.07	王辉	加工	1600	200	60	2560
7	07.07	许庆龙	企划	1680	180	100	2840
8	07.07	邓锐	销售	1650	200	10	3120
9	07.07	李元楷	设计	1700	200	60	3400
10	07.07	李渐	加工	1600	100	0	3680
11	07.07	白成飞	企划	1850	180	30	3960
12	07.07	张力	销售	1750	200	60	4240
13	07.07	马中安	设计	1650	200	60	4520
14	07.07	李敏新	企划	1800	100	80	4800
15	07.07	白小康	销售	1750	150	70	5080
16	07.07	孙春红	设计	1600	200	60	5360
17							
18							

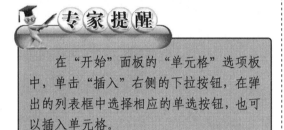

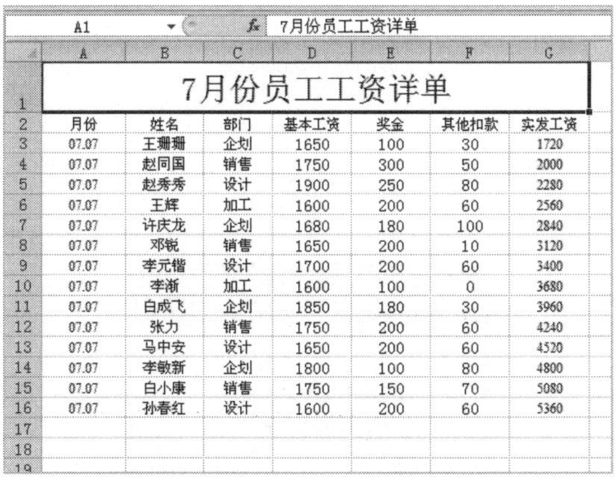

步骤02 在“名称框”中输入文本“员工工资”，如下图所示。

员工工资　7月份员工工资详单

	A	B	C	D	E	F	G
1	7月份员工工资详单						
2	月份	姓名	部门	基本工资	奖金	其他扣款	实发工资
3	07.07	王珊珊	企划	1650	100	30	1720
4	07.07	赵同国	销售	1750	300	50	2000
5	07.07	赵秀秀	设计	1900	250	80	2280
6	07.07	王辉	加工	1600	200	60	2560
7	07.07	许庆龙	企划	1680	180	100	2840
8	07.07	邓锐	销售	1650	200	10	3120
9	07.07	李元楷	设计	1700	200	60	3400
10	07.07	李渐	加工	1600	100	0	3680
11	07.07	白成飞	企划	1850	180	30	3960
12	07.07	张力	销售	1750	200	60	4240
13	07.07	马中安	设计	1650	200	60	4520
14	07.07	李敏新	企划	1800	100	80	4800
15	07.07	白小康	销售	1750	150	70	5080
16	07.07	孙春红	设计	1600	200	60	5360
17							
18							

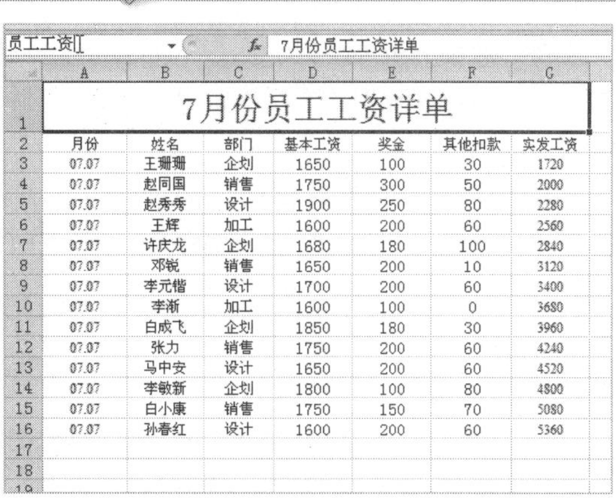

步骤03 按【Enter】键确认，即可重命名该单元格，如下图所示。

员工工资　7月份员工工资详单

	A	B	C	D	E	F	G
1	7月份员工工资详单						
2	月份	姓名	部门	基本工资	奖金	其他扣款	实发工资
3	07.07	王珊珊	企划	1650	100	30	1720
4	07.07	赵同国	销售	1750	300	50	2000
5	07.07	赵秀秀	设计	1900	250	80	2280
6	07.07	王辉	加工	1600	200	60	2560
7	07.07	许庆龙	企划	1680	180	100	2840
8	07.07	邓锐	销售	1650	200	10	3120
9	07.07	李元楷	设计	1700	200	60	3400
10	07.07	李渐	加工	1600	100	0	3680
11	07.07	白成飞	企划	1850	180	30	3960
12	07.07	张力	销售	1750	200	60	4240
13	07.07	马中安	设计	1650	200	60	4520
14	07.07	李敏新	企划	1800	100	80	4800
15	07.07	白小康	销售	1750	150	70	5080
16	07.07	孙春红	设计	1600	200	60	5360
17							
18							

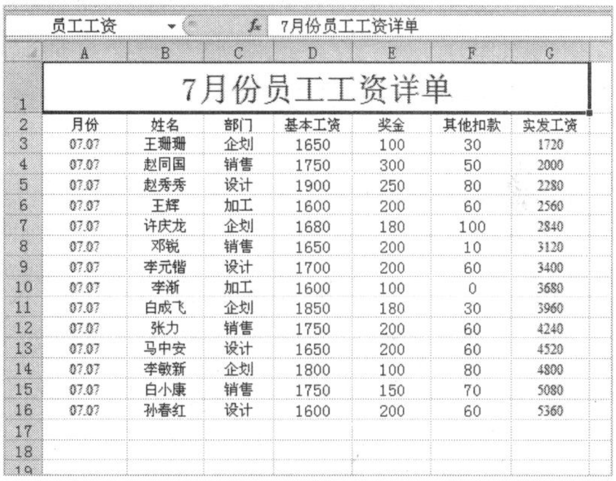

专家提醒

用户可以为单元格多次修改名称，只需在“名称框”中重新输入新的名称，并按【Enter】键确认即可。

197 移动单元格

单元格的移动一般是将选择的单元格或单元格区域中的内容移动到其他位置，移动单元格与复制单元格的操作基本类似。

在 Excel 2010 中，用户可以通过以下几种方法移动单元格。

- 按钮：选中要移动的单元格，单击“剪贴板”选项板中的“剪切”按钮，选择要移动到的目标单元格，单击“粘贴”按钮即可。

❀ 鼠标：选择需要移动的单元格，直接按住鼠标左键的同时，将单元格拖曳至目标单元格中即可。

❀ 选项：选择需要移动的单元格，单击鼠标右键，在弹出的快捷菜单中选择"剪切"选项，选择要移动到的目标单元格，再单击鼠标右键，在弹出的快捷菜单中选择"粘贴"选项即可。

❀ 快捷键：按【Ctrl＋X】组合键和【Ctrl＋V】组合键。

198 | 复制单元格

在 Excel 2010 中，用户可以根据需要对单元格中的数据进行复制操作，当用户需要在单元格中编辑相同的数据时，可以使用复制单元格数据功能来减少工作量。

在 Excel 2010 中，用户可以通过以下几种方法复制单元格数据。

❀ 按钮：选择需要复制的单元格，在开始面板的"剪贴板"选项板中单击"复制"按钮 ，然后选择要复制到的目标单元格，单击"剪贴板"选项板中的"粘贴"按钮 ，即可复制单元格数据。

❀ 选项：选择需要复制的单元格，单击鼠标右键，在弹出的快捷菜单中选择"复制"选项，选择要复制的目标单元格，再单击鼠标右键，在弹出的快捷菜单中选择"粘贴"选项即可。

❀ 快捷键：按【Ctrl＋C】组合键和【Ctrl＋V】组合键实现快速复制。

❀ 鼠标：按住【Ctrl】键的同时，将需要复制的单元格拖曳至目标单元格，即可复制单元格数据。

专家提醒

此外，在 Excel 2010 中，按住【Ctrl】键拖曳单元格复制时，当鼠标呈 时，才能进行复制操作，复制的数据格式不会发生改变。

199 | 删除单元格

当工作表中的数据及其位置不再需要时，用户也可以将其删除，删除的单元格及其单元格中的内容将一起从工作表中消失。

步骤 01 打开一个 Excel 工作表，单击鼠标左键并拖曳，选择需要删除的单元格区域，如下图所示。

步骤 02 在"开始"面板的"单元格"选项板中，单击"删除"右侧的下三角按钮，在弹出的列表框中选择"删除单元格"选项，如下图所示。

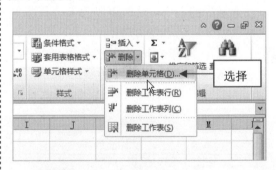

步骤 03 弹出"删除"对话框，选中"整列"单选按钮，如下图所示。

步骤 04　单击"确定"按钮，即可删除单元格，如下图所示。

200 | 清除单元格

在 Excel 2010 中，用户可以根据需要对单元格中的数据或格式进行清除，清除单元格是将单元格中的数据部分或全部清除，也可以清除单元格中的格式。

清除单元格数据或格式的方法很简单，只需在工作表中选择要清除数据或格式的单元格，在"开始"面板的"编辑"选项板中，单击"清除"按钮 ，在弹出的列表框中选择相应的选项即可，如下图所示。

在清除列表框中，各选项的含义如下。

❀　"全部清除"选项：彻底删除单元格中的全部内容、格式和批注。

❀　"清除格式"选项：只删除格式，保留单元格中的数据。

❀　"清除内容"选项：只删除单元格中的内容，保留其他的所有属性。

❀　"清除批注"选项：只删除单元格中附带的注解。

❀　"清除超链接"选项：只删除单元格中添加的超链接。

201 | 合并单元格

合并单元格就是将几个连续的单元格合并为一个大的单元格，一般用于一个工作表中的标题位置，只有连续的单元格才能合并，也可以选定一个单元格区域，同时进行水平和垂直合并。

步骤 01　打开一个 Excel 工作表，选择需要合并的单元格区域，如下图所示。

步骤 02 在"开始"面板的"对齐方式"选项板中，单击"合并后居中"右侧的下三角按钮 ，在弹出的列表框中选择"合并后居中"选项，如下图所示。

步骤 03 执行上述操作后，即可合并单元格，如下图所示。

202 | 拆分单元格

拆分就是将单元格拆分为多个单元格，对合并的单元格进行拆分。

 专家提醒

选择合并的单元格后，单击鼠标右键，在弹出的快捷菜单中选项"设置单元格格式"选项，可以弹出"设置单元格格式"对话框。

拆分单元格的方法主要有以下两种：

❂ 选项：选择合并的单元格，在"对齐方式"选项板中，单击"合并后居中"按钮右侧的下三角按钮，在弹出的列表框中选择"取消单元格合并"选项，如下图所示，执行操作后，即可拆分单元格。

❂ 复选框：单击"对齐方式"选项板右侧的下三角按钮 ，弹出"设置单元格格式"对话框，切换至"对齐"选项卡，在"文本控制"选项区中取消选中"合并单元格"复选框，如下图所示。执行操作后，单击"确定"按钮，即可拆分单元格。

203 更改单元格数据

在工作中，用户可能需要替换以前在单元格中输入的数据。

当单击单元格，使其处于活动状态时，单元格中的数据会自动选取，一旦重新输入数据，单元格中原来的内容就会被新输入的内容代替。

在 Excel 2010 中，如果单元格中包含大量是字符或复杂的公式，而用户只想修改其中的一小部分，那么可以按以下两种方法进行编辑。

◈ 双击单元格，或者单击单元格再按【F2】键，然后在单元格中进行编辑。

◈ 单击激活单元格，然后单击编辑栏，在编辑栏中进行编辑。

● 读书笔记

08 设置表格数据格式

学前提示

创建并编辑了工作表后，还需要对工作表中的数据进行格式化。Excel 2010 提供了丰富的格式编辑功能，使用这些功能，既可以使工作表的内容正确显示，便于阅读，又可以美化工作表。本章主要向读者介绍设置表格数据格式的各种操作方法。

本章知识重点

- ▶ 输入文本内容
- ▶ 输入数值对象
- ▶ 输入日期时间
- ▶ 输入特殊符号
- ▶ 指定数据类型
- ▶ 设置数据格式
- ▶ 自动填充数据
- ▶ 设置数据字体
- ▶ 设置数据字号
- ▶ 设置数据颜色

学完本章后你会做什么

- ▶ 掌握数据的基本输入和设置
- ▶ 掌握单元格的调整和美化
- ▶ 掌握插入对象的基本操作

视频演示

设置背景渐变色   插入图片对象

204 输入文本内容

在 Excel 2010 中，输入的文本通常指字符，或者是任何数字和字符的组合。所有输入到单元格内的字符串，只要不被系统解释为数字、公式、日期、时间和逻辑值，Excel 2010 都会将其视为文本。

步骤01 按【Ctrl＋O】组合键，打开一个 Excel 工作簿，将鼠标定位于需要输入文本的单元格中，如下图所示。

	A	B	C
1			
2	书名	出版社	定价
3	国际广告	国际广告杂志社	12元
4	中国画入门	湖南少年儿童出版社	9.8元
5	装潢世界	南海出版公司	48元
6	环境艺术设计考试	广西美术出版社	22.98元
7	室内设计制图基础	中国建筑工业出版社	14元
8	现代室内外设计表现技法	江西美术出版社	65元
9	新锐商业POP海报模板	福建科学技术出版社	35元

步骤02 选择一种合适的输入法，输入相应文字内容，如下图所示。

	A	B	C
1	杂志书籍		
2	书名	出版社	定价
3	国际广告	国际广告杂志社	12元
4	中国画入门	湖南少年儿童出版社	9.8元
5	装潢世界	南海出版公司	48元

步骤03 输入完成后，按【Enter】键确认，即可在单元格中输入文本，如下图所示。

	A	B	C
1	杂志书籍		
2	书名	出版社	定价
3	国际广告	国际广告杂志社	12元
4	中国画入门	湖南少年儿童出版社	9.8元
5	装潢世界	南海出版公司	48元
6	环境艺术设计考试	广西美术出版社	22.98元
7	室内设计制图基础	中国建筑工业出版社	14元
8	现代室内外设计表现技法	江西美术出版社	65元
9	新锐商业POP海报模板	福建科学技术出版社	35元

205 输入数值对象

在 Excel 2010 工作表中，数值型数据是最常见、最重要的数据类型，其输入方法与文本的输入相同，不同的是，在单元格中输入数值时，可以预先进行设置，自动添加相应的符号，或者在输入数值之后，对其格式进行设置，添加相应的符号。

专家提醒

在 Excel 2010 中，所输入数值将会显示在"编辑栏"和单元格中。

❖ 若输入负数，必须在数字前加一个负号"－"或加上圆括号"( )"。

❖ 若输入正数，直接将数字输入到单元格内，Excel 不显示"＋"号。

206 输入日期时间

在 Excel 2010 中，输入日期和时间也是最常用的操作之一。在单元格中输入系统可识别的时间和日期数据时，单元格的格式就会自动转换为相应的"时间"或者"日期"格式。或者预先设置相应格式，再输入时间和日期也可以。

在 Excel 2010 的默认情况下，在"日期"选项卡中，系统提供了多种格式的日期类型，用户可以根据需要自行选择日期数据的类型，如下图所示。

在 Excel 2010 中，可以根据需要将单元格格式设置为时间格式。

默认情况下，输入的时间在单元格中采取右对齐的方式。同样，在"时间"选项卡中，系统提供了多种格式的时间类型，用户可以根据需要自行选择输入时间的类型，如下图所示。

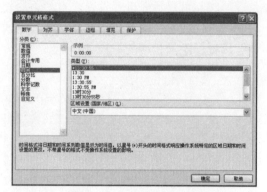

207 | 输入特殊符号

在 Excel 2010 中，除了可以在工作表的单元格中输入文本、数值、日期和时间等内容外，还可以在单元格中输入特殊符号。

步骤 01 按【Ctrl＋O】组合键，打开一个 Excel 工作簿，选择要输入特殊符号的单元格，如下图所示。

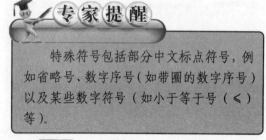

专家提醒

特殊符号包括部分中文标点符号，例如省略号、数字序号（如带圈的数字序号）以及某些数字符号（如小于等于号（≤）等）。

步骤 02 切换至"插入"面板，在"符号"选项板中，单击"符号"按钮，如下图所示。

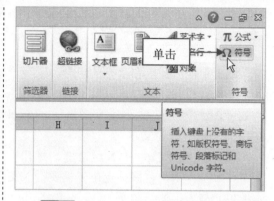

步骤 03 弹出"符号"对话框，切换至"特殊字符"选项卡，在"字符"列表框中选择"长划线"选项，如下图所示。

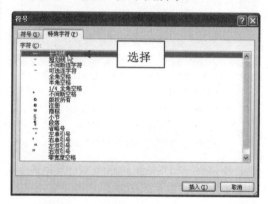

步骤 04 单击"插入"按钮，执行上述操作后，单击"关闭"按钮，即可在单元格中插入相应的特殊符号，如下图所示。

2011年下半年支出表—				
时间	策划部	设计部	人事部	财务部
7月	1000	900	800	1500
8月	1500	800	700	1000
9月	1200	700	800	1100
10月	1400	1000	900	1200
11月	1000	900	600	1300
12月	1200	850	1000	1500
合计	7300	5150	4800	7600

208 | 指定数据类型

默认情况下，输入的数据并不一定可以达到用户的要求，这时用户可以根据需要，指定数据的类型后再进行输入。

步骤 01　按【Ctrl＋O】组合键，打开一个 Excel 工作簿，选择要指定数据格式的单元格区域，如下图所示。

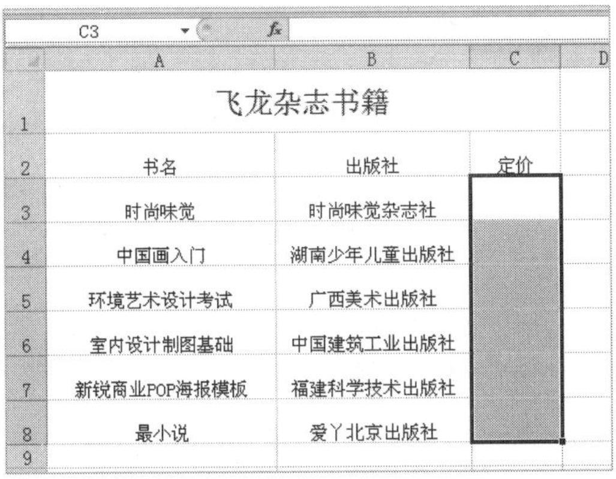

步骤 02　在"开始"面板的"数字"选项板中，单击"常规"右侧的下拉按钮 ，在弹出的下拉列表框中选择"货币"选项，如下图所示。

步骤 03　执行操作后，即可指定数据类型，在其中输入相应数据后，即可自动指定数据的类型，如下图所示。

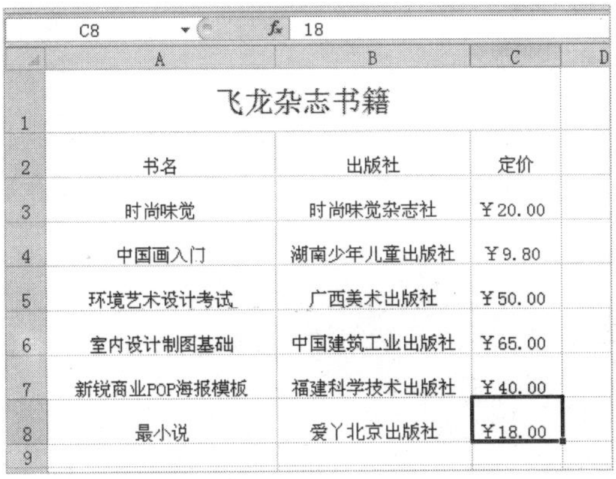

209 设置数据格式

在单元格中输入数字时，用户不必输入人民币、美元或者其他符号，而在"设置单元格格式"对话框中进行设置，使 Excel 2010 自动添加相应的符号。

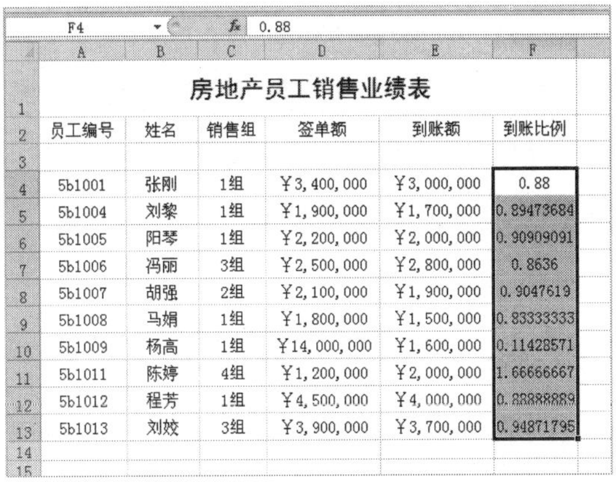

步骤 01　按【Ctrl＋O】组合键，打开一个 Excel 工作簿，选择要设置数据格式的数据单元格区域，如下图所示。

步骤 02　单击鼠标右键，在弹出的快捷菜单中选择"设置单元格格式"选项，如下图所示。

专家提醒

　　若在单元格中输入的数据含有字符，则 Excel 2010 将自动确认为文本；若输入的文本中只有数字，则需要先输入单引号"'"，然后再输入数字。

步骤 03 弹出"设置单元格格式"对话框，在"分类"列表框中选择"百分比"选项，设置"小数位数"为 2，如下图所示。

步骤 04 单击"确定"按钮，即可设置数据格式，效果如下图所示。

员工编号	姓名	销售组	签单额	到账额	到账比例
			房地产员工销售业绩表		
5b1001	张刚	1组	￥3,400,000	￥3,000,000	88.00%
5b1004	刘黎	1组	￥1,900,000	￥1,700,000	89.47%
5b1005	阳琴	1组	￥2,200,000	￥2,000,000	90.91%
5b1006	冯丽	3组	￥2,500,000	￥2,800,000	86.36%
5b1007	胡强	2组	￥2,100,000	￥1,900,000	90.48%
5b1008	马娟	1组	￥1,800,000	￥1,500,000	83.33%
5b1009	杨高	1组	￥14,000,000	￥1,600,000	11.43%
5b1011	陈婷	4组	￥1,200,000	￥2,000,000	166.67%
5b1012	程芳	1组	￥4,500,000	￥4,000,000	88.89%
5b1013	刘效	3组	￥3,900,000	￥3,700,000	94.87%

210 | 自动填充数据

在制作表格时，常常需要输入一些相同或有规律的数据，若手动输入这些数据会占用很多时间。Excel 2010 的数据自动填充功能，可以明确地针对这些问题自动填充数据，从而大大提高输入效率。

步骤 01 按【Ctrl＋O】组合键，打开一个 Excel 工作簿，如下图所示。

姓名	部门	基本工资	奖金	其他扣款	实发工资
		员工工资表			
白云	行政	1650	100	50	1700
马珊	人事	1200	300	20	1480
朱兴	行政	1500	250	80	
李龙	企划	1800	200	60	
田嶂	人事	1530	180	100	
曾省坡	销售	1200	200	10	
王超	行政	1650	50	60	
杨明	企划	1850	200	30	
孙虹	销售	1000	500	60	
朱雄	设计	1580	200	75	
陈艳	人事	1920	100	55	
苏黄进	企划	2000	150	82	
赵洁	设计	1200	80	60	

步骤 02 在工作表中，选择需要填充数据的源单元格，将鼠标移至单元格右下角，此时鼠标指针呈十字形状✚，如下图所示。

姓名	部门	基本工资	奖金	其他扣款	实发工资
		员工工资表			
白云	行政	1650	100	50	1700
马珊	人事	1200	300	20	1480
朱兴	行政	1500	250	80	
李龙	企划	1800	200	60	
田嶂	人事	1530	180	100	
曾省坡	销售	1200	200	10	
王超	行政	1650	50	60	
杨明	企划	1850	200	30	
孙虹	销售	1000	500	60	
朱雄	设计	1580	200	75	
陈艳	人事	1920	100	55	
苏黄进	企划	2000	150	82	
赵洁	设计	1200	80	60	

步骤 03 单击鼠标左键并向下拖曳，此时表格边框呈虚线显示，如下图所示。

姓名	部门	基本工资	奖金	其他扣款	实发工资
		员工工资表			
白云	行政	1650	100	50	1700
马珊	人事	1200	300	20	1480
朱兴	行政	1500	250	80	
李龙	企划	1800	200	60	
田嶂	人事	1530	180	100	
曾省坡	销售	1200	200	10	
王超	行政	1650	50	60	
杨明	企划	1850	200	30	
孙虹	销售	1000	500	60	
朱雄	设计	1580	200	75	
陈艳	人事	1920	100	55	
苏黄进	企划	2000	150	82	
赵洁	设计	1200	80	60	

步骤 04 至合适位置后，释放鼠标左键，即可自动填充数据，效果如下图所示。

姓名	部门	基本工资	奖金	其他扣款	实发工资
		员工工资表			
白云	行政	1650	100	50	1700
马珊	人事	1200	300	20	1480
朱兴	行政	1500	250	80	1670
李龙	企划	1800	200	60	1940
田嶂	人事	1530	180	100	1610
曾省坡	销售	1200	200	10	1390
王超	行政	1650	50	60	1640
杨明	企划	1850	200	30	2020
孙虹	销售	1000	500	60	1440
朱雄	设计	1580	200	75	1705
陈艳	人事	1920	100	55	1965
苏黄进	企划	2000	150	82	2068
赵洁	设计	1200	80	60	1220

专家提醒

在 Excel 2010 中，使用拖曳鼠标的方式，还可以自动填充文本。

211 设置数据字体

　　为了突出工作表中的某些数据，使整个版面更为丰富，用户可以根据需要对不同的单元格字符设置不同的字体。

　　步骤 01 按【Ctrl＋O】组合键，打开一个 Excel 工作簿，在表格中选择需要设置字体的文本内容，如下图所示。

借阅人	借阅日期	书号	类别	归还日期
李其	11-2-20	105432100	工具书	11-2-21
孙意	11-2-20	105433168	政治类	11-3-9
李其	11-2-21	101003936	政治类	11-2-26
刘清义	11-2-25	105432938	工具书	
向一方	11-3-1	105432132	计算机	11-3-20
王明	11-3-2	105421365	政治类	11-3-15
李其	11-3-5	105400968	外语类	11-3-9
李其	11-3-9	105310140	外语类	11-3-20
孙意	11-3-9	105310568	文学类	
王明	11-3-19	105420076	外语类	
李其	11-3-20	105431076	外语类	

（图书借阅表）

　　步骤 02 在"开始"面板的"字体"选项板中，单击"字体"右侧的下拉三角按钮 ▼，在弹出的下拉列表框中选择"隶书"选项，执行操作后，即可设置数据字体，效果如下图所示。

（图书借阅表）

专家提醒

　　此外，在"字体"选项板中，也可以对空白的单元格或单元格区域设置字体格式，一旦输入数据就可以直接应用设置的格式。

212 设置数据字号

　　在 Excel 2010 中，用户可以根据需要为单元格中的数据设置不同的字号，设置字号后，可以使选择的对象更加突显出来。

　　步骤 01 按【Ctrl＋O】组合键，打开一个 Excel 工作簿，在表格中选择需要设置字号的文本内容，如下图所示。

	姓名	销售组	签单额	到账额	到账比例
员工编号	张三	1组	￥3,400,000	￥3,000,000	88.24%
1	李内	2组	￥3,000,000	￥2,500,000	83.33%
2	冯丽	1组	￥3,000,000	￥2,800,000	93.33%
3	杨克	1组	￥1,750,000	￥1,600,000	91.43%
4	凌霖	2组	￥2,900,000	￥2,000,000	68.97%
5	王澜	1组	￥3,900,000	￥3,700,000	94.87%
6	王澜	1组	￥3,900,000	￥3,700,000	94.87%

（员工销售业绩表）

　　步骤 02 在"开始"面板的"字体"选项板中，单击"字号"右侧的下拉三角按钮 ▼，在弹出的下拉列表框中选择 24，执行操作后，即可设置文本字号，效果如下图所示。

（员工销售业绩表）

专家提醒

　　在工作表中选择需要设置字号的文本内容，单击鼠标右键，在弹出的浮动面板中，单击"字号"右侧的下拉按钮，在弹出的下拉列表框中，用户可根据需要选择相应的字号大小。

213 设置数据颜色

在 Excel 2010 中，对单元格中的文字进行排版时，用户可以通过改变文本颜色达到突出重点内容的目的。

步骤 01 打开上一例效果，在表格单元格中选择需要设置字体颜色的单元格区域，如下图所示。

D3　　f_x　3400000

	A	B	C	D	E	F
1	员工销售业绩表					
2		姓名	销售组	签单额	到账额	到账比例
3	员工编号	张三	1组	￥3,400,000	￥3,000,000	88.24%
4	1	李内	2组	￥3,000,000	￥2,500,000	83.33%
5	2	冯丽	1组	￥3,000,000	￥2,800,000	93.33%
6	3	杨克	1组	￥1,750,000	￥1,600,000	91.43%
7	4	凌霖	2组	￥2,900,000	￥2,000,000	68.97%
8	5	王澜	1组	￥3,900,000	￥3,700,000	94.87%
9	6	王澜	1组	￥3,900,000	￥3,700,000	94.87%
10						

步骤 02 在"开始"面板的"字体"选项板中，单击"字体颜色"右侧的下拉三角按钮，在弹出的颜色面板中选择红色，即可设置文本颜色，效果如下图所示。

K13　　f_x

	A	B	C	D	E	F
1	员工销售业绩表					
2		姓名	销售组	签单额	到账额	到账比例
3	员工编号	张三	1组	￥3,400,000	￥3,000,000	88.24%
4	1	李内	2组	￥3,000,000	￥2,500,000	83.33%
5	2	冯丽	1组	￥3,000,000	￥2,800,000	93.33%
6	3	杨克	1组	￥1,750,000	￥1,600,000	91.43%
7	4	凌霖	2组	￥2,900,000	￥2,000,000	68.97%
8	5	王澜	1组	￥3,900,000	￥3,700,000	94.87%
9	6	王澜	1组	￥3,900,000	￥3,700,000	94.87%
10						

专家提醒

在工作表中选择需要设置颜色的文本内容，单击鼠标右键，在弹出的浮动面板中，单击"字体颜色"右侧的下拉按钮，在弹出的列表框中用户可根据需要选择相应的文本颜色。

214 设置字体字形

若用户需要改变单元格中文字的字形，首先需要选定要改变字形的单元格或单元格区域，然后再为其添加加粗、倾斜和下划线等字体效果。

步骤 01 按【Ctrl+O】组合键，打开一个 Excel 工作簿，在表格中选择需要设置字形的文本内容，如下图所示。

A1　　f_x　计算机图书销售表

	A	B	C	D
1	计算机图书销售表			
2	月份	图书类型	销售地区	销售额
3	1月	编程类	天心区	5600
4	2月	编程类	天心区	3600
5	1月	编程类	开福区	7800
6	2月	编程类	天心区	6900
7	1月	编程类	岳麓区	8700
8	2月	编程类	岳麓区	5600
9	1月	计算机基础	天心区	9500
10	2月	计算机基础	天心区	8600
11	1月	计算机基础	岳麓区	4900
12	2月	计算机基础	岳麓区	6700
13	1月	图形图像类	开福区	4900
14	2月	图形图像类	开福区	6700
15	1月	图形图像类	天心区	7300

步骤 02 在"开始"面板的"字体"选项板中，单击"加粗"按钮 **B**，即可设置字体字形，如下图所示。

A1　　f_x　计算机图书销售表

	A	B	C	D
1	**计算机图书销售表**			
2	月份	图书类型	销售地区	销售额
3	1月	编程类	天心区	5600
4	2月	编程类	天心区	3600
5	1月	编程类	开福区	7800
6	2月	编程类	天心区	6900
7	1月	编程类	岳麓区	8700
8	2月	编程类	岳麓区	5600
9	1月	计算机基础	天心区	9500
10	2月	计算机基础	天心区	8600
11	1月	计算机基础	岳麓区	4900
12	2月	计算机基础	岳麓区	6700
13	1月	图形图像类	开福区	4900
14	2月	图形图像类	开福区	6700
15	1月	图形图像类	天心区	7300

专家提醒

在 Excel 2010 中，如果需要将选定的单元格或单元格区域的字形改为倾斜并为其添加下划线，只需单击"开始"面板中的"倾斜"按钮 *I* 和"下划线"按钮 U 即可。

215 | 设置边框线型

默认情况下，工作簿中的表格线是灰色的，不能被打印出来，如要将其打印，就必须为表格设置边框。

步骤 01 打开上一例效果，在打开的表格中选择需要添加边框线的单元格区域，如下图所示。

	A	B	C	D
		计算机图书销售表		
1	月份	图书类型	销售地区	销售额
2	1月	编程类	天心区	5600
3	2月	编程类	天心区	3600
4	1月	编程类	开福区	7800
5	2月	编程类	天心区	6900
6	1月	编程类	岳麓区	8700
7	2月	编程类	岳麓区	5600
8	1月	计算机基础	天心区	9500
9	2月	计算机基础	天心区	8600
10	1月	计算机基础	岳麓区	4900
11	2月	计算机基础	岳麓区	6700
12	1月	图形图像类	开福区	4900
13	2月	图形图像类	开福区	6700
14	1月	图形图像类	天心区	7300

步骤 02 在"开始"面板的"字体"选项板中，单击"边框"右侧的下拉三角按钮，在弹出的列表框中选择"所有框线"选项，即可为工作表添加边框，如下图所示。

	A	B	C	D
		计算机图书销售表		
1	月份	图书类型	销售地区	销售额
2	1月	编程类	天心区	5600
3	2月	编程类	天心区	3600
4	1月	编程类	开福区	7800
5	2月	编程类	天心区	6900
6	1月	编程类	岳麓区	8700
7	2月	编程类	岳麓区	5600
8	1月	计算机基础	天心区	9500
9	2月	计算机基础	天心区	8600
10	1月	计算机基础	岳麓区	4900
11	2月	计算机基础	岳麓区	6700
12	1月	图形图像类	开福区	4900
13	2月	图形图像类	开福区	6700
14	1月	图形图像类	天心区	7300

专家提醒

在选择的单元格区域上单击鼠标右键，在弹出的快捷菜单中选择"设置单元格格式"选项，弹出"设置单元格格式"对话框，切换至"边框"选项卡，在其中也可以设置边框效果。

216 | 设置纯色背景

在 Excel 2010 中，用户不仅可以改变表格中文字的颜色，还可以设置单元格的背景颜色，如设置背景纯色效果，不仅可以突出重点内容，还可以达到美化工作表的效果。

步骤 01 按【Ctrl＋O】组合键，打开一个 Excel 工作簿，在表格中选择需要设置纯色背景效果的单元格区域，如下图所示。

	编号	借阅人	借阅日期	书号	类别	归还日期
			图书借阅表			
2	1	李其	09-2-12	1054321004501	计算机	09-2-20
3	2	王明	09-2-12	1054321004761	计算机	09-3-2
4	3	江林	09-2-15	1054321005124	文学类	09-2-20
5	4	孙富	09-2-17	1054321002924	工具书	09-2-20
6	5	江林	09-2-20	1054321003462	政治类	09-2-24
7	6	李其	09-2-20	1054321002635	文学类	09-2-20
8	7	孙富	09-2-21	1054321003168	政治类	09-3-9
9	8	李礼	09-2-21	1054321003936	政治类	09-2-26
10	9	谢燕	09-2-21	1054321005126	文学类	09-3-4
11	10	江林	09-2-21	1054321004628	计算机	09-3-12
12	11	刘清义	09-2-21	1054321002938	工具书	09-3-4
13	12	李其	09-3-5	1054321001968	外语类	2009-3-9
14	13	陈婴	09-3-9	1054321001640	外语类	2009-3-14
15	14	黎灵	09-2-25	1054321002938	工具书	09-3-4

步骤 02 在"开始"面板的"单元格"选项板中，单击"格式"右侧的下拉三角按钮，在弹出的列表框中选择"设置单元格格式"选项，如下图所示。

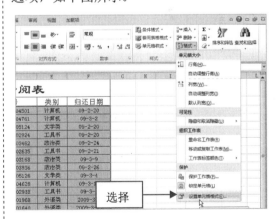

专家提醒

在"设置单元格格式"对话框中，单击"填充"选项卡，在"图案样式"下拉列表框中提供了多种图案样式可供用户选择。

步骤 03 弹出"设置单元格格式"对话框，切换至"填充"选项卡，设置"颜色"为橙色，如下图所示。

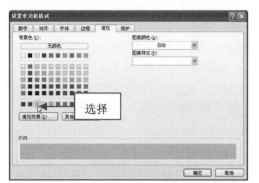

步骤 04 单击"确定"按钮，即可设置填充背景纯色效果，如下图所示。

	编号	借阅人	借阅日期	书号	类别	归还日期
				图书借阅表		
3	1	李其	09-2-12	1054321004501	计算机	09-2-20
4	2	王明	09-2-12	1054321004761	计算机	09-3-2
5	3	江林	09-2-15	1054321005124	文学类	09-2-20
6	4	孙富	09-2-17	1054321002924	工具书	09-2-20
7	5	江林	09-2-20	1054321003462	政治类	09-2-24
8	6	李其	09-2-20	1054321002635	工具书	09-2-21
9	7	孙富	09-2-20	1054321003168	政治类	09-3-9
10	8	李沁	09-2-21	1054321003936	政治类	09-2-26
11	9	谢彤	09-2-21	1054321005126	文学类	09-3-4
12	10	江林	09-2-24	1054321004628	计算机	09-3-12
13	11	刘清义	09-2-25	1054321002938	工具书	09-3-4
14	12	李其	09-3-5	1054321001968	外语类	2009-3-9
15	13	陈想	09-3-9	1054321001640	外语类	2009-3-14
16	14	黎灵	09-2-25	1054321002938	工具书	09-3-4

217 设置渐变色背景

用户还可以根据需要，设置相应的渐变色填充效果。

步骤 01 按【Ctrl＋O】组合键，打开一个 Excel 工作簿，在表格中选择需要设置渐变色效果的单元格区域，如下图所示。

步骤 02 单击鼠标右键，在弹出的快捷菜单中，选择"设置单元格格式"选项，弹出"设置单元格格式"对话框，切换至"填充"选项卡，单击"填充效果"按钮，弹出"填充效果"对话框，设置"颜色 1"为浅绿色、"颜色 2"为橄榄色、"底纹样式"为"水平"，如下图所示。

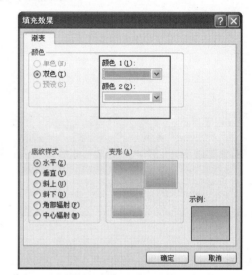

专家提醒

在"填充效果"对话框中，"底纹样式"选项区中列出了所有渐变填充的样式，用户可以根据需要设置相应的底纹样式，以更好地显示背景的渐变填充效果。默认情况下，其底纹样式为"水平"。

步骤 03 依次单击"确定"按钮，即可设置填充渐变色效果，如下图所示。

	营业员	底薪	奖金	补贴	合计
		超市五月份营业员工资表			
3	谢意		300	150	450
4	曾宁		100	300	400
5	丁符		300	200	500
6	林离		150	240	390
7	江燕		350	200	550
8	刘敏		400	180	580

218 隐藏网格线

默认情况下，每个单元格都是由围绕单元格的灰色线来标识的，有时为了需要，用户也可以将这些网格线隐藏起来。

步骤 01 按【Ctrl＋O】组合键，打开一个 Excel 工作簿，如下图所示。

步骤 02 单击"文件"菜单，在弹出的面板中单击"选项"按钮，弹出"Excel 选项"对话框，切换至"高级"选项卡，在"此工作表的显示选项"选项区中取消选中"显示网格线"复选框，如下图所示。

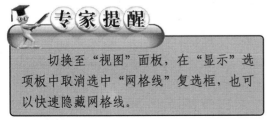

专家提醒

切换至"视图"面板，在"显示"选项板中取消选中"网格线"复选框，也可以快速隐藏网格线。

步骤 03 单击"确定"按钮，即可隐藏网格线，如下图所示。

	A	B
1	公司介绍	
2	公司名称	远程计算机信息有限公司
3	公司地址	长沙市岳麓区枫林路77号
4	联络电话	（0731）5361****
5	传真号码	（0731）4565****
6	负责人	程先生
7	统一编号	13534644
8	税籍编号	84634634

219 精确调整行高

一般情况下，在 Excel 工作表中，任意一行的所有单元格高度都是相等的，所以要设置某一个单元格的高度，实际上就是设置这个单元格所在行的行高。

步骤 01 打开一个 Excel 工作簿，选择需要调整行高的单元格，如下图所示。

月份	电视机（万）	洗衣机（万）	电冰箱（万）
年度销售分布表			
1	452	560	462
2	780	732	480
3	920	813	496
4	845	762	512
5	962	653	763
6	785	721	673
7	862	861	634
8	873	763	612
9	643	912	532
10	512	835	732
11	632	751	762
12	810	762	361

步骤 02 在"开始"面板的"单元格"选项板中，单击"格式"右侧的下拉按钮，在弹出的列表框中，选择"行高"选项，如下图所示。

步骤03 弹出"行高"对话框，在"行高"右侧的文本框中输入 40，如下图所示。

步骤04 单击"确定"按钮，即可精确调整行高，如下图所示。

年度销售分布表			
月份	电视机（万）	洗衣机（万）	电冰箱（万）
1	452	560	462
2	780	732	480
3	920	813	496
4	845	762	512
5	962	653	763
6	785	721	673
7	862	861	634
8	873	763	612
9	643	912	532
10	512	835	732
11	632	751	762
12	810	762	361

专家提醒

选择需要调整行高的单元格，将鼠标指针移至单元格行号下框线上，待鼠标指针呈十字形状 ✛ 时，单击鼠标右键，在弹出的快捷菜单中选择"行高"选项，也可以弹出"行高"对话框。

220 | 用鼠标调整行高

如果要改变单元格的行高，可将鼠标指针放置行号的分割线上，按住鼠标左键并拖动鼠标，即可调整单元格行高。

例如，要调整单元格第 1 行的高度，可将鼠标指针指向第 1 行和第 2 行之间的分割线上，待鼠标指针呈双向箭头形状时，按住鼠标左键并向上或向下拖曳，在屏幕提示框中将显示出行的高度，如下图所示。

专家提醒

将鼠标指针移至某行行号的下框线上，待鼠标呈十字形状 ✛ 后，双击鼠标左键，可自动调整为合适文本的行高。

年度销售分布表		
月份	电视机（万）	洗衣机（万）
1	452	560
2	780	732
3	920	813
4	845	762
5	962	653
6	785	721
7	862	861
8	873	763

高度: 31.50 (42 像素)

将行高调整至合适高度后，释放鼠标左键即可。

221 | 精确调整列宽

在 Excel 2010 中，当单元格中输入的数据因列宽不够而显示不全时，就需要调整列宽，用户可以通过按钮精确调整列宽。

步骤01 打开一个 Excel 工作簿，选择需要调整列宽的单元格，如下图所示。

商品成本比较表					
商品金额 项目	液晶电视	冰箱	笔记本电脑	MP5	
销售金额	50000	70000	55000	7000	
原料成本	15000	35000	15000	1000	
物料成本	8500	15000	12000	800	
人工成本	4000	10000	6000	1000	
制造成本	4500	8000	10000	500	
毛利	18000	2000	12000	3700	
销售数量	8	10	8	15	
单价	6250	8750	6875	875	
单位成本 原料成本	1875	4375	1875	125	
物料成本	1062.5	1875	1500	100	
人工成本	500	1250	750	125	
制造成本	562.5	1000	1250	62.5	
毛利	2250	250	1500	462.5	

步骤02 在"开始"面板的"单元格"选项板中，单击"格式"右侧的下拉按钮，在弹出的列表框中，选择"列宽"选项，如下图所示。

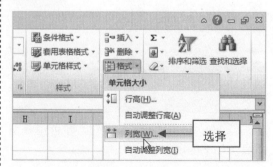

步骤03 弹出"列宽"对话框，在"列宽"右侧的文本框中输入 15，如下图所示。

输入

步骤04 单击"确定"按钮，即可精确调整列宽，如下图所示。

		商品成本比较表			
	项目 商品金额	液晶电视	冰箱	笔记本电脑	MP5
	销售金额	50000	70000	55000	7000
	原料成本	15000	35000	15000	1000
	物料成本	8500	15000	12000	800
	人工成本	4000	10000	6000	1000
	制造成本	4500	8000	10000	500
	毛利	18000	2000	12000	3700
	销售数量	8	10	8	15
单位成本	单价	6250	8750	6875	875
	原料成本	1875	4375	1875	125
	物料成本	1062.5	1875	1500	100
	人工成本	500	1250	750	125
	制造成本	562.5	1000	1250	62.5
	毛利	2250	250	1500	462.5

　　选择需要调整列宽的单元格，将鼠标指针移至单元格列标右框线上，待鼠标指针呈十字形状╬时，单击鼠标右键，在弹出的快捷菜单中选择"列宽"选项，也可以弹出"列宽"对话框。

222 | 用鼠标调整列宽

　　改变列宽与改变行高的操作方法类似，拖曳列和列之间的分割线即可。

　　例如，要改变 B 列的宽度，可用鼠标拖曳 B 列和 C 列之间的分割线，拖曳鼠标时，在屏幕提示框中将显示出列的宽度值，如下图所示。

　　将鼠标指针移至某列列标的右框线上，待鼠标指针呈十字形状╬后，双击鼠标左键，可自动调整适合文本的列宽。

宽度: 10.25 (87 像素)

商品成本比较表			
液晶电视	冰箱	笔记本电脑	MP5
50000	70000	55000	7000
15000	35000	15000	1000
8500	15000	12000	800
4000	10000	6000	1000
4500	8000	10000	500
18000	2000	12000	3700
8	10	8	15

　　将列宽调整至合适的宽度后，释放鼠标左键即可。

223 | 设置条件格式

　　条件格式是指如果指定的单元格满足了特定的条件，Excel 便将底纹、字体、颜色等格式用到该单元格中，一般需突出显示。计算结果或者要监视单元格的值时，可以使用条件格式。

步骤01 打开一个 Excel 工作簿，在表格中选择需要设置条件格式的单元格区域，如下图所示。

		一月常林连锁销售财务报表			
单位名称	VCD	CD	DVD	磁带	总计
芙蓉店	8000	7000	4000	9000	28000
雨花店	5000	5500	7600	6700	24800
星沙店	7500	7800	8500	8500	32300
万家丽店	6000	8500	5800	8000	28300
湘雅店	8000	8500	5500	6700	28700

步骤02 单击"样式"选项板中"条件格式"右侧的下三角按钮，在弹出的列表框中，选择"突出显示单元格规则"｜"大于"选项，如下图所示。

选择

步骤 03 弹出"大于"对话框,在"为大于以下值的单元格设置格式"文本框中输入 7000,如下图所示。

步骤 04 单击"确定"按钮,即可设置条件格式,如下图所示。

![专家提醒]

　　当修改单元格中的数据后,若单元格满足已设定的条件格式,Excel 会自动套用该条件格式。

224 | 套用表格格式

　　在 Excel 2010 中,内置了大量的工作表格式,这些格式中预设了数字、字体、对齐方式、边界、模式、列宽和行高等属性,套用这些格式,既可以美化工作表,又可以大大提高工作效率。

![专家提醒]

　　如果所需要的表格样式在 Excel 2010 中不存在,用户可根据需要自定义表格样式,且只要该样式不被删除,当前工作簿将一直保留该自定义样式。

步骤 01 以上一例效果为例,选择需要套用表格格式的单元格区域,如下图所示。

　　一月常林连锁销售财务报表

单位名称	VCD	CD	DVD	磁带	总计
芙蓉店	8000	7000	4000	9000	28000
雨花店	5000	5500	7600	6700	24800
星沙店	7500	7800	8500	8500	32300
万家丽店	6000	8500	5800	8000	28300
湘雅店	8000	8500	5500	6700	28700

步骤 02 在"开始"面板的"样式"选项板中,单击"套用表格格式"右侧的下拉按钮,在弹出的下拉列表框中选择"表样式浅色 11"选项,如下图所示。

步骤 03 弹出"套用表格式"对话框,其中显示了表数据的来源,如下图所示。

步骤 04 单击"确定"按钮,即可套用表格格式,如下图所示。

　　一月常林连锁销售财务报表

单位名称	VCD	CD	DVD	磁带	总计
芙蓉店	8000	7000	4000	9000	28000
雨花店	5000	5500	7600	6700	24800
星沙店	7500	7800	8500	8500	32300
万家丽店	6000	8500	5800	8000	28300
湘雅店	8000	8500	5500	6700	28700

225 套用单元格样式

Excel 2010 中有许多已经设置好了不同的颜色、边框和底纹的单元格样式，用户可以根据自己的需要套用这些不同的单元格样式，迅速得到想要的效果。

步骤 01 打开一个 Excel 工作簿，在表格中选择需要套用单元格样式的单元格区域，如下图所示。

步骤 02 单击"样式"选项板中"单元格样式"右侧的下三角按钮 ，在弹出的列表框中选择"强调文字颜色 3"选项，即可套用单元格样式，如下图所示。

专家提醒

在 Excel 2010 中，用户也可对套用的单元格样式进行合并。选择需要合并样式的单元格区域，单击"单元格样式"右侧的下三角按钮，在弹出的列表框中选择"合并样式"选项即可。

226 删除单元格样式

用户如果认为单元格样式中的一些样式不会再使用，可以删除这些单元格样式。删除单元格样式分为删除单元格样式和删除工作表中的单元格样式两种。

❀ 删除单元格样式：单击"样式"选项板中"单元格样式"右侧的下三角按钮 ，在弹出的列表框中选择需要删除的单元格样式，在弹出的快捷菜单中选择"删除"选项，如下图所示，即可删除单元格样式。

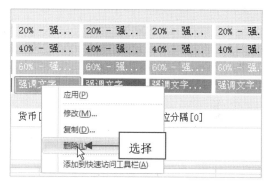

❀ 删除表格中的单元格样式：选中设置了单元格样式的单元格区域，单击"样式"选项板中"单元格样式"右侧的下三角按钮，在弹出的列表框中选择"常规"选项，如下图所示，即可删除工作表中的所选单元格样式。

专家提醒

当删除自带的单元格样式时，只对当前工作簿生效，再次打开新工作簿后，被删除的预设单元格样式仍然存在。

227 绘制图形对象

在 Excel 2010 中，不仅可以绘制常见的图形，如箭头、直线等基本图形，还可以利用 Excel 提供的自选图形在工作表中绘制出用户需要的基本图形。

步骤 01 按【Ctrl＋O】组合键，打开一个 Excel 工作簿，如下图所示。

步骤 02 切换至"插入"面板，在"插图"选项板中单击"形状"按钮，在弹出的列表框中选择"加号"选项，如下图所示。

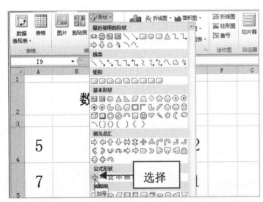

步骤 03 将鼠标移至工作表中的合适位置，单击鼠标左键并拖曳，至合适位置后释放鼠标，即可绘制图形，如下图所示。

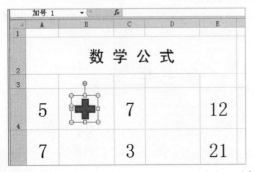

步骤 04 用与上述相同的方法，在工作表的其他位置绘制相应的图形，如下图所示。

228 插入剪贴画对象

Excel 2010 能够识别多种图片格式，用户可以将其他程序中创建的图片插入到工作表中。下面介绍插入图片的操作方法。

步骤 01 创建一个 Excel 工作簿，切换至"插入"面板，在"插图"选项板中单击"剪贴画"按钮，如下图所示。

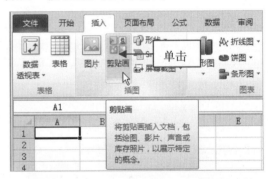

步骤 02 打开"剪贴画"任务窗格，单击"搜索文字"右侧的"搜索"按钮，在下拉列表框中选择相应的剪贴画，调整图片大小，即可将其插入到工作表中，如下图所示。

229 | 插入图片对象

Excel 2010 能够识别多种图片格式，用户可以将其他程序中创建的图片插入到工作表中。下面介绍插入图片的操作方法。

步骤01 创建一个 Excel 工作簿，切换至"插入"面板，在"插图"选项板中单击"图片"按钮，如下图所示。

步骤02 弹出"插入图片"对话框，在其中选择需要插入的图片素材，如下图所示。

步骤03 单击"插入"按钮，即可将图片插入到工作表中，如下图所示。

230 | 设置图片属性

在 Excel 2010 中设置图片属性，可以改变工作表中图片的颜色、对比度和亮度等。

步骤01 打开上一例效果，选择图片，切换至"格式"面板，在"调整"选项板中单击"更正"按钮，在弹出的列表框中设置相应的亮度和对比度，如下图所示。

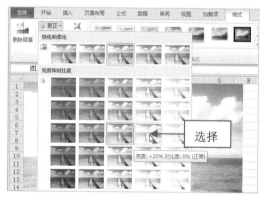

步骤02 执行上述操作后，即可设置图片的曝光效果，如下图所示。

231 | 裁剪图片大小

在 Excel 2010 中，用户还可以根据需要，对图片进行裁剪。

步骤01 按【Ctrl＋O】组合键，打开一个 Excel 工作簿，如下图所示。

步骤02 选择图片，切换至"格式"面板，切换至"格式"面板，设置相应的亮度和对比度，在"大小"选项板中单击"裁剪"按钮下方的下拉按钮，然后在弹出的列表框中，选择"纵横比"|"横向"|3:2 选项，如下图所示。

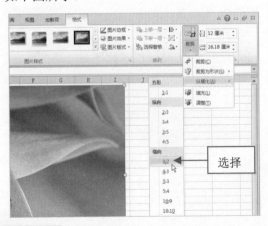

步骤03 执行操作后，图片显示裁剪效果，如下图所示。

步骤04 在图片外任一点单击鼠标左键，即可裁剪图片，如下图所示。

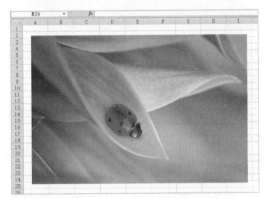

232 | 插入艺术字

在 Excel 2010 中，艺术字是当作一种图形对象而不是文本对象来处理的。用户可以通过"格式"面板来设置艺术字的填充颜色、阴影和三维效果等。

步骤01 创建一个 Excel 工作簿，切换至"插入"面板，在"文本"选项板中单击"艺术字"按钮，在弹出的列表框中选择相应的艺术字样式，如下图所示。

步骤 02 此时在工作表中将显示"请在此放置您的文字"字样，按【Delete】键将其删除，然后输入用户需要的文字，在工作表的其他空白位置单击鼠标左键，即可插入艺术字，如下图所示。

专家提醒

艺术字是一种使用 Excel 预设效果创建的特殊文本对象，可以应用丰富的特殊效果，用户也可以对艺术字进行拉伸、倾斜、弯曲和旋转等操作。

233 | 更改艺术字样式

如果对于设置的艺术字样式不满意，用户还可以根据需要，进行相应的修改。

步骤 01 打开上一例效果，选择插入的艺术字，切换至"格式"面板，在"形状样式"选项板中选择相应的形状样式，如下图所示。

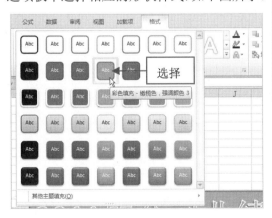

步骤 02 执行操作后，即可更改艺术字的形状样式，如下图所示。

步骤 03 在"艺术字样式"选项板中选择相应的艺术字样式，如下图所示。

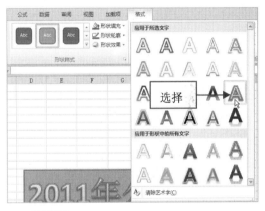

步骤 04 执行操作后，即可更改艺术字样式，效果如下图所示。

09 运用公式计算数据

学前提示

在 Excel 2010 中，分析或者处理 Excel 工作表中的数据时，都离不开公式。公式是函数的基础，它是单元格中的一系列值、单元格引用、名称或运算符的组合，可生成新的值。本章主要向读者介绍公式的基本知识和使用方法。

本章知识重点

- ▶ 公式的含义
- ▶ 运算符的类型
- ▶ 运算符的优先级
- ▶ 输入公式内容
- ▶ 复制公式内容

- ▶ 修改公式内容
- ▶ 删除公式内容
- ▶ 显示公式内容
- ▶ 查找公式错误
- ▶ 追踪错误内容

学完本章后你会做什么

- ▶ 掌握公式的基本含义和基本知识
- ▶ 掌握用公式进行数据计算的方法
- ▶ 掌握公式的引用和错误处理方法

视频演示

	L20		fx		
	A	B	C	D	E	F

员工工资单

编号	姓名	部门	基本工资	住房补贴	总工资
0001	孙纺	行政	1650	500	2150
0002	李凤	销售	1200	250	1450
0003	杨旺	生产	1800	200	2000
0004	李乐	企划	1500	320	1820
0005	方刊	行政	1650	100	1750
0006	赵傅	销售	1200	150	1350
0007	谢宇	生产	1800	320	2120
0008	马娟	行政	1650	220	1870
0009	阳珍	生产	1800	500	2300
0010	许大龙	销售	1200	250	1450

复制公式内容

	F3		fx	=E3+二月!E3+三月!E3	
	A	B	C	D	E	F

一月产品销售数据

编号	产品名称	单价	销售数量	销售总额	销售总数据
1	产品1	450	454	204300	657900
2	产品2	300	522	156600	446100
3	产品3	200	250	50000	190800
4	产品4	260	325	84500	327860
5	产品5	320	325	104000	455680
6	产品6	200	350	70000	284400
7	产品7	320	360	115200	414080
8	产品8	250	600	150000	307250
9	产品9	280	202	56560	267960
10	产品10	350	180	63000	348950

公式的三维引用

234 公式的含义

在 Excel 2010 中，公式是函数的基础，它是单元格中的一系列值、单元格引用、名称或运算符的组合。使用公式可以执行各种运算，公式可以包括运算符、单元格引用、数值、工作表函数以及名称中的任意元素。

如果公式中同时用到多个运算符，即运算符里既有加法，又有减法、乘法以及除法时，对于同一级运算，按照从等号左边到右边的顺序进行计算，对于不在同一级的运算符，则按照运算符的优先级进行运算，算术运算符的优先级是先乘、除运算，再加、减运算。

235 运算符的类型

运算符是用来对公式中的元素进行特定类型的运算，在 Excel 2010 中包含 4 种类型的运算符：算术、比较、文本链接和引用运算符。

1. 算术运算

算术运算符是用户最熟悉的运算符，可以完成基本的数字运算，如加、减、乘、除等，算术运算符用来链接数字并产生数值结果。算术运算符的含义及示例见表 1。

表 1 算术运算符

算术运算符	含义	示例
＋（加号）	加	1＋4=5
－(减号)	减	4－2=2
*（星号）	乘	2*3=6
/（斜杠）	除	6/3=2
%（百分号）	百分比	60%
^（脱字号）	乘方	$4 \wedge 3=4^3$

2. 比较运算符

比较运算符可以对两个数值进行比较，并产生逻辑值 TRUE 或 FALSH，即若条件相符，则产生逻辑真值 TRUE（1）；若条件不相符，则产生逻辑假值 FALSH（0）。比较运算符的含义及示例见表 2。

表 2 比较运算

比较运算符	含义	示例
=（等号）	相等	A1=6
<（小于号）	小于	A1<8
>（大于号）	大于	A1>6
>=(大于等于)	大于等于	A1>=4
<>(不等号)	不相等	A1<>5
<=（小于等于号）	小于等于	A1<=7

3. 文本链接运算符

使用和号（&）加入或连接一个或更多文本字符串以产生一串新的文本，其含义及示例见表 3。

表 3 文本连接运算符

文本运算符	含义	示例
&	将两个文本值连接起来	="本月"&"销售"产生"本月销售"
&	将单元格内容与文本内容连接起来	=A5&"销售"产生"第一季度销售"

4. 引用运算符

引用运算符可以对单元格区域进行合并计算，其含义及示例见表 4。

表 4 引用运算符

引用运算符	含义	示例
:（冒号）	区域运算符，对两个引用之间（包括在内）的所有单元格引用	SUM（B1：C5）
,（逗号）	联合运算符，将多个引用合并为一个引用	SUM（C2：A5，C2：C6）
（空格）	交叉运算符，表示几个单元格区域所重叠的那些单元格	SUM（B2：D3 C1：C4）

专家提醒

单元格引用是用于表示单元格在工作表上所处位置的坐标轴。

236 运算符的优先级

每个运算符的优先级都是不同的，在一个混合运算的公式中，对于不同优先级的运算，按照从高到低的顺序进行计算，对于相同优先级的运算，按照从左到右的顺序进行计算。各运算符的优先级见表 5。

表 5　运算符优先级

运算符	说明
:（冒号）（单个空格），（逗号）	引用运算符
-	负号
%	百分比
^	乘幂
＋和－	加和减
*和/	乘和除
&	连接两个文本字符串（连接）
=<><=>=<>	比较运算符

专家提醒

如果输入的公式过长，浏览不到整个公式，用户可根据需要调整公式所在单元格的大小。

237 输入公式内容

在 Excel 2010 中，输入公式的方法与输入文本的方法类似，选择需要输入公式的单元格，在编辑栏中输入"＝"号，然后输入公式内容即可。

步骤 01　打开一个 Excel 工作簿，在工作表单元格中选择需要输入公式的单元格，如下图所示。

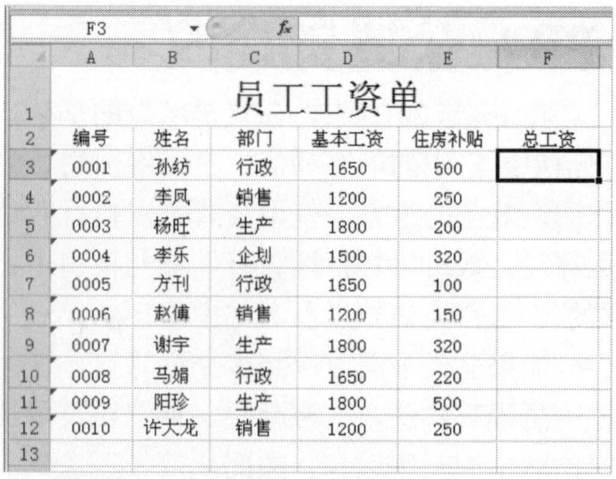

步骤 02　在编辑栏中输入公式"＝D3＋E3"，如下图所示。

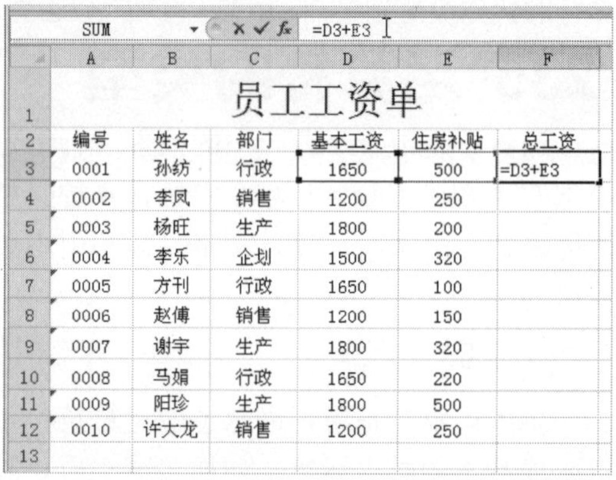

步骤 03　按【Enter】键确认，即可在 F3 单元格中显示公式计算结果，如下图所示。

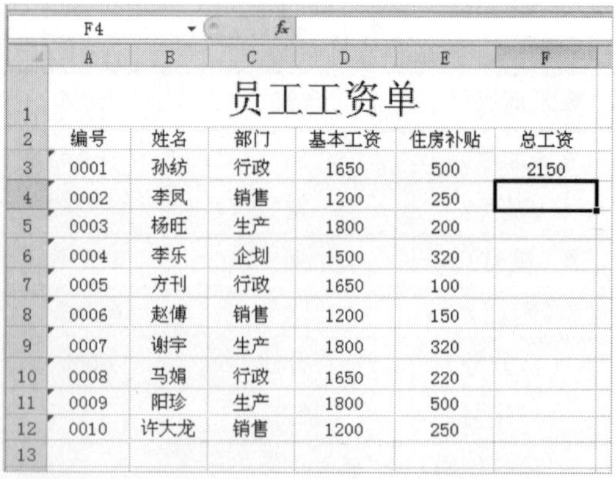

专家提醒

输入公式后，按【Enter】键确认，在显示计算结果的同时还可以激活下一个单元格。

238 复制公式内容

通过复制公式操作，可以快速地在其他单元格中输入公式。

复制公式的方法与复制数据的方法相似，但在 Excel 2010 中，复制公式往往与公式的相对引用结合使用，以提高输入公式的效率。

步骤 01 打开上一例效果文件，选择 F3 单元格，将鼠标指针移至 F3 单元格的右下方，如下图所示。

F3			fx	=D3+E3	
	A	B	C	D	E	F

员工工资单

编号	姓名	部门	基本工资	住房补贴	总工资
0001	孙纺	行政	1650	500	2150
0002	李凤	销售	1200	250	
0003	杨旺	生产	1800	200	
0004	李乐	企划	1500	320	
0005	方刊	行政	1650	100	
0006	赵傅	销售	1200	150	
0007	谢宇	生产	1800	320	
0008	马娟	行政	1650	220	
0009	阳珍	生产	1800	500	
0010	许大龙	销售	1200	250	

步骤 02 单击鼠标左键并向下拖曳，至 F9 单元格中，此时所复制的单元格线条呈虚线显示，如下图所示。

F3			fx	=D3+E3	
	A	B	C	D	E	F

员工工资单

编号	姓名	部门	基本工资	住房补贴	总工资
0001	孙纺	行政	1650	500	2150
0002	李凤	销售	1200	250	
0003	杨旺	生产	1800	200	
0004	李乐	企划	1500	320	
0005	方刊	行政	1650	100	
0006	赵傅	销售	1200	150	
0007	谢宇	生产	1800	320	
0008	马娟	行政	1650	220	
0009	阳珍	生产	1800	500	
0010	许大龙	销售	1200	250	

步骤 03 释放鼠标左键，即可复制公式，如下图所示。

L20			fx		
	A	B	C	D	E	F

员工工资单

编号	姓名	部门	基本工资	住房补贴	总工资
0001	孙纺	行政	1650	500	2150
0002	李凤	销售	1200	250	1450
0003	杨旺	生产	1800	200	2000
0004	李乐	企划	1500	320	1820
0005	方刊	行政	1650	100	1750
0006	赵傅	销售	1200	150	1350
0007	谢宇	生产	1800	320	2120
0008	马娟	行政	1650	220	1870
0009	阳珍	生产	1800	500	2300
0010	许大龙	销售	1200	250	1450

专家提醒

在 Excel 2010 中，如果用户不希望其他用户查看输入的公式，只需选择公式所在的单元格，将光标定位于编辑栏中，按【F9】键即可。

239 修改公式内容

在 Excel 2010 中，当调整单元格或输入错误的公式后，可以对相应的公式进行调整与修改。选择需要修改公式的单元格，然后在编辑栏中使用修改文本的方法对公式进行修改即可。

步骤 01 打开一个 Excel 工作簿，在工作表单元格中选择需要修改公式的单元格，如下图所示。

F12			fx	=C12+D12+E12		
	A	B	C	D	E	F	G

艾美服饰销售业绩表

服饰	导购员	四月	五月	六月	二季度总计
短装	李刚	2300	1500	1800	5600
短装	曾琴	2430	1850	2100	6380
短装	陈芳	2000	1560	1560	5120
西服	杨明	1200	1350	1980	4530
西服	孙洁	2300	2000	4000	8300
运动装	田龙	3000	1890	2300	7190
运动装	王涛	3000	2300	1900	7200
长裙	曾婷	1560	1900	1500	4960
长裙	李凤	4000	1460	1560	7020
总计					0

步骤 02 在编辑栏中输入修改的公式"=F3+F4+F5+F6+F7+F8+F9+F10+F11"，如下图所示。

步骤 03 在"开始"面板的"剪贴板"选项板中，单击"粘贴"按钮下方的下拉按钮，在弹出的列表框中选择"选择性粘贴"选项，如下图所示。

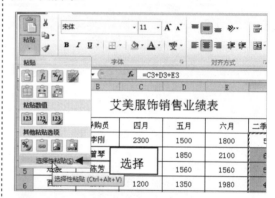

步骤 03 按【Enter】键确认，即可重新计算数据结果，如下图所示。

240 删除公式内容

在 Excel 2010 中，使用公式计算出结果后，可删除该单元格中的公式，并且保留其计算结果。

步骤 01 打开上一例效果文件，选择需要删除公式的单元格区域，如下图所示。

专家提醒

在 Excel 2010 中，通过按【Delete】键可以删除公式，这种删除方式不仅删除公式，而且内容也一并被删除。

步骤 04 弹出"选择性粘贴"对话框，在"粘贴"选项区中选中"数值"单选按钮，如下图所示。

步骤 02 单击鼠标右键，在弹出的快捷菜单中选择"复制"选项，如下图所示。

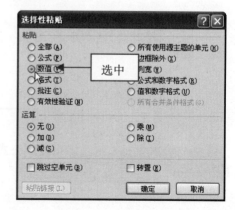

步骤 05　单击"确定"按钮，即可删除公式，并保留数值，如下图所示。

艾美服饰销售业绩表						
服饰	导购员	四月	五月	六月	二季度总计	
短装	李刚	2300	1500	1800	5600	
短装	曾琴	2430	1850	2100	6380	
短装	陈芳	2000	1560	1560	5120	
西服	杨明	1200	1350	1980	4530	
西服	孙洁	2300	2000	4000	8300	
运动装	田龙	3000	1890	2300	7190	
运动装	王涛	3000	2300	1900	7200	
长裙	曾婷	1560	1900	1500	4960	
长裙	李凤	4000	1460	1560	7020	
总计					56300	

241 | 显示公式内容

在 Excel 2010 中，用户可根据需要显示单元格中数据的计算公式。

步骤 01　按【Ctrl＋O】组合键，打开一个 Excel 工作簿，如下图所示。

成绩　科 姓名	语文	化学	数学	生物	物理	总成绩
李刚	77	88	77	59	55	356
陈芳	80	59	85	95	95	414
胡克强	82	95	77	82	55	391
杨明	100	77	98	90	82	447
孙洁	80	95	90	90	59	414
陈倩	97	94	99	99	82	471
赵雨	82	100	95	77	100	454
周婷	59	77	80	44	65	325
李凤	90	60	75	95	59	379

七班学生成绩统计表

步骤 02　切换至"公式"面板，在"公式审核"选项板中单击"显示公式"按钮，如下图所示。

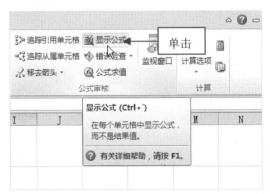

步骤 03　执行操作后，即可在单元格中显示数据计算公式，如下图所示。

专家提醒

在显示计算结果的单元格中，按【Ctrl＋'】组合键，可显示计算公式及相关单元格内容。

242 | 查找公式错误

在 Excel 2010 中，有时可能输入错误的公式，这样计算出的结果也是错误的。因此，用户可以根据操作需要随时在工作表中查找公式中的错误，并快速地更正错误的公式。

步骤 01　按【Ctrl＋O】组合键，打开一个 Excel 工作簿，如下图所示。

编号	姓名	部门	基本工资	住房补贴	其他扣款	实发工资
1	李凤	企 划	1650	180	4	#VALUE!
2	文章	销 售	1450	250	30	1730
3	叶飞	设 计	1800	180	40	2020
4	马娟	销 售	1450	300	60	1810
5	杨明	设 计	1700	320	100	2120
6	孙洁	企 划	1650	250	10	1910
7	李红	生 产	1600	150	50	1800
8	赵倩	生 产	1450	220	0	1670
9	王龙	企 划	1650	250	30	1930
10	许良	生 产	1750	200	50	2010
11	邓康	设 计	1600	180	45	1825
12	曾婷	销 售	1450	340	40	1790
13	赵芳	生 产	1650	150	50	1850
14	陈洁五	销 售	1600	300	60	1960

飞龙公司员工工资表

步骤 02　切换至"公式"面板，在"公式审核"选项板中，单击"错误检查"按钮，在弹出的列表框中选择"错误检查"选项，如下图所示。

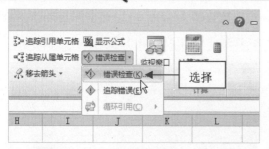

步骤 03 弹出"错误检查"对话框，单击"在编辑栏中编辑"按钮，下图所示。

步骤 04 在编辑栏中修改公式的内容，修改完成后，单击"错误检查"对话框的"继续"按钮，如下图所示。

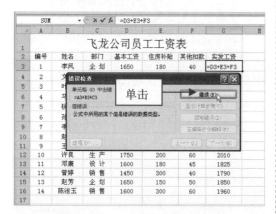

步骤 05 执行上述操作后，弹出相应对话框，单击"确定"按钮，如下图所示。

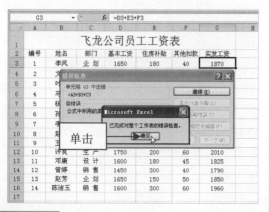

步骤 06 即可在公式中查找出错误，并更正错误，如下图所示。

编号	姓名	部门	基本工资	住房补贴	其他扣款	实发工资
1	李凤	企 划	1650	180	40	1870
2	文章	销 售	1450	250	30	1730
3	叶飞	设 计	1800	180	40	2020
4	马娟	销 售	1450	300	60	1810
5	杨明	设 计	1700	320	100	2120
6	孙洁	企 划	1650	250	10	1910
7	李红	生 产	1600	150	50	1800
8	赵倩	生 产	1450	220	0	1670
9	王龙	企 划	1650	250	30	1930
10	许良	生 产	1750	200	60	2010
11	邓康	设 计	1600	180	45	1825
12	曾婷	销 售	1450	300	40	1790
13	赵芳	企 划	1650	150	50	1850
14	陈洁玉	销 售	1600	300	60	1960

专 家 提 醒

在"错误检查"对话框中，显示出了错误的单元格和错误的类型及其原因，可以根据需要在其中单击相应按钮进行操作，包括在计算过程中修改编辑公式或者定位至单元格中编辑修改。

243 | 追踪错误内容

错误检查和追踪错误功能不仅能够给出出现错误的原因和单元格，并且还能够再现计算的步骤。

步骤 01 按【Ctrl＋O】组合键，打开一个 Excel 工作簿，如下图所示。

姓名	语文	英语	数学	地理	历史	合计
李刚	82	88	50	57	5	#VALUE!
陈芳	80	78	85	78	100	421
胡静静	70	68	20	80	78	316
杨明	100	88	98	82	69	437
孙洁	80	95	90	90	96	451
秦志华	97	57	99	82	20	355
曾婷	95	100	90	100	57	442
赵琴	82	60	80	44	65	331
周涛	82	60	75	78	60	355

步骤 02 切换至"公式"面板，在"公式审核"选项板中，单击"错误检查"按钮，在弹出的列表框中选择"追踪错误"选项，如下图所示。

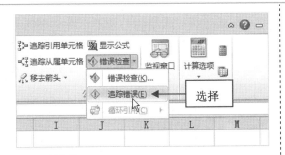

步骤03 执行上述操作后,Excel 会将箭头指向产生错误的单元格,下图所示。

	姓名	语文	英语	数学	地理	历史	合计
	李刚	82	88	50	57	58	#VALUE!
	陈芳	80	78	85	78	100	421
	胡静静	70	68	20	80	78	316
	杨明	100	88	98	82	69	437
	孙洁	80	95	90	90	96	451
	秦志华	97	57	99	82	20	355
	曾婷	95	100	90	100	57	442
	赵琴	82	60	60	44	65	331
	周涛	82	60	75	78	60	355

01班学生成绩分析统计表

244 追踪引用单元格

在 Excel 2010 中,追踪引用单元格能够添加箭头分别指向每个直接引用单元格,甚至能够指向更多层次的引用单元格,用于指示影响当前所选单元格值的单元格。在对表格数据进行编辑操作时,可以根据需要对单元格公式进行追踪引用。

步骤01 按【Ctrl+O】组合键,打开一个 Excel 工作簿,在工作表中选择需要追踪引用的单元格,如下图所示。

	编号	产品名称	单价	销售数量	销售总额
	1	产品01	450	450	202500
	2	产品02	260	522	135720
	3	产品03	200	330	66000
	4	产品04	300	250	75000
	5	产品05	260	400	104000
	6	产品06	200	360	72000
	7	产品07	320	280	89600
	8	产品08	250	600	150000
	9	产品09	240	410	98400
	10	产品10	350	290	101500

一月产品销售数据

步骤02 在"公式"面板的"公式审核"选项板中单击"追踪引用单元格"按钮,如下图所示。

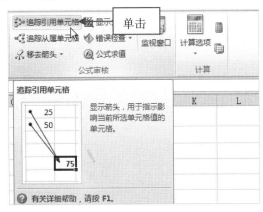

步骤03 执行上述操作后,Excel 将添加箭头指明其引用的单元格,如下图所示。

	编号	产品名称	单价	销售数量	销售总额
	1	产品01	450	450	202500
	2	产品02	260	522	135720
	3	产品03	200	330	66000
	4	产品04	300	250	75000
	5	产品05	260	400	104000
	6	产品06	200	360	72000
	7	产品07	320	280	89600
	8	产品08	250	600	150000
	9	产品09	240	410	98400
	10	产品10	350	290	101500

一月产品销售数据

专家提醒

使用审核功能可以方便地找到直接或间接包含公式的单元格、被公式直接或间接引用的单元格、被公式直接或间接引用又出现错误值的单元格。

245 追踪从属单元格

在 Excel 2010 中,从属单元格是指从属单元格中的公式引用了其他单元格,追踪从属单元格用于指示受当前所选单元格值影响的单元格。

步骤01 打开上一例效果文件,在工作表中选择需要追踪从属的单元格,如下图所示。

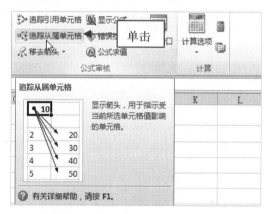

公式还可以引用同一个工作簿中不同工作表上的单元格，或其他工作簿中的数据。引用单元格以后，公式的运算值将随着被引用的单元格数据变化而变化。

当被引用的单元格数据被修改后，公式的运算值将自动修改。

单元格的引用方法有以下两种：

❀ 在计算公式中输入需要引用单元格的列标号及行标号，如 A3（表示 A 列中的第 3 个单元格）、A1:B5（表示从 A1 到 B5 之间的所有单元格）。

❀ 在公式计算时，也可以直接单击选择需要引用的单元格，Excel 会自动将选择的单元格添加到计算公式中。

专家提醒

> 输入引用单元格时，是先输入列标号，再输入行标号，如 A3 单元格，而不是 3A。

步骤 02 在"公式"面板的"公式审核"选项板中单击"追踪从属单元格"按钮，如下图所示。

步骤 03 执行上述操作后，Excel 将添加箭头指明其从属的单元格，如下图所示。

247 | 公式的相对引用

相对引用是指用单元格所在的列标和行号作为引用。相对引用只需要直接输入单元格的名称，Excel 默认的是相对引用。

步骤 01 打开一个 Excel 工作簿，在工作表中选择 H3 单元格，如下图所示。

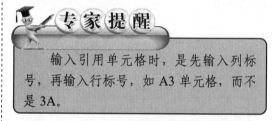

246 | 公式的引用方法

通过公式，可以在公式中使用工作表中不同的数据，或者在多个公式中使用同一个单元格的数据。

步骤 02 在"开始"面板的"剪贴板"选项板中，单击"复制"按钮，如下图所示。

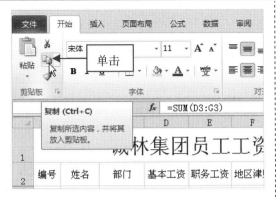

步骤 03 在工作表中，选择 H4 单元格，在"开始"面板的"剪贴板"选项板中，单击"粘贴"按钮，如下图所示。

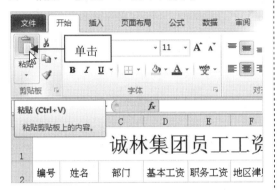

步骤 04 执行操作后，即可将公式引用过来，如下图所示。

	编号	姓名	部门	基本工资	职务工资	地区津贴	奖金	实发工资
3	1	李 良	销售部	1300	400	150	300	2150
4	2	王 建	人事部	1100	200	150	300	1750
5	3	谢 文	财务部	1200	200	100	200	
6	4	何 方	企划部	1500	500	100	250	
7	5	唯 一	销售部	1300	400	150	300	
8	6	吴 海	人事部	1100	200	150	300	
9	7	黄 键	财务部	1200	200	100	200	
10	8	李 涛	企划部	1500	500	100	250	
11	9	赵 文	销售部	1300	400	150	300	
12	10	彭 峰	人事部	1100	200	150	300	
13	11	范 勇	财务部	1200	100	100	200	
14	12	张 艳	企划部	1500	500	100	250	

专家提醒

相对引用的特点是：将相应的计算公式复制或填充到其他单元格中，其他的单元格引用会自动随着移动的位置而变化。在使用相对单元格时，字母表示列，数字表示行。

248 公式的绝对引用

绝对引用是指公式所引用的单元格是固定不变的。采用绝对引用的公式，无论将它剪切或复制到哪里，都将引用同一个固定的单元格。

步骤 01 打开上一例效果，在工作表中选择需要输入公式的单元格，如下图所示。

	编号	姓名	部门	基本工资	职务工资	地区津贴	奖金	实发工资
3	1	李 良	销售部	1300	400	150	300	2150
4	2	王 建	人事部	1100	200	150	300	1750
5	3	谢 文	财务部	1200	200	100	200	
6	4	何 方	企划部	1500	500	100	250	
7	5	唯 一	销售部	1300	400	150	300	
8	6	吴 海	人事部	1100	200	150	300	
9	7	黄 键	财务部	1200	200	100	200	
10	8	李 涛	企划部	1500	500	100	250	
11	9	赵 文	销售部	1300	400	150	300	
12	10	彭 峰	人事部	1100	200	150	300	
13	11	范 勇	财务部	1200	100	100	200	
14	12	张 艳	企划部	1500	500	100	250	

步骤 02 在编辑栏中输入绝对引用计算公式，如下图所示。

`=SUM($D$5:$G$5)`

	编号	姓名	部门	基本工资	职务工资	地区津贴	奖金	实发工资
3	1	李 良	销售部	1300	400	150	300	2150
4	2	王 建	人事部	1100	200	150	300	1750
5	3	谢 文	财务部	1200	200	100	200	=SUM(D
6	4	何 方	企划部	1500	500	100	250	
7	5	唯 一	销售部	1300	400	150	300	
8	6	吴 海	人事部	1100	200	150	300	
9	7	黄 键	财务部	1200	200	100	200	
10	8	李 涛	企划部	1500	500	100	250	
11	9	赵 文	销售部	1300	400	150	300	
12	10	彭 峰	人事部	1100	200	150	300	
13	11	范 勇	财务部	1200	100	100	200	
14	12	张 艳	企划部	1500	500	100	250	

步骤 03 按【Enter】键确认，即可显示计算结果，如下图所示。

	编号	姓名	部门	基本工资	职务工资	地区津贴	奖金	实发工资
3	1	李 良	销售部	1300	400	150	300	2150
4	2	王 建	人事部	1100	200	150	300	1750
5	3	谢 文	财务部	1200	200	100	200	1700
6	4	何 方	企划部	1500	500	100	250	
7	5	唯 一	销售部	1300	400	150	300	
8	6	吴 海	人事部	1100	200	150	300	
9	7	黄 键	财务部	1200	200	100	200	
10	8	李 涛	企划部	1500	500	100	250	
11	9	赵 文	销售部	1300	400	150	300	
12	10	彭 峰	人事部	1100	200	150	300	
13	11	范 勇	财务部	1200	100	100	200	
14	12	张 艳	企划部	1500	500	100	250	

专家提醒

对公式进行绝对引用时，需要在列标和行号前分别加上符号“$”。

步骤 04 选择 H5 单元格，按【Ctrl+C】组合键，复制该单元格中的数据，选择 H6 单元格，按【Ctrl+V】组合键，粘贴数据公式，即可绝对引用 H5 单元格中的计算结果，如下图所示。

H6 　 =SUM($D$5:$G$5)

	A	B	C	D	E	F	G	H
1	诚林集团员工工资表							
2	编号	姓名	部门	基本工资	职务工资	地区津贴	奖金	实发工资
3	1	李 良	销售部	1300	400	150	300	2150
4	2	王 建	人事部	1100	200	150	300	1750
5	3	谢 文	财务部	1200	200	100	200	1700
6	4	何 方	企划部	1500	500	100	250	1700
7	5	唯 一	销售部	1300	400	150	300	
8	6	吴 海	人事部	1100	200	150	300	
9	7	黄 键	财务部	1200	200	100	200	
10	8	李 涛	企划部	1500	500	100	250	
11	9	赵 文	销售部	1300	400	150	300	
12	10	彭 峰	人事部	1100	200	150	300	
13	11	范 勇	财务部	1200	200	100	200	
14	12	张 艳	企划部	1500	500	100	250	

专家提醒

使用绝对引用时，单元格引用不会自动随着移动的位置而变化。有时需要在公式中混合运用相对引用和绝对引用。

249 公式的混合引用

混合引用是指在一个单元格引用中，既有绝对引用又有相对引用，即混合使用绝对列和相对行，或是绝对行或相对列。

专家提醒

在 Excel 2010 中，如果多行或多列地复制公式，相对引用将随着目标复制的位置而自动调整，但绝对引用不会随着复制的位置进行调整。

步骤 01 打开一个 Excel 工作簿，在工作表单元格中选择需要输入公式的单元格，如下图所示。

F2

	A	B	C	D	E	F
1	编号	员工	基本工资	提成	交通补贴	员工工资
2	1	蒋 军	1000	600	200	
3	2	肖 湘	900	800	200	
4	3	叶小洁	800	700	180	
5	4	朱欣	800	500	150	
6	5	周 涛	900	700	200	
7	6	李 玉	1000	750	120	
8	7	吴 贵	800	800	150	
9	8	张 艳	900	700	150	

步骤 02 在编辑栏中输入混合引用计算公式，如下图所示。

SUM 　 =$C2+$D2+$E2

	A	B	C	D	E	F
1	编号	员工	基本工资	提成	交通补贴	员工工资
2	1	蒋 军	1000	600	200	2+$D2+$E2
3	2	肖 湘	900	800	200	
4	3	叶小洁	800	700	180	
5	4	朱欣	800	500	150	
6	5	周 涛	900	700	200	
7	6	李 玉	1000	750	120	
8	7	吴 贵	800	800	150	
9	8	张 艳	900	700	150	

步骤 03 按【Enter】键确认，即可显示计算结果，如下图所示。

F3

	A	B	C	D	E	F
1	编号	员工	基本工资	提成	交通补贴	员工工资
2	1	蒋 军	1000	600	200	1800
3	2	肖 湘	900	800	200	
4	3	叶小洁	800	700	180	
5	4	朱欣	800	500	150	
6	5	周 涛	900	700	200	
7	6	李 玉	1000	750	120	
8	7	吴 贵	800	800	150	
9	8	张 艳	900	700	150	

专家提醒

在 Excel 2010 的公式引用过程中，可以在相对引用、绝对引用和混合引用中进行切换，首先选择包含公式的单元格，在编辑栏中选择要更改的引用，按【F4】键即可在三者间进行切换。

步骤 04　选择 F2 单元格，按【Ctrl＋C】组合键，复制该单元格中的数据，选择 F3 单元格，按【Ctrl＋V】组合键，粘贴数据公式，即可混合引用 F2 单元格中的计算结果，效果如下图所示。

	A	B	C	D	E	F	G
				F3		=$C3+$D3+$E3	
1	编号	员工	基本工资	提成	交通补贴	员工工资	
2	1	蒋 军	1000	600	200	1800	
3	2	肖 湘	900	800	200	1900	
4	3	叶小洁	800	700	180		
5	4	朱 欣	800	500	150		
6	5	周 涛	900	700	200		
7	6	李 玉	1000	750	120		
8	7	昊 贵	800	800	150		
9	8	张 艳	900	700	150		

250 | 公式的三维引用

三维引用就是对两个或多个工作表中单元格或单元格区域的引用，也可以是引用一个工作簿中不同工作表的单元格地址。

专家提醒

在 Excel 2010 中运用三维引用，可以一次性将一个工作簿中指定工作表的特定单元格进行汇总。

步骤 01　打开一个 Excel 工作簿，在工作表单元格中选择需要输入公式的单元格，如下图所示。

	A	B	C	D	E	F
1	一月产品销售数据					
2	编号	产品名称	单价	销售数量	销售总额	销售总数据
3	1	产品1	450	454	204300	
4	2	产品2	300	522	156600	
5	3	产品3	200	250	50000	
6	4	产品4	260	325	84500	
7	5	产品5	320	325	104000	
8	6	产品6	200	350	70000	
9	7	产品7	320	360	115200	
10	8	产品8	250	600	150000	
11	9	产品9	280	202	56560	
12	10	产品10	350	180	63000	

步骤 02　在编辑栏中输入等号"＝"，选择 E3 单元格，在其中输入加号"＋"，如下图所示。

	A	B	C	D	E	F
				SUM		=E3+
1	一月产品销售数据					
2	编号	产品名称	单价	销售数量	销售总额	销售总数据
3	1	产品1	450	454	204300	=E3+
4	2	产品2	300	522	156600	
5	3	产品3	200	250	50000	
6	4	产品4	260	325	84500	
7	5	产品5	320	325	104000	
8	6	产品6	200	350	70000	
9	7	产品7	320	360	115200	
10	8	产品8	250	600	150000	
11	9	产品9	280	202	56560	
12	10	产品10	350	180	63000	

步骤 03　单击"二月"工作表标签，切换至"二月"工作表，选择 E3 单元格，此时会在公式栏中显示"＝E3+二月！E3"字样，如下图所示。

	A	B	C	D	E	F	G
				SUM		=E3+二月!E3	
1	二月产品销售数据						
2	编号	产品名称	单价	销售数量	销售总额		
3	1	产品1	450	588	264600		
4	2	产品2	300	534	160200		
5	3	产品3	200	254	50800		
6	4	产品4	260	584	151840		
7	5	产品5	320	532	170240		
8	6	产品6	200	551	110200		
9	7	产品7	320	582	186240		
10	8	产品8	250	245	61250		
11	9	产品9	280	225	63000		
12	10	产品10	350	235	82250		

步骤 04　输入加号"＋"，然后切换至"三月"工作表，选择 E3 单元格，此时会在公式栏中显示"＝E3+二月！E3+三月！E3"字样，如下图所示。

	A	B	C	D	E	F	G
				SUM		=E3+二月!E3+三月!E3	
1	三月产品销售数据						
2	编号	产品名称	单价	销售数量	销售总额		
3	1	产品1	450	420	189000		
4	2	产品2	300	431	129300		
5	3	产品3	200	450	90000		
6	4	产品4	260	352	91520		
7	5	产品5	320	567	181440		
8	6	产品6	200	521	104200		
9	7	产品7	320	352	112640		
10	8	产品8	250	384	96000		
11	9	产品9	280	530	148400		
12	10	产品10	350	582	203700		

步骤 05　公式输入完成后，按【Enter】键确认，返回"一月"工作表，即可三维引用单元格计算结果，效果如下图所示。

步骤 06 将鼠标移至 F3 单元格右下角，单击鼠标左键并向下拖曳，至合适位置释放鼠标左键，即可复制三维引用公式，效果如下图所示。

专家提醒

在 Excel 2010 中，三维引用的一般格式为："工作表！单元格地址"，工作表名后的"！"是系统自动加上去的。

251 | 处理 "#####"

造成单元格出现"#####"的情况主要有以下两种：

◉ 单元格中的数字、日期或时间所占有的空间比单元格宽。

◉ 单元格的日期或时间公式运算的结果产生负值。

◉ 主要的解决方法有以下两种：

◉ 如果单元格的宽度不够，只需通过拖曳单元格的界限来满足数据对单元格大小的需求或缩小字体即可。

◉ 单元格的日期或时间公式运算产生负值的一个重要原因是时间公式的错误，因此应检查并确定公式的应用是否正确。

252 | 处理 "#DIV/0!"

造成单元格出现"#DIV/0!"的情况主要有以下两种：

◉ 公式中除数为 0。

◉ 除数的单元格为空白。

主要的解决方法有以下几种：

◉ 将某个单元格引用更改到另一个单元格。

◉ 在单元格中输入一个非零的数值作为除数。

◉ 可以在作为除数引用的单元格中输入"#N/A"，这样就会将公式的结果从更改为"#N/A"，表示除数不可用。

◉ 使用 IF 函数防止显示错误值。

253 | 处理 "#NAME"

造成单元格出现"#NAME"的情况是：当 Excel 未识别公式中的文本时，出现错误。

主要的解决方法有以下几种：

◉ 更正不存在的名称，确保使用的名称存在。

◉ 函数名称拼写错误，更正拼写。

◉ 若在公式中使用了禁止使用的标志，将其更正为正确的标志。

◉ 在公式输入文本没使用双引号的情况下，Excel 将其解释为名称，而不会将其作为文本。将公式中的文本用双引号括起来。

◉ 确保公式中的所有区域引用都使用了冒号（:）。

254 | 处理 "#NUM"

造成单元格出现"#NUM"的情况是：。公式或函数中使用无效数值时，出现这种错误。

主要的解决方法是：

在引入每个函数之前，都应该了解其参数的含义和使用的范围，发现参数引用错误时应及时修正。

255 处理 "#VALUE"

造成单元格出现"#VALUE"的情况是：

当使用参数或操作数（即公式中运算符任意一侧的项，在 Excel 中，操作数可以是值、单元格的引用、名称、标签和函数）类型错误时，出现这种错误。

主要的解决方法有以下两种：

❀ 若公式需要输入数字或逻辑值时，却输入了文本，Excel 无法将文本转换为正确的数据类型。将其更正为数字或逻辑值。

❀ 输入或编辑了数组公式，然后按

【Enter】键选定包含数组公式的单元格或单元格区域，按【F2】键编辑公式，再按【Ctrl＋Shift＋Enter】组合键，即可计算出正确的结果。

256 处理 "#NULL"

造成单元格出现"#NULL"的情况是：

在公式中使用了错误运算符或忘记输入区域运算符。

主要的解决方法有以下两种：

❀ 查找公式之间的区域引用是否使用了正确的区域运算符号。

❀ 在工作表中检查是否使用了错误的区域运算符。

● 读书笔记

10 运用函数计算数据

学前提示

在 Excel 2010 中，使用函数处理数据是很常用的操作，无论是分析还是处理工作表中的数据，都需要结合公式和函数。函数是 Excel 预定义的内置公式，可对数字进行数学、文本与逻辑运算，或者查找工作表中的信息。本章主要向读者介绍函数的基本知识和使用方法。

本章知识重点

- ▶ 函数式结构
- ▶ 常用的函数类型
- ▶ 财务函数分类
- ▶ 日期和时间函数分类
- ▶ 统计函数分类

- ▶ 数学和三角函数
- ▶ 其他函数分类
- ▶ 手动输入函数
- ▶ 用向导输入函数
- ▶ 自动求和函数

学完本章后你会做什么

- ▶ 掌握函数的基本含义和类型
- ▶ 掌握用函数进行数据计算的方法
- ▶ 掌握函数的编辑处理方法

视频演示

用向导输入函数

使用条件函数

257 函数式结构

在 Excel 2010 中，一个完整的函数式，通常由三个重要结构组成，分别为标志符、函数名称和参数。

1. 标识符

在单元格中输入计算公式时，用户必须先输入一个等号（＝），这个等号（＝）被称为函数式开始的标识符。

2. 函数名称

在函数标志后面，紧跟的英文单词就是函数名称，大多数函数名称是对英文单词的缩写，如求和的单词为 sum，其函数名称也是 SUM，最大值的英文单词是 maximum，其函数名称是其缩写 MAX。

3. 函数参数

函数参数可以是数字、文本、逻辑值、数组、错误值或单元格引用，且指定的参数都必须为有效值，参数也可以是常量、公式或其他函数。

258 常用的函数类型

在 Excel 2010 中，常用函数就是经常用的函数，如求和函数、平均值函数等。

专家提醒

在 Excel 2010 中，如果用户输入的 number 参数不是数值，而是一些字符，则将返回错误值 "＃VALUE!"。

常用函数包括：SUM、ISPMT、IF、AVERAGE、SIN、SUMIF，各函数的语法和作用见表 1。

表 1　常用函数的语法和作用

语法	作用
AVERAGE（number1，number2，…）	计算参数的算术平均数；参数可以是数值或包含数值的名称、数组或引用

续　表

语法	作用
SUM（number1，number2）	返回单元格区域中所有数值的和
IF（Logical_test，Value_if_true，Value_if_false）	执行真假判断，根据对指定条件进行逻辑评价的真假而返回不同的结果
HYPERLINK（Link_location，Friendly_name）	创建快捷方式，以便打开文档或网络驱动器，或连接 Internet
COUNT（Value1，Value2，…）	计算参数表中数字参数和包含数字的单元格的个数
MAX（number1，number2，…）	返回一组数值中的最大值，忽略逻辑值和文本字符
SIN（number）	返回给定弧度的正弦值
SUMIF（Range，Criteria，Sum_range）	根据指定条件对若干单元格求和
PMT（Rate，Nper，Pv，Fv，Type，）	返回在固定利率下，投资或贷款的等额分期偿还额

259 财务函数分类

在 Excel 2010 中，财务函数用于财务的计算，可以根据利率、贷款金额和期限计算出所要支付的金额，其中各变量紧密地相互关联，下面简单介绍财务函数的语法：

＝PMT（rate，nper，pv）

该函数指计算在固定利率下，贷款的等额分期偿还额。rate 是贷款的各期利率，nper 是贷款期，pv 是各期所应支付的金额数。

＝RATE（nper，pmt，pv）

该函数是指返回投资或贷款的每期实际利率。其中 nper 是款项的数目，pmt 是每笔款项的金额，pv 是款项的当前金额。

260 日期和时间函数分类

日期和时间函数主要用于分析和处理日期和时间值。

系统内部的日期和时间函数包括：DATE、DATEVALUE、DAY、HOUR、TIME、TODAY、WEEKDAY、TEAR 等，下面以DATE 函数为例进行介绍。

语法：

DATE（year，month，day）

year 参数可以为 1~4 为数字，Excel 将根据所使用的日期系统来解释 year 参数。

month 代表每年中月份的数字。如果所输入的月份大于 12，将从指定年份的一月份开始往上计算。

day 代表在月份中第几天的数字。如果 day 大于月份的最大天数，则将从指定月份的第一天开始往上累加。

261 统计函数分类

统计函数主要用来对数据区域进行分析，下面以 AVERAGE 函数为例介绍统计函数的使用方法。

语法：AVERAGE（value1，value2）

其中 value 表示需要计算平均值的 1 到 20 个单元格、单元格区域或数值。

说明：

❀ 函数须为数值、名称、数组或引用。

❀ 包含文本的数组或引用参数将作为 0 计算；空文本也作为 0 计算。

❀ 包含 TRUE 的参数作为 1 计算，包含 FLASE 是参数作为 0 计算。

专家提醒

AVERAGE 函数用来计算参数列表中数值的算术平均值。

262 数学和三角函数

在 Excel 2010 中，数学和三角函数主要用于计算各种各样的数学计算中，系统提供的数学和三角函数包括 ABS、ASIN、COMBINE、PI 以及 TAN 等，下面以 COMBIN 函数为例来进行介绍。

COMBIN 函数用于计算从给定数目的对象集合中提取若干对象的组合数，它的语法是：

COMBIN（number，number_chosen）

其中参数 number 代表对象的总数量，参数 number_chosen 为每一组合中对象的数量，在统计中经常遇到关于组合数的计算，可以用此函数来解决。

在 Excel 2010 中，当调整单元格或输入错误的公式后，可以对相应的公式进行调整与修改。选择需要修改公式的单元格，然后在编辑栏中使用修改文本的方法对公式进行修改即可。

263 其他函数分类

下面简单介绍几种函数，这些函数的语法和作用在运用时，可以参考 Office 助手的帮助。

1. 查找与引用函数

查找与引用函数用来在数据清单或表格中查找特定数值或查找某个单元格的引用。系统内部的查找与引用函数包括 ADDRESS、AREAS、CHOOSE、COLUMN、COLUMNS、HLOOKUP、HYPERLINK 和 INDEX 等。

2. 数据库函数

数据库函数用来分析数据清单中的数值是否满足特定的条件。系统内部的数据库函数包括 DACERAGE、DCOUNT、DCOUNTA、DGET、DMAX、DPRODUCT、DSTDEV、DSTDEVP、DSUM、DVAR、DVRP。

3. 文本函数

文本函数主要用来处理文本字符串。系统内部的文本函数包括 ASC、CHAR、CLEAN、CODE、CONCATENATE、DOLLAR、EXACT、FIND、FINDB。

4. 逻辑函数

逻辑函数用来进行真假值判断或进行复合检查。系统内部的逻辑函数包括 AND、FALSE、IF、NOT、OR、TRUE。

5. 信息函数

信息函数用于确定保存在单元格中的数据类型，信息函数包括一组 IS 函数，在单元格满足条件时返回 TRUE。系统内部的信息函数包括 CELL、INFO、ISBLANK、ISERR、ISERROR 、 ISLOGICAL 、 ISNA 、 ISNONTEST、ISREF。

264 手动输入函数

在 Excel 的公式或表达式中调用函数，首先要输入函数，输入函数要遵守前面介绍的函数结构，可以在单元格中直接输入，也可以在"编辑栏"中输入。

对于一些简单的函数可以用手工输入的方法。手工输入的方法同在单元格中输入公式的方法一样，可以先在编辑栏中输入等号（＝），然后再输入函数语句即可。

步骤 01 按【Ctrl＋O】组合键，打开一个 Excel 工作簿，在工作表中选择需要输入函数的单元格，如下图所示。

	B	C	D	E	F
	货物名称	单价	数量	小计	应收款
1					
2	娃哈哈矿泉水	1.4	5	7.00	
3	农夫山泉矿泉水	1.2	4	4.80	
4	乐百士矿泉水	1.1	45	49.50	
5	鲜橙多果汁	2.4	8	19.20	
6	汇源果汁	2.8	7	19.60	
7	酷儿果汁	3.2	36	115.20	
8	伊利牛奶	1.8	24	43.20	
9	蒙牛牛奶	1.8	10	18.00	
10	熊仔饼干	4.5	10	45.00	
11	太平洋苏打饼干	5.2	6	31.20	
12	顶好蛋糕	8.6	20	172.00	
13					

专家提醒

函数是一些预定义的公式，通过使用一些称为参数的特定数值来按特定的顺序或结构执行计算，函数可用于执行各种简单或复杂的计算。

步骤 02 在编辑栏中输入"=E2+E3+E4+E5+E6+E7+E8+E9+E10+E11+E12"，按【Enter】键确认，即可完成对数值的求和计算，如下图所示。

	B	C	D	E	F
	货物名称	单价	数量	小计	应收款
1					
2	娃哈哈矿泉水	1.4	5	7.00	
3	农夫山泉矿泉水	1.2	4	4.80	
4	乐百士矿泉水	1.1	45	49.50	
5	鲜橙多果汁	2.4	8	19.20	
6	汇源果汁	2.8	7	19.60	
7	酷儿果汁	3.2	36	115.20	524.70
8	伊利牛奶	1.8	24	43.20	
9	蒙牛牛奶	1.8	10	18.00	
10	熊仔饼干	4.5	10	45.00	
11	太平洋苏打饼干	5.2	6	31.20	
12	顶好蛋糕	8.6	20	172.00	
13					

265 用向导输入函数

在 Excel 2010 中，对于较复杂的函数或参数较多的函数，可使用函数向导来输入，这样可以避免在手工输入过程中犯错误。

步骤 01 打开上一例素材，在工作表中选择需要输入函数的单元格，如下图所示。

	B	C	D	E	F
	货物名称	单价	数量	小计	应收款
1					
2	娃哈哈矿泉水	1.4	5	7.00	
3	农夫山泉矿泉水	1.2	4	4.80	
4	乐百士矿泉水	1.1	45	49.50	
5	鲜橙多果汁	2.4	8	19.20	
6	汇源果汁	2.8	7	19.60	
7	酷儿果汁	3.2	36	115.20	
8	伊利牛奶	1.8	24	43.20	
9	蒙牛牛奶	1.8	10	18.00	
10	熊仔饼干	4.5	10	45.00	
11	太平洋苏打饼干	5.2	6	31.20	
12	顶好蛋糕	8.6	20	172.00	
13					

步骤 02 切换至"公式"面板，在"函数库"选项板中单击"插入函数"按钮 fx，如下图所示。

fx	Σ 自		单击	逻辑	查找与引用
插入函数	最			文本	数字和三角函数
	财务			日期和时间	其他函数

函数库

插入函数 (Shift+F3)		fx =SUM(E2:E12)
通过选择函数并编辑参数，可编辑当前单元格中的公式。		C	E
		单价	数量	小计
		1.4	5	7.00

步骤 03 弹出"插入函数"对话框,在"搜索函数"文本框中输入"相加",然后单击"转到"按钮,系统将自动搜索相应函数,在"选择函数"下拉列表框中选择相加函数,如下图所示。

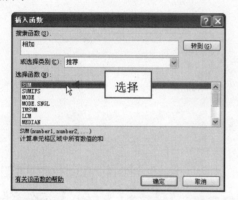

步骤 04 单击"确定"按钮,弹出"函数参数"对话框,在 Number1 右侧的文本框中输入需要计算的单元格区域,下图所示。

步骤 05 单击"确定"按钮,即可统计出数据相加结果,效果如下图所示。

	B	C	D	E	F
		F2		f_x =SUM(E2:E12)	
1	货物名称	单价	数量	小计	应收款
2	娃哈哈矿泉水	1.4	5	7.00	
3	农夫山泉矿泉水	1.2	4	4.80	
4	乐百士矿泉水	1.1	45	49.50	
5	鲜橙多果汁	2.4	8	19.20	
6	汇源果汁	2.8	7	19.60	
7	酷儿果汁	3.2	36	115.20	524.70
8	伊利牛奶	1.8	24	43.20	
9	蒙牛牛奶	1.8	10	18.00	
10	熊仔饼干	4.5	10	45.00	
11	太平洋苏打饼干	5.2	6	31.20	
12	顶好蛋糕	8.6	20	172.00	

266 自动求和函数

在数据统计工作中,求和是一种最常见的公式计算。

在 Excel 2010 中提供了 5 种求和方法:

✿ 按钮 1:在"开始"面板的"编辑"选项板中单击"求和"按钮 **Σ**。

✿ 按钮 2:在"公式"面板的"函数库"选项板中单击"自动求和"按钮 **Σ**。

✿ 选项:在"函数库"选项板中单击"最近使用的函数"右侧的下三角按钮 **▾**,在弹出的列表框中选择"SUM"选项,弹出"函数参数"对话框,在其中进行相应设置即可。

✿ 快捷键:按【Alt+=】组合键。

✿ 编辑栏:在编辑栏中直接输入求和公式。

专家提醒

利用自动求和功能进行计算,既快速又准确,从而可以减少工作时间和避免错误的发生。

267 平均值函数

平均值函数的作用是将所选择的单元格区域中的数值相加,然后除以单元格个数并返回其计算结果。

在 Excel 2010 中提供了 4 种求平均数的方法:

✿ 按钮 1:在"开始"面板的"编辑"选项板中单击"求和"右侧的下三角按钮 **▾**,在弹出的列表框中选择"平均值"选项。

✿ 按钮 2:在"公式"面板的"函数库"选项板中单击"自动求和"右侧的下三角按钮 **▾**,在弹出的列表框中选择"平均值"选项。

✿ 选项:在"函数库"选项板中单击"最近使用的函数"右侧的下三角按钮 **▾**,在弹出的列表框中选择"AVERAGE"选项,弹出"函数参数"对话框,在其中进行相应设置即可。

✿ 编辑栏:在编辑栏中直接输入平均值公式。

专家提醒

在使用 AVERAGE 函数对数据进行平均值计算时，将返回某个区域内满足指定条件的所有单元格的平均值。

267 使用条件函数

条件函数可以实现真假的判断，并根据逻辑计算的真假值返回两种结果。在 Excel 2010 中，可以将参数指定为数字、空白单元格或数字的文本表达式。如果参数为错误值或不能转换成数字的文本，将产生错误。

步骤 01 打开一个 Excel 工作簿，在工作表中选择需要使用条件函数的单元格，如下图所示。

学号	姓名	语文	数学	英语	化学	物理	总分成绩	奖学金
				122班期末单科名次表				
1	李璐玉	96	87	85	80	82	430	
2	肖坤	98	85	78	74	85	420	
3	卢国立	95	85	87	80	75	422	
4	刘志赋	98	80	84	87	75	424	
5	王廷辉	78	97	85	80	82	422	
6	李玉	96	87	85	80	82	430	
7	叶洁	86	84	85	78	80	413	
8	洪峰	89	78	85	95	85	432	
9	卢国	95	85	87	80	75	422	
10	朱林	86	87	95	86	98	452	
11	周清	78	75	95	86	78	412	
12	谢伟	85	74	63	78	88	388	
13	肖小小	65	65	85	90	90	395	
14	李洁	81	77	76	60	90	384	
15	朱小军	85	56	88	62	64	355	

步骤 02 在编辑栏中输入"=IF(H3>420,"有","没有")"，如下图所示。

`=IF(H3>420,"有","没有")`

学号	姓名	语文	数学	英语	化学	物理	总分成绩	奖学金
				122班期末单科名次表				
1	李璐玉	96	87	85	80	82	430	有)
2	肖坤	98	85	78	74	85	420	
3	卢国立	95	85	87	80	75	422	
4	刘志赋	98	80	84	87	75	424	
5	王廷辉	78	97	85	80	82	422	
6	李玉	96	87	85	80	82	430	
7	叶洁	86	84	85	78	80	413	
8	洪峰	89	78	85	95	85	432	
9	卢国	95	85	87	80	75	422	
10	朱林	86	87	95	86	98	452	
11	周清	78	75	95	86	78	412	
12	谢伟	85	74	63	78	88	388	
13	肖小小	65	65	85	90	90	395	
14	李洁	81	77	76	60	90	384	
15	朱小军	85	56	88	62	64	355	

步骤 03 按【Enter】键确认，即可显示条件函数所返回的判断结果，将鼠标移至 I3 单元格的右下角，单击鼠标左键并向下拖曳，至合适位置后释放鼠标左键，即可得出其他单元格中的结果，如下图所示。

学号	姓名	语文	数学	英语	化学	物理	总分成绩	奖学金
				122班期末单科名次表				
1	李璐玉	96	87	85	80	82	430	有
2	肖坤	98	85	78	74	85	420	没有
3	卢国立	95	85	87	80	75	422	有
4	刘志赋	98	80	84	87	75	424	有
5	王廷辉	78	97	85	80	82	422	有
6	李玉	96	87	85	80	82	430	有
7	叶洁	86	84	85	78	80	413	没有
8	洪峰	89	78	85	95	85	432	有
9	卢国	95	85	87	80	75	422	有
10	朱林	86	87	95	86	98	452	有
11	周清	78	75	95	86	78	412	没有
12	谢伟	85	74	63	78	88	388	没有
13	肖小小	65	65	85	90	90	395	没有
14	李洁	81	77	76	60	90	384	没有
15	朱小军	85	56	88	62	64	355	没有

专家提醒

在 Excel 2010 中，如果参数为数组或引用，则只有数组或引用中的数字将被计算，数组或引用中的空白单元格、逻辑值或文本将被忽略。

268 使用相乘函数

使用相乘函数可以对各个数值进行相乘计算，快速得出相乘后的计算结果。

步骤 01 打开一个 Excel 工作簿，在工作表中选择需要使用相乘函数的单元格，如下图所示。

类型	产品	销售数量	销售单价	销售总额
		第一季度销售情况表		
笔记本电脑	三星P20C	40	15000	
笔记本电脑	方正S2500	30	12000	
复印机	松下FP-7813	100	8900	
复印机	松下FP-7815	80	12980	
台式电脑	斯康HT24F	50	4880	
台式电脑	蓝梦P1800	70	5999	
刻录机	5224P2	120	560	
刻录机	康宝SCB-1608-U	150	1299	

步骤 02 在编辑栏中输入"＝PRODUCT（C3：D3）"，如下图所示。

`=PRODUCT（C3：D3）`

类型	产品	销售数量	销售单价	销售总额
		第一季度销售情况表		
笔记本电脑	三星P20C	40	15000	C3：D3)
笔记本电脑	方正S2500	30	12000	
复印机	松下FP-7813	100	8900	
复印机	松下FP-7815	80	12980	
台式电脑	斯康HT24F	50	4880	
台式电脑	蓝梦P1800	70	5999	
刻录机	5224P2	120	560	
刻录机	康宝SCB-1608-U	150	1299	

步骤 03 按【Enter】键确认，即可显示相乘函数所得出的结果，将鼠标移至 E3 单元格的右下角，单击鼠标左键并向下拖曳，至合适位置释放鼠标左键，即可得出其他单元格中的相乘结果，如下图所示。

	A	B	C	D	E
1	第一季度销售情况表				
2	类型	产品	销售数量	销售单价	销售总额
3	笔记本电脑	三星P20C	40	15000	600000
4	笔记本电脑	方正S2500	30	12000	360000
5	复印机	松下FP-7813	100	8900	890000
6	复印机	松下FP-7815	80	12980	1038400
7	台式电脑	斯康HT24F	50	4880	244000
8	台式电脑	蓝梦P1800	70	5999	419930
9	刻录机	5224P2	120	560	67200
10	刻录机	康宝SCB-1608-U	150	1299	194850
11					
12					

专家提醒

此外，还可以在"函数库"选项板中单击"插入函数"按钮 f_x，弹出"插入函数"对话框，在"搜索函数"文本框中输入"相乘"，然后单击"转到"按钮，在"选择函数"下拉列表框中，选择相应的相乘函数，单击"确定"按钮，弹出"函数参数"对话框，在 Number 右侧的文本框中输入要计算的单元格区域，单击"确定"按钮即可。

269 | 使用最大值函数

最大值函数可以将选择的单元格区域中的最大值返回到需要保存结果的单元格中。

在 Excel 2010 中提供了 4 种求最大值的方法。

◎ 选项：在"函数库"选项板中单击"最近使用的函数"右侧的下三角按钮 ▾，在弹出的列表框中选择"MAX"选项，弹出"函数参数"对话框，在其中进行相应设置即可。

◎ 按钮 1：在"开始"面板的"编辑"选项板中单击"求和"右侧的下三角按钮 ▾，在弹出的列表框中选择"最大值"选项。

◎ 按钮 2：在"公式"面板的"函数库"选项板中单击"自动求和"右侧的下三角按钮 ▾，在弹出的列表框中选择"最大值"选项。

◎ 编辑栏：在编辑栏中直接输入求最大值公式。

270 | 创建数值公式

数值公式对一组或多组数值执行多重计算，并返回一个或多个结果。

数组公式被括于大括号"{}"中，按【Ctrl＋Shift＋Enter】组合键，可以输入数组公式，从而得到最终的结果。

1．计算单个结果

此类数组公式通过一个数组公式代替多个公式的方法来简化工作表模式，如下图所示的例子中，用一组销售产品的平均单价和数量计算出了销售的总金额，而没有用一行单元格来计算和显示每个员工的销售金额。

	A	B	C	D	E
1	某公司产品总销售额表				
2	产品名称	单位数量	单价	销售量(箱)	销售额
3	牛奶	每箱30盒	2	60	
4	鸡精	每箱20袋	3	56	
5	麻油	每箱16瓶	5	45	
6	花生油	每箱13瓶	18	38	
7	苹果汁	每箱24瓶	3	27	
8	啤酒	每箱12瓶	6	68	
9	总计		=SUM(C3:C8*D3:D8)		

SUM ▾ × ✓ f_x =SUM(C3:C8*D3:D8)

使用数组公式计算时，首先选定要输入公式的单元格，如选定 C9 单元格，再输入公式：＝SUM（C3:C8*D3:D8），按【Ctrl＋Shift＋Enter】组合键确定即可。

单元格 C9 中的公式：＝SUM（C3:C8*D3:D8），表示 C3:C8 单元格区域

内的每个单元格和 D3：D8 单元格区域内对应的单元格相乘，也就是把每类产品的平均值单价和数值相乘，最后用 SUM 函数将这些相乘后的结果相加，这样就得到了总销售金额。

2．计算多个结果

如果要使用数值公式计算出多个结果，必须将数组输入到与数组参数具有相同列数和行数的单元格区域中。

使用数组公式计算多个结果时，首先选定要输入公式的单元格，如选定 E3 单元格；再输入＝C3：C8*D3：D8，并按【Enter】组合键，最后拖动单元格 E3 右下角的填充柄，至合适位置后释放鼠标左键，即可得到其他单元格计算结果，如下图所示。

键，弹出"定位"对话框，如下图所示。

单击"定位条件"按钮，将弹出"定位条件"对话框，在其中选中"当前数组"单选按钮，如下图所示，单击"确定"按钮，可以看到被选定的数组。

271 编辑数值公式

数组包含数个单元格，这些单元格形成一个整体，所以在数组里的某一个单元格不能单独编辑，在编辑数组前，必须先选定整个单元格区域。

选定数组中的任意单元格，再按【F5】

编辑数组公式时，选定要编辑的数组公式，按【F2】键，使代表数据的括号消失之后就可以编辑了。编辑完成后，再按一次【Ctrl＋Shift＋Enter】组合键。若要删除数组，只需选中要删除的数组，按【Ctrl＋Delete】组合键即可。

排序筛选数据内容

 学前提示

　　Excel 2010 为用户提供了强大的数据排序、筛选和汇总功能，利用这些功能可以方便地从数据清单中获取有用的数据，并重新整理数据，让用户按自己的意愿从不同的角度去观察和分析数据，管理好自己的工作簿。本章主要向读者介绍对数据清单进行排序、筛选和汇总的方法。

 本章知识重点

- ▶ 创建清单准则
- ▶ 设置数据清单
- ▶ 了解数据清单
- ▶ 简单排序数据
- ▶ 高级排序数据

- ▶ 自定义排序数据
- ▶ 按行排序数据
- ▶ 自动筛选数据
- ▶ 高级筛选数据
- ▶ 自定义筛选数据

学完本章后你会做什么

- ▶ 掌握数据排序的基本操作方法
- ▶ 掌握筛选数据的基本操作方法
- ▶ 掌握分类汇总的基本操作方法

 视频演示

高级排序数据

创建分类汇总

272 创建清单准则

Excel 2010 提供了一系列功能，可以很方便的管理和分析数据清单中的数据，在运用这些功能时，请根据以下规则在数据清单中输入数据。

1. 数据清单的大小和位置

在规定数据清单大小及定义数据清单位置时，应遵循以下规则：

❀ 应避免在一个工作表上建立多个数据清单。因为数据清单的某些处理功能（如筛选等）一次只能在同一个工作表的一个数据清单中使用。

❀ 在工作表的数据清单与其他数据间至少留出一个空白列和空白行。在执行排序、筛选或插入自动汇总等操作时，有利于 Excel 2010 检测和选定数据单。

❀ 避免在数据清单中放置空白行、列。

❀ 避免将关键字数据放到数据清单的左右两侧，因为这些数据在筛选数据清单时可能被隐藏。

2. 列标志

在工作表上创建数据清单，使用列标志应注意以下事项：

❀ 在数据清单的第一行里创建列标志，Excel 2010 将使用这些列标志创建报告，并查找和组织数据。

❀ 列标志使用的字体，对齐方式、格式、图案、边框和大小样式，应当与数据清单中的其他数据的格式相区别。

❀ 如果将列标志和其他数据分开，应使用单元格边框（而不是空格和短划线）在标志行下插入一行直线。

3. 行和列内容

在工作表上创建数据清单，输入行和列的内容时应该注意以下事项：

❀ 在设计数据清单时，应使用同一列中的各行有近似的数据项。

❀ 在单元格的开始处不要插入多余的空格，因为多余的空格影响排序和查找。

❀ 不要使用空白行将列标志和第一行数据分开。

273 设置数据清单

在对数据清单进行管理时，一般把数据清单看成是一个数据库。在 Excel 2010 中，数据清单的行相当于数据库中的记录，行标题相当于记录表，也可以从不同的角度去观察和分析数据。

步骤 01 打开一个 Excel 工作簿，在表格中选择需要设置的单元格，如下图所示。

	A	B	C	D
1	公司人员档案			
2	工号	姓名	性别	联系电话
3	0001	章 文	男	15932568241
4	0002	赵 艳	女	13241486592
5	0003	邓 琰	男	13025486254
6	0004	张 艳	女	13958476258
7	0005	范 军	男	13654892547
8	0006	彭 峰	女	15845792584
9	0007	左键豪	男	13125698732
10	0008	昊 航	男	15958476325
11	0009	谢 亮	男	13456825478
12	0010	刘 方	女	13456298756

步骤 02 在"字体"选项板中设置"字体"为"黑体"、"字号"为 20、"字形"为"加粗"，选择 A1 单元格，在行标上单击鼠标右键，在弹出的快捷菜单中选择"行高"选项，弹出"行高"对话框，在"行高"文本框中输入 32，单击"确定"按钮，即可查看创建的数据清单效果，如下图所示。

	A	B	C	D
1	公司人员档案			
2	工号	姓名	性别	联系电话
3	0001	章 文	男	15932568241
4	0002	赵 艳	女	13241486592
5	0003	邓 琰	男	13025486254
6	0004	张 艳	女	13958476258
7	0005	范 军	男	13654892547
8	0006	彭 峰	女	15845792584
9	0007	左键豪	男	13125698732
10	0008	昊 航	男	15958476325
11	0009	谢 亮	男	13456825478
12	0010	刘 方	女	13456298756

274 | 了解排序规则

　　排序就是在表格中选择相关字段名，将数据表格中的记录按升序或降序的方式进行排列。

　　Excel 的排序分升序和降序两大类，对于字母，升序从 A 到 Z 排序；对于数字，升序是按数值从小到大排序。Excel 的排序规则见表1。

表1　Excel 排序规则

符号	排序规则（升序）
数字	数字从小的负数到大的正数进行排序
字母	按字母先后顺序排序，在按字母先后顺序排序对文本项进行排序时，Excel 从左到右一个字符节一个字符地进行排序。
文本以及包含数字的文本	0 1 2 3 4 5 ……（空格）! # $ % & ( ) * ……A B C D……
逻辑值	在逻辑值中，FALSE 排在 TRUE 前
错误值	所有错误值的优先级相同
空格	空格始终排在最后

专家提醒

　　在 Excel 2010 中，按降序排序时，除了空白单元格总是在最后外，其他的排序次序与升序相反。

275 | 简单排序数据

　　在 Excel 2010 中，对数据清单进行排序时，如果按照单列的内容进行简单排序，可以直接使用选项板中的"升序"选项或"降序"选项来完成。

　　步骤01　打开一个 Excel 工作簿，在表格中选择需要简单排序的单元格区域，如下图所示。

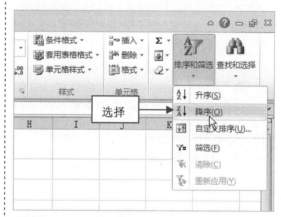

　　步骤02　在"开始"面板的"编辑"选项板中，单击"排序和筛选"按钮，在弹出的列表框中选择"降序"选项，如下图所示。

专家提醒

　　在工作表中，选择需要进行排序的单元格区域，切换至"数据"面板，在"排序和筛选"选项板中单击"降序"按钮，也可以对数据进行排序操作。

　　步骤03　弹出"排序提醒"对话框，选中"扩展选定区域"单选按钮，如下图所示。

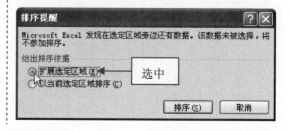

步骤 04 单击"排序"按钮，即可按总分由高到低进行排序，效果如下图所示。

五班期末考试成绩单					
学号	姓名	语文	数学	英语	总分
01007	陈小飞	100	99	99	298
01006	邓敏	99	80	87	266
01001	王琇	100	68	85	253
01013	马杰	99	99	54	252
01011	百春红	84	81	87	252
01014	李菲燕	100	89	56	245
01005	蒋思	90	85	69	244
01002	孙红芳	98	78	52	228
01010	刘胜强	86	69	59	214

专家提醒

　　若在"排序提醒"对话框中选中"以当前选定区域排序"单选按钮，则单击"排序"按钮后，Excel 2010 只会对选定区域排序而其他区域保持不变。

276 高级排序数据

　　数据的高级排序是指对多个数据列进行排序，这是针对简单排序后仍然有相同数据的情况进行的排序。

步骤 01 打开一个 Excel 工作簿，在表格中选择需要高级排序的单元格区域，如下图所示。

证券公司部分股票行情表				
证券名称	开盘	最高	最低	收盘
ST中浩A	5.4	5.66	5.33	5.57
世纪星源	6.94	7.16	6.93	7.06
ST深华源	7.15	7.51	7.15	7.51
辽通化工	7.16	7.2	7	7.05
深 国 商	7.42	8.08	7.36	7.99
深万科A	9.74	9.77	9.51	9.58
深 赛 格	9.9	10.8	9.9	10.72
ST深万山	11	11.18	10.8	10.89
南油物业	11	13.58	12.85	13.34
有色中金	17	17.1	16.68	16.84
深天马A	17.25	17.58	17.01	17.33
深圳方大	25.53	26.5	25.5	25.98

步骤 02 切换至"数据"面板，在"排序和筛选"选项板中单击"排序"按钮，如下图所示。

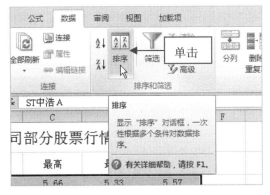

步骤 03 弹出"排序"对话框，单击"添加条件"按钮，执行操作后，即可添加第 2 个条件，如下图所示。

步骤 04 在"排序"对话框中，设置"主要关键字"为"开盘"、"次要关键字"为"收盘"、"次序"为"降序"，如下图所示。

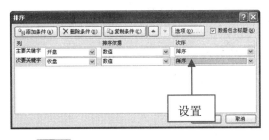

步骤 05 设置完成后，单击"确定"按钮，对数据进行高级排序，如下图所示。

证券公司部分股票行情表				
证券名称	开盘	最高	最低	收盘
深圳方大	25.53	26.5	25.5	25.98
深天马A	17.25	17.58	17.01	17.33
有色中金	17	17.1	16.68	16.84
南油物业	11	13.58	12.85	13.34
ST深万山	11	11.18	10.8	10.89
深 赛 格	9.9	10.8	9.9	10.72
深万科A	9.74	9.77	9.51	9.58
深 国 商	7.42	8.08	7.36	7.99
辽通化工	7.16	7.2	7	7.05
ST深华源	7.15	7.51	7.15	7.51
世纪星源	6.94	7.16	6.93	7.06
ST中浩A	5.4	5.66	5.33	5.57

专家提醒

选择数据区域中的任意单元格，单击鼠标右键，在弹出的快捷菜单中选择"排序"|"自定义排序"选项，即可快速弹出"排序"对话框。

277 | 自定义排序数据

用户在使用 Excel 2010 对相应数据进行排序时，无论是按拼音还是按笔画，可能都达不到所需要求，对于这种情况，用户可以进行自定义排序操作。

步骤 01 按【Ctrl＋O】组合键，打开一个 Excel 工作簿，如下图所示。

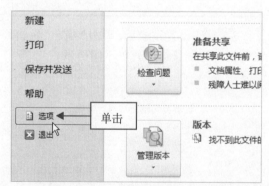

步骤 02 单击"文件"菜单，在弹出的面板中单击"选项"命令，如下图所示。

步骤 03 弹出"Excel 选项"对话框，切换至"高级"选项卡，在右侧的"常规"选项区中单击"编辑自定义列表"按钮，如下图所示。

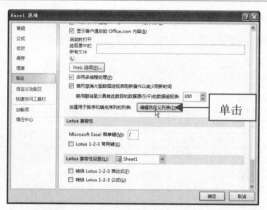

步骤 04 弹出"自定义序列"对话框，在"输入序列"文本框中输入需要排序的内容，按【Enter】键可换行操作，如下图所示。

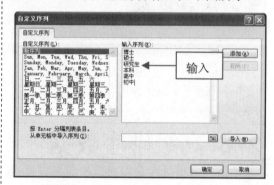

步骤 05 输入完成后，单击"添加"按钮，在"自定义序列"列表框中将显示刚添加的序列，如下图所示。

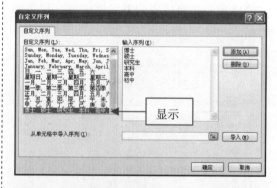

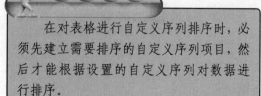

专家提醒

在对表格进行自定义序列排序时，必须先建立需要排序的自定义序列项目，然后才能根据设置的自定义序列对数据进行排序。

步骤 06　单击"确定"按钮，返回"Excel
选项"对话框，单击"确定"按钮，返回 Excel
工作界面，在工作表中选择需要排序的单元
格区域，如下图所示。

步骤 07　切换至"数据"面板，在"排序
和筛选"选项板中单击"排序"按钮，弹
出"排序"对话框，单击"升序"右侧的下
拉按钮，在弹出的列表框中选择"自定义序
列"选项，如下图所示。

步骤 08　弹出"自定义序列"对话框，在
"自定义序列"下拉列表框中选择相应序列，
如下图所示。

步骤 09　单击"确定"按钮，返回"排序"
对话框，在其中单击"主要关键字"右侧的
下拉按钮，在弹出的列表框中选择"学历"
选项，如下图所示。

步骤 10　单击"确定"按钮，即可对数据
进行自定义排序，如下图所示。

应聘人员资料表					
编号	性名	性别	学历	现居住地	应聘职位
009	田筝	女	博士	成都	副总经理
008	周岚	女	硕士	成都	人事经理
010	张敏	女	硕士	云南	董事助理
007	陆扬	男	研究生	深圳	行政经理
003	周米	女	本科	湖北	行政专员
004	陈蕾	男	本科	北京	行政专员
006	李韵	男	本科	深圳	人事专员
002	周一	女	高中	湖北	文员
001	李宏	男	初中	湖南	文员
005	杨飞	女	初中	北京	人事专员

专家提醒

在 Excel 2010 中，对数据进行排序时，
为了取得最佳结果，排序的单元格区域中
必须包括列标题，且至少在单元格区域中
保留一个条目。

278 按行排序数据

在 Excel 默认情况下，都是以列标题进
行排序，这也是用户在实际应用中常用到的
一种排序形式，但有时由于特殊需要可设置
表格按行排序。

步骤 01　打开一个 Excel 工作簿，选择需
要按行排序的单元格区域，如下图所示。

员工工资表						
编号	员工	基本工资	提成	交通补贴	员工工资	
1	张角	1000	600	200	1800	
2	方文	1000	800	200	2000	
3	李杰	900	700	180	1780	
4	章良	1200	500	150	1850	
5	邓可	1000	700	200	1900	
6	彭文	900	750	120	1770	
7	周蓝	1000	800	150	1950	

步骤 02 在"排序和筛选"选项板中单击"排序"按钮，弹出"排序"对话框，单击"选项"按钮，如下图所示。

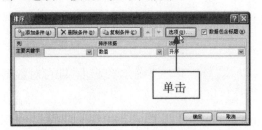

步骤 03 弹出"排序选项"对话框，在"方向"选项区中选中"按行排序"单选按钮，如下图所示。

步骤 04 单击"确定"按钮，返回"排序"对话框，在其中设置主关键字为"行 3"，如下图所示。

步骤 05 单击"确定"按钮，即可对数据按行进行排序，如下图所示。

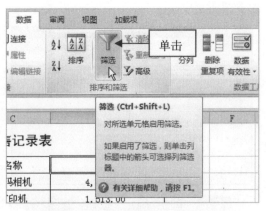

专家提醒

在"排序选项"对话框中，还可以对数据按笔画进行排序，系统默认的排序方法是按字母顺序排序。

279 | 自动筛选数据

在含有大量数据记录的数据列表中，利用"自动筛选"可以快速查找到符合条件的记录。通常情况下，使用自动筛选功能就可以完成基本的筛选操作。

步骤 01 打开一个 Excel 工作簿，选择需要进行筛选的单元格，如下图所示。

城市	季度	名称	销售
北京	7月份	数码相机	4,215.00
北京	7月份	打印机	1,513.00
上海	7月份	数码相机	3,420.00
上海	7月份	鼠标	4,513.00
上海	7月份	耳机	4,430.00
天津	7月份	打印机	6,310.00
南京	7月份	键盘	3,454.00
南京	7月份	耳机	3,501.00
沈阳	7月份	打印机	3,560.00
沈阳	7月份	显示器	1,570.00

产品销售记录表

步骤 02 切换至"数据"面板，在"排序和筛选"选项板中单击"筛选"按钮，如下图所示。

步骤 03 启动筛选功能，单击"销售"右侧的下拉按钮，在弹出的列表框中选择"数字筛选"|"大于"选项，如下图所示。

步骤 04 弹出"自定义自动筛选方式"对话框，在右侧的文本框中输入 4000，如下图所示。

步骤 05 单击"确定"按钮，即可按条件筛选数据，如下图所示。

	产品销售记录表		
城市	季度	名称	销售
北京	7月份	数码相机	4,215.00
上海	7月份	鼠标	4,513.00
上海	7月份	耳机	4,430.00
天津	7月份	打印机	6,310.00

专家提醒

　　单击面板中的"筛选"按钮，在选择的单元格区域中，每个字段的右侧都会自动出现一个下拉按钮。

专家提醒

　　在 Excel 2010 中，按【Ctrl + Shift + L】组合键，将对所选单元格中的数据启用筛选功能。

280 | 高级筛选数据

　　如果数据清单中的字段比较多、筛选条件也比较多时，则可以使用"高级筛选"功能来筛选数据。

　　要使用"高级筛选"功能，必须先建立一个条件区域，用来指定筛选的数据需要满足的条件。条件区域的第一行是作为筛选条件的字段名，这些字段名必须与数据清单中的字段名完全相同，条件区域的其他行则用来输入筛选条件。

步骤 01 按【Ctrl＋O】组合键，打开一个 Excel 工作簿，如下图所示。

	饮品公司5月份饮料销售记录				
名称	单位数量	单价	销售箱	销售金额	销售日期
草莓汁	12/瓶	15.00	58.00	870.00	2011-5-1
苹果汁	24/袋	1.90	45.00	85.50	2011-5-3
菠萝汁	12/袋	2.30	14.00	32.20	2011-5-5
雪碧	20/瓶	5.00	45.00	225.00	2011-5-10
可乐	16/瓶	5.50	50.00	275.00	2011-5-15
凉茶	24/瓶	2.50	100.00	250.00	2011-5-18
奶茶	16/瓶	5.00	85.00	425.00	2011-5-20
酸酸乳	16/瓶	3.00	70.00	210.00	2011-5-25
		单价	销售箱	销售金额	
		>4.00	>40.00	>200.00	

步骤 02 切换至"数据"面板，在"排序和筛选"选项板中单击"高级"按钮，如下图所示。

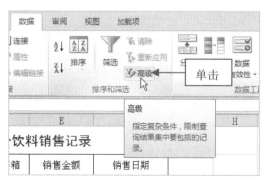

步骤 03 弹出"高级筛选"对话框，单击"列表区域"右侧的 按钮，如下图所示。

专家提醒

在"高级筛选"对话框中，各选项的含义如下：

❀ "在原有区域显示筛选结果"单选按钮：筛选结果显示在原有清单位置。

❀ "将筛选结果复制到其他位置"单选按钮：筛选后的结果将显示在指定的区域，与原工作表并存。

❀ "列表区域"列表框：指定要筛选的数据区域。

❀ "条件区域"列表框：指定含有筛选条件的区域，如果要筛选不重复的记录，则选中"选择不重复的记录"复选框。

步骤 04 在工作表中选择相应的列表区域，如下图所示。

饮品公司5月份饮料销售记录

	名称	单位数量	单价	销售箱	销售金额	销售日期
	草莓汁	12/瓶	15.00	58.00	870.00	2011-5-1
	苹果汁	24/袋	1.90	45.00	85.50	2011-5-3
	菠萝汁	12/袋				2011-5-5
	雪碧	20/瓶				2011-5-10
	可乐	16/瓶	5.50	50.00	275.00	2011-5-15
	凉茶	24/瓶	2.50	100.00	250.00	2011-5-18
	奶茶	16/瓶	5.00	85.00	425.00	2011-5-20
	酸酸乳	16/瓶	3.00	70.00	210.00	2011-5-25
			单价	销售箱	销售金额	
			>4.00	>40.00	>200.00	

步骤 05 按【Enter】键确认，返回"高级筛选"对话框，单击"条件区域"右侧的 按钮，在工作表中选择条件区域，如下图所示。

饮品公司5月份饮料销售记录

	名称	单位数量	单价	销售箱	销售金额	销售日期
	草莓汁	12/瓶	15.00	58.00	870.00	2011-5-1
	苹果汁	24/袋	1.90	45.00	85.50	2011-5-3
	菠萝汁	12/袋				2011-5-5
	雪碧	20/瓶				2011-5-10
	可乐	16/瓶	5.50	50.00	275.00	2011-5-15
	凉茶	24/瓶	2.50	100.00	250.00	2011-5-18
	奶茶	16/瓶	5.00	85.00	425.00	2011-5-20
	酸酸乳	16/瓶	3.00	70.00	210.00	2011-5-25
			单价	销售箱	销售金额	
			>4.00	>40.00	>200.00	

步骤 06 按【Enter】键确认，返回"高级筛选"对话框，其中显示了相应的列表区域与条件区域，如下图所示。

饮品公司5月份饮料销售记录

	名称	单位数量	单价	销售箱	销售金额	销售日期
	草莓汁	12/瓶				2011-5-1
	苹果汁	24/袋				2011-5-3
	菠萝汁	12/袋				2011-5-5
	雪碧	20/瓶				2011-5-10
	可乐	16/瓶				2011-5-15
	凉茶	24/瓶				2011-5-18
	奶茶	16/瓶				2011-5-20
	酸酸乳	16/瓶				2011-5-25
			单价	销售箱	销售金额	
			>4.00	>40.00	>200.00	

步骤 07 单击"确定"按钮，即可使用高级筛选或能筛选数据，如下图所示。

饮品公司5月份饮料销售记录

	名称	单位数量	单价	销售箱	销售金额	销售日期
	草莓汁	12/瓶	15.00	58.00	870.00	2011-5-1
	雪碧	20/瓶	5.00	45.00	225.00	2011-5-10
	可乐	16/瓶	5.50	50.00	275.00	2011-5-15
	奶茶	16/瓶	5.00	85.00	425.00	2011-5-20
			单价	销售箱	销售金额	
			>4.00	>40.00	>200.00	

专家提醒

在 Excel 工作表中输入筛选条件时，输入的大于号一定要是在英文状态下输入，否则无法筛选出符合条件的记录。

281 | 自定义筛选数据

自定义筛选是指自定义要筛选的条件，此条件一般不是单一的文本条件。自定义筛选在筛选数据时有很大的灵活性，可以进行比较复杂的筛选。

步骤 01 打开一个 Excel 工作簿，选择需自定义筛选的单元格区域，如下图所示。

编号(书)	数量(册)	单价(元)	总价(元)
A-1	48	20	960
A-2	35	35	1225
A-3	42	18	756
A-4	53	15	795
A-5	47	30	1410
A-6	32	38	1216
A-7	52	35	1820
A-8	42	28	1176
A-9	37	19	703
A-10	29	20	580

书店第三季度销售情况表

步骤 02 在"排序和筛选"选项板中单击"筛选"按钮，单击"总价"右侧的下拉按钮，在弹出的列表框中选择"数字筛选"|"自定义筛选"选项，如下图所示。

专家提醒

表格筛选后，单击"排序和筛选"选项板中的"清除"按钮，表示显示当前表格中的所有记录，但表格记录并没有退出筛选状态；如果再次单击"筛选"按钮，则表示取消当前数据的筛选操作。

步骤 03 弹出"自定义自动筛选方式"对话框，设置"大于"选项，并在右侧的文本框中输入 1000，如下图所示。

步骤 04 单击"确定"按钮，即可自定义筛选数据，如下图所示。

书店第三季度销售情况表

编号(书)	数量(册)	单价(元)	总价(元)
A-2	35	35	1225
A-5	47	30	1410
A-6	32	38	1216
A-7	52	35	1820
A-8	42	28	1176

282 | 查找与替换数据

利用"查找和替换"对话框，不仅可以查找数据，还可以将查找的内容替换为所需的数据，效率远远高于手动替换数据。

步骤 01 按【Ctrl＋O】组合键，打开一个 Excel 工作簿，如下图所示。

公司人员名单

编号	姓名	性别	年龄	部门	底薪
00001	邓决	女	21	广告部	1500
00002	王大	男	22	销售部	1200
00003	刘水	女	25	业务部	1200
00004	汪峰	男	25	生产部	1800
00005	李新然	女	28	广告部	1500
00006	陈祥	男	28	业务部	1200
00007	张林	女	25	广告部	1500
00008	方移	男	23	业务部	1200

步骤 02 在"编辑"选项板中单击"查找和替换"按钮下方的三角按钮，在弹出的列表框中选择"查找"选项，如下图所示。

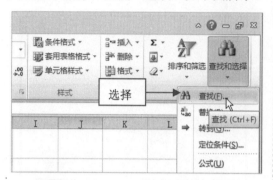

步骤 03 弹出"查找和替换"对话框，在"查找内容"文本框中输入"广告部"，如下图所示。

步骤 04 单击"全部查找"按钮，在对话框下方将显示查找到的内容，如下图所示。

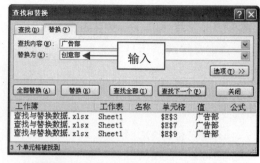

专家提醒

使用"查找和替换"功能对整个表格进行操作时，不需要选择表格数据；当用户只对某一部分进行查找和替换时，可根据需要选择单元格区域。

步骤 05 切换至"替换"选项卡，在"替换为"下拉列表框中输入"创意部"，如下图所示。

步骤 06 单击"全部替换"按钮，弹出相应提示信息框，如下图所示。

步骤 07 依次单击"确定"和"关闭"按钮，即可完成查找和替换数据操作，效果如下图所示。

283 分类汇总概念

在 Excel 2010 中，用户可以自动计算数据清单中的分类汇总和总计值。当插入自动分类汇总时，Excel 将分级显示数据清单，以便每个分类汇总显示或隐藏明细数据行。如果需要插入分类汇总，需先将数据清单排序，以便将要进行分类汇总的行排列在一起，然后为包含数字的列计算出分类汇总。

1. 分类汇总的计算方法

分类汇总的计算方法有分类汇总、总计和自动重新计算。

❀ 分类汇总：Excel 使用 SUM 或 MAX 等汇总函数进行分类汇总计算。在一个数据清单中，可以一次使用多种运算来显示分类汇总。

❀ 总计：总计值来自于明细数据，而不是分类汇总行中的数据。例如，如果使用了 MAX 汇总函数，则总计行将显示数据清单中所有明细数据行的最大值，而不是分类汇总行中汇总值的最大值。

❀ 自动重新计算：在编辑明细数据时，Excel 2010 将自动重新计算相应分类汇总和总计值。

2. 汇总报表和图表

当用户将汇总添加到清单中时，清单就会分级显示，这样可以查看其结构，通过单击分级显示符号可以隐藏明细数据而只显示汇总的数据，这样就形成了汇总报表。

用户可以创建一个图表，该图表仅使用包含分类汇总的清单中的可见数据。如果显示或隐藏分级显示清单中的明细数据，该图表也会随之更新以显示或隐藏这些数据。

3. 分类汇总应注意的事项

确保要分类汇总的数据清单的格式：第一行的每一列都有标志，并且同一列中应包含相似的数据，在数据清单中不应有空行或空列。

284 | 分类汇总要素

使用分类汇总操作时，并不是所有数据表格都可以进行分类汇总，表格分类汇总的一般要素如下：

❀ 分类汇总的关键字段一般是文本字段，并且该字段中具有多个相同字段名的记录，如"部门"字段中就有多个部门为生产、销售和设计的记录。

❀ 对表格进行分类汇总操作之前，必须先将表格按分类汇总的字段进行排序，排序的目的就是将相同的字段类型的记录排列在一起。

❀ 对表格进行分类汇总时，汇总的关键字段要与排序的关键字段一致。

285 | 创建分类汇总

在 Excel 2010 中，要使用自动分类汇总功能，必须将数据组织成具有列标题的数据清单。在创建分类汇总之前，用户必须先对需要进行分类汇总的数据列数据清单进行排序操作。

步骤 01 打开一个 Excel 工作簿，在工作表中选择需要创建分类汇总的单元格区域，如下图所示。

步骤 02 切换至"数据"面板，在"分级显示"选项板中单击"分类汇总"按钮，如下图所示。

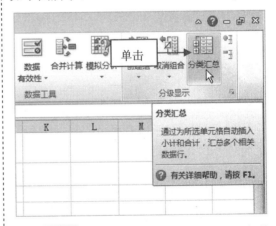

步骤 03 弹出"分类汇总"对话框，在其中设置"分类字段"为"规格"，在"选定汇总项"下拉列表框中选中"优惠价"复选框，如下图所示。

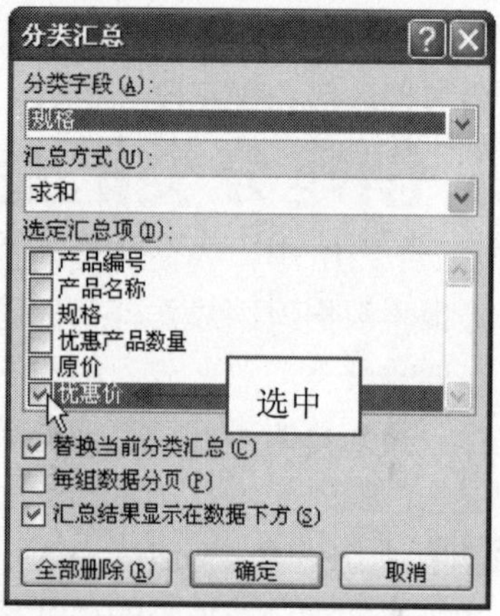

专家提醒

若取消选中“汇总结果显示在数据下方”复选框，结果将不在数据下方显示。

步骤04 单击“确定”按钮，即可对数据进行分类汇总，效果如下图所示。

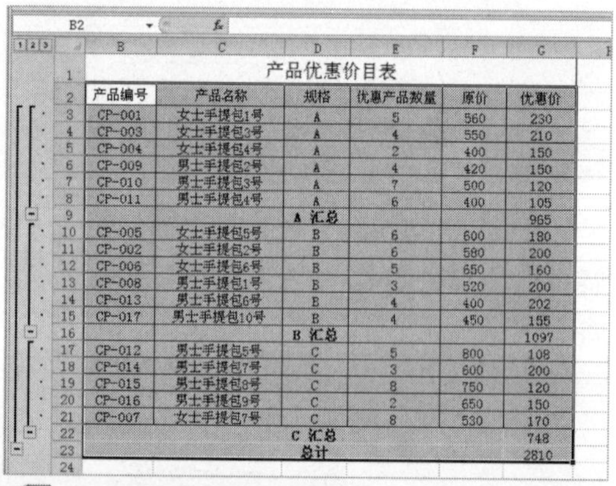

专家提醒

用户在进行分类汇总前，需要先对数据进行排序，若不对其进行排序，则在执行分类汇总操作后，Excel 2010只会对连续相同的数据进行汇总。

286 隐藏分类汇总

为了方便查看数据，可以将分类汇总后暂时不需要使用的数据隐藏起来，以减小界面的占用空间，当需要查看被隐藏的数据时，可以再将其显示。

步骤01 打开上一例效果文件，在工作表的左侧，单击列表树中的第一个减号[-]，即可隐藏分类汇总，如下图所示。

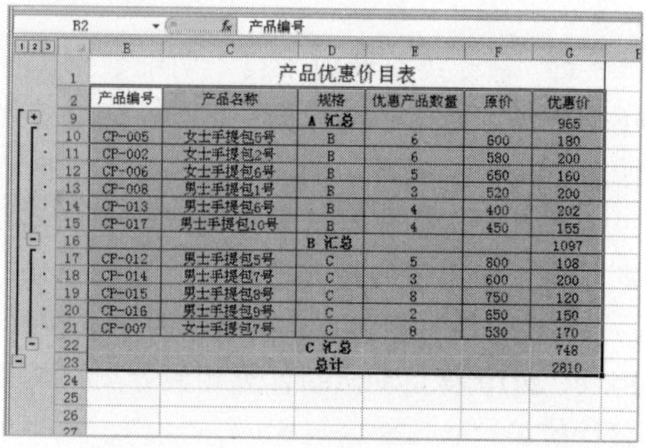

步骤02 用与上述相同的方法，隐藏其他分类汇总数据，如下图所示。

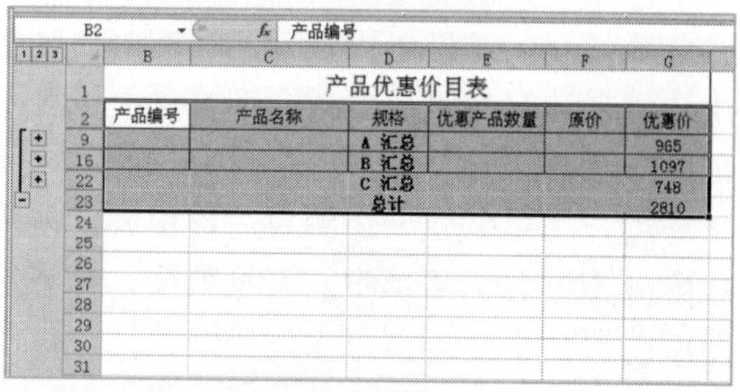

专家提醒

在Excel 2010工作表的左侧列表中，单击最外侧的减号按钮[-]，可以快速隐藏所有分类汇总数据。

287 显示分类汇总

如果用户需要查看被隐藏的分类汇总，可以在工作表左侧的列表中，单击相应的加号按钮[+]，即可显示分类汇总。

步骤01 按【Ctrl+O】组合键，打开一个Excel工作簿，如下图所示。

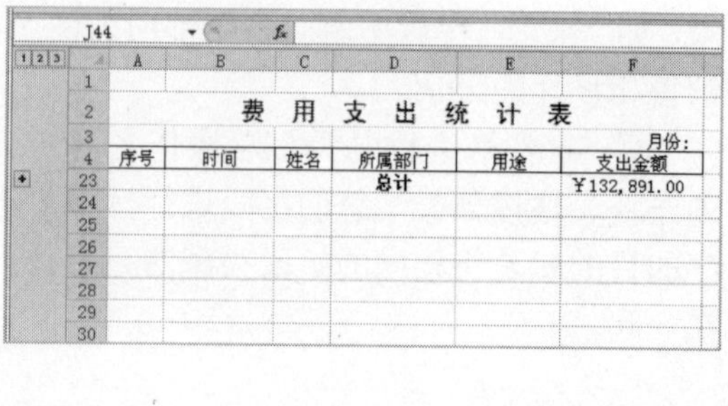

步骤 02　在工作表的左侧，单击列表中的加号 ⊞，显示分类汇总，如下图所示。

J44						
	A	B	C	D	E	F
1						
2		费 用 支 出 统 计 表				
3						月份：
4	序号	时间	姓名	所属部门	用途	支出金额
7				财务部 汇总		￥5,929.00
10				采购部 汇总		￥4,472.00
13				人事部 汇总		￥41,270.00
16				市场部 汇总		￥31,200.00
19				销售部 汇总		￥7,913.00
22				行政部 汇总		￥42,107.00
23				总计		￥132,891.00

步骤 03　用与上述相同的方法，显示其他分类汇总，效果如下图所示。

J44							
	A	B	C	D	E	F	G
1							
2		费 用 支 出 统 计 表					
3						月份：	
4	序号	时间	姓名	所属部门	用途	支出金额	
5	0001	2011-6-1	张三	财务部	办公费	￥2,000.00	
6	0002	2011-6-5	王丹	财务部	业务招待费	￥3,929.00	
7				财务部 汇总		￥5,929.00	
8	0003	2011-6-8	李朋	采购部	办公费	￥3,972.00	
9	0004	2011-6-10	夏雨	采购部	办公费	￥500.00	
10				采购部 汇总		￥4,472.00	
11	0005	2011-6-15	刘清	人事部	业务招待费	￥39,270.00	
12	0006	2011-6-20	周手	人事部	差旅费	￥2,000.00	
13				人事部 汇总		￥41,270.00	
14	0007	2011-6-22	周寺	市场部	办公费	￥30,000.00	
15	0008	2011-6-24	秀六	市场部	业务招待费	￥1,200.00	
16				市场部 汇总		￥31,200.00	
17	0009	2011-6-26	夏雷	销售部	办公费	￥4,920.00	
18	0010	2011-6-28	张仍	销售部	差旅费	￥2,993.00	
19				销售部 汇总		￥7,913.00	
20	0011	2011-6-29	孟用	行政部	办公费	￥2,937.00	
21	0012	2011-6-30	吴孟	行政部	差旅费	￥39,170.00	
22				行政部 汇总		￥42,107.00	
23				总计		￥132,891.00	

288 | 删除分类汇总

如果用户不再需要对数据表中的数据进行分类汇总，可以将分类汇总删除。

步骤 01　打开上一例效果文件，选择需要删除分类汇总的单元格区域，如下图所示。

A4					fx	序号	
	A	B	C	D	E	F	
1							
2		费 用 支 出 统 计 表					
3						月份：	
4	序号	时间	姓名	所属部门	用途	支出金额	
5	0001	2011-6-1	张三	财务部	办公费	￥2,000.00	
6	0002	2011-6-5	王丹	财务部	业务招待费	￥3,929.00	
7				财务部 汇总		￥5,929.00	
8	0003	2011-6-8	李朋	采购部	办公费	￥3,972.00	
9	0004	2011-6-10	夏雨	采购部	办公费	￥500.00	
10				采购部 汇总		￥4,472.00	
11	0005	2011-6-15	刘清	人事部	业务招待费	￥39,270.00	
12	0006	2011-6-20	周手	人事部	差旅费	￥2,000.00	
13				人事部 汇总		￥41,270.00	
14	0007	2011-6-22	周寺	市场部	办公费	￥30,000.00	
15	0008	2011-6-24	秀六	市场部	业务招待费	￥1,200.00	
16				市场部 汇总		￥31,200.00	
17	0009	2011-6-26	夏雷	销售部	办公费	￥4,920.00	
18	0010	2011-6-28	张仍	销售部	差旅费	￥2,993.00	
19				销售部 汇总		￥7,913.00	
20	0011	2011-6-29	孟用	行政部	办公费	￥2,937.00	
21	0012	2011-6-30	吴孟	行政部	差旅费	￥39,170.00	
22				行政部 汇总		￥42,107.00	
23				总计		￥132,891.00	

步骤 02　切换至"数据"面板，单击"分级显示"选项板中的"分类汇总"按钮 ▦，弹出"分类汇总"对话框，单击对话框左下角的"全部删除"按钮，如下图所示。

步骤 03　执行操作后，即可删除分类汇总，如下图所示。

I25					fx		
	A	B	C	D	E	F	
1							
2		费 用 支 出 统 计 表					
3						月份：	
4	序号	时间	姓名	所属部门	用途	支出金额	
5	0001	2011-6-1	张三	财务部	办公费	￥2,000.00	
6	0002	2011-6-5	王丹	财务部	业务招待费	￥3,929.00	
7	0003	2011-6-8	李朋	采购部	办公费	￥3,972.00	
8	0004	2011-6-10	夏雨	采购部	办公费	￥500.00	
9	0005	2011-6-15	刘清	人事部	业务招待费	￥39,270.00	
10	0006	2011-6-20	周手	人事部	差旅费	￥2,000.00	
11	0007	2011-6-22	周寺	市场部	办公费	￥30,000.00	
12	0008	2011-6-24	秀六	市场部	业务招待费	￥1,200.00	
13	0009	2011-6-26	夏雷	销售部	办公费	￥4,920.00	
14	0010	2011-6-28	张仍	销售部	差旅费	￥2,993.00	
15	0011	2011-6-29	孟用	行政部	办公费	￥2,937.00	
16	0012	2011-6-30	吴孟	行政部	差旅费	￥39,170.00	

289 | 嵌套分类汇总

在 Excel 2010 中，通过嵌套分类汇总可以对表格中的某一列关键字段进行多项不同的汇总。

步骤 01　按【Ctrl＋O】组合键，打开一个 Excel 工作簿，如下图所示。

A1				fx	凤图公司日常费用表	
	A	B	C	D	E	
1		凤图公司日常费用表				
2	时间	姓名	所属部门	费用类别	金额	
3	2011-12-18	杨明	销售部	差旅费	3500	
4	2011-12-10	周涯	销售部	差旅费	3500	
5	2011-10-15	李佳	销售部	办公用品	2500	
6			销售部 汇总		9500	
7	2011-12-15	王亮	财务部	工资结算	5000	
8	2011-12-20	孙洁	财务部	办公用品	3402	
9	2011-11-25	陈芳	财务部	工资结算	5420	
10			财务部 汇总		13822	
11	2011-10-11	曾婷	行政部	办公用品	1250	
12	2011-11-25	李凤	行政部	差旅费	3200	
13	2011-12-30	叶见	行政部	办公用品	1560	
14			行政部 汇总		6010	
15			总计		29332	

步骤 02 切换至"数据"面板，单击"分级显示"选项板中的"分类汇总"按钮，弹出"分类汇总"对话框，在其中设置相应参数，如下图所示。

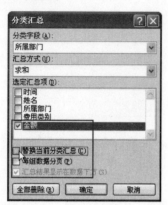

步骤 03 单击"确定"按钮，即可对数据进行嵌套分类汇总，如下图所示。

	A	B	C	D	E	F
1	凤图公司日常费用表					
2	时间	姓名	所属部门	费用类别	金额	
3	2011-12-18	杨明	销售部	差旅费	3500	
4	2011-12-10	周涯	销售部	差旅费	3500	
5	2011-10-15	李佳	销售部	办公用品	2500	
6			销售部 汇总		9500	
7			销售部 汇总		9500	
8	2011-12-15	王亮	财务部	工资结算	5000	
9	2011-12-20	孙洁	财务部	办公用品	3402	
10	2011-11-25	陈芳	财务部	工资结算	5420	
11			财务部 汇总		13822	
12			财务部 汇总		13822	
13	2011-10-11	曾婷	行政部	办公用品	1250	
14	2011-11-25	李凤	行政部	差旅费	3200	
15	2011-12-30	叶强	行政部	办公用品	1560	
16			行政部 汇总		6010	
17			行政部 汇总		6010	
18			总计		29332	

专家提醒

在 Excel 2010 中，还可以多次对工作表进行不同汇总方式的嵌套分类汇总，但必须是在"分类汇总"对话框中取消选中"替换当前分类汇总"复选框的情况下，如果不取消选中该复选框，则每次分类汇总只能在表格中显示一种汇总方式。

290 合并计算方法

Excel 提供了包括三维公式、通过位置进行合并计算、按分类进行合并计算以及通过生成数据透视表进行合并计算 4 种方式。

其中最灵活的合并计算方式是创建公式，该公式引用的是将要进行合并的数据区域中的每个单元格。

1. 使用三维公式

使用三维引用公式合并计算对数据源区域的布局没有限制，可将合并计算更改为需要的方式，当更改源区域中的数据时，合并计算将自动进行更新。

2. 通过位置合并计算

如果所有源数据具有同样的顺序和位置排序，可以按位置进行合并计算，利用这种方法可以合并来自同一模板创建的一系列工作表。

当数据更改时，合并计算将自动更新，但是不可以更改合并计算中包含的单元格和数据区域。如果使用手动更新合并计算，则可以更改所包含的单元格和数据区域。

3. 按分类合并计算

如果要汇总计算一组具有相同的行和列标志但以不同方式组织数据的工作表，则可以按分类进行合并计算，这种方法会对每一张工作表中具有相同列标志的数据进行合并计算。

4. 通过生成数据透视表合并计算

这种方法类似于按分类的合并计算，但其通过了更多的灵活性，可以重新组织分类，还可以根据多个合并计算的数据区域创建数据透视表。

291 创建合并计算

建立合并计算时，要先检查数据，并确定是根据位置还是分类来将其与公式中的三维引用进行合并。下面列出了合并计算方式的使用范围。

⊙ 公式：对于所有类型或排列的数据，推荐使用公式中的三维引用进行合并。

⊙ 位置：合并几个区域中的相同位置的数据，可以根据位置进行合并。

⊛ 分类：包含几个具有不同布局的区域，并且计划合并来自含匹配标志的行或列中的数据，可以根据分类进行合并。

步骤 01 按【Ctrl＋O】组合键，打开一个 Excel 工作簿，如下图所示。

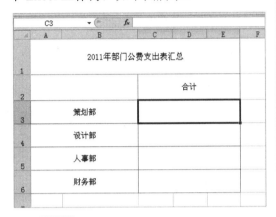

步骤 02 切换至"数据"面板，在"数据工具"选项板中单击"合并计算"按钮，如下图所示。

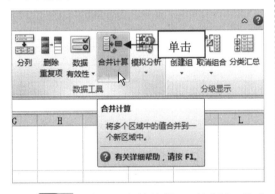

步骤 03 弹出"合并计算"对话框，单击"引用位置"右侧的按钮，如下图所示。

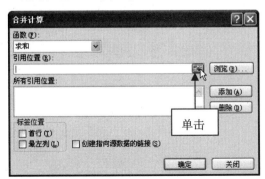

步骤 04 切换至"上半年支出表"工作表中，选择 B9 单元格，如下图所示。

步骤 05 按【Enter】键确认，返回"合并计算"对话框，单击"添加"按钮，将其添加至"所有引用位置"列表框中，如下图所示。

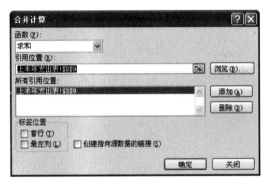

步骤 06 用与上述相同的方法，添加"下半年支出表"工作表中的 B9 单元格，如下图所示。

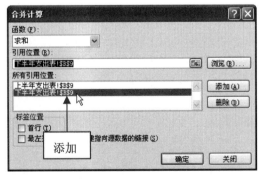

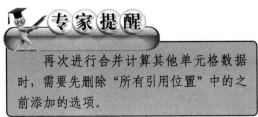
　　再次进行合并计算其他单元格数据时，需要先删除"所有引用位置"中的之前添加的选项。

步骤 07 单击"确定"按钮，即可对数据进行合并计算，如下图所示。

C3	fx	16590

2011年部门公费支出表汇总

			合计
	策划部		16590
	设计部		
	人事部		
	财务部		

步骤 08 用与上述相同的方法，计算出其他公费支出数据，效果如下图所示。

C6	fx	11620

2011年部门公费支出表汇总

			合计
	策划部		16590
	设计部		9260
	人事部		11630
	财务部		11620

292 单变量求解

在 Excel 数据的管理与分析中，往往会有这种情况：即需要达到某一个预期结果，而不知得到这个结果所需要的其他变量值是多少。这时，可通过"单变量求解"功能来计算出所需要的变量值。

在进行单变量求解时，Excel 不断改变某个特定单元格中的数值，直到从属于这个单元格的公式到达预期的结果为止。

293 双变量求解

在数据表格计算处理时，若要通过计算公式中引用单元格的不同值而计算出结果，可应用"数据表"功能来实现数据的分析。

数据表运算分为单变量数据表运算和双变量数据运算两种，单变量数据表运算为用户提供查看一个变量因素改变为不同值时，对一个或多个公式结果的影响。

在生成单变量运算表时可以使用行变量运算表和列变量运算表两种计算方式。

294 多方案求解

用户在做数据预算分析时，有可能有几种不同的方案。用户可以应用多方案求解进行分析。在做数据统计分析时可以给每一个数据变量输入一些相应的值进行计算，使之达到一种合理的数据决算方案。

在进行分析求解前，需要先添加方案。在"数据工具"选项板中，单击"模拟分析"按钮 🔢，在弹出的下拉列表框中选择"方案管理器"选项，弹出"方案管理器"对话框，如下图所示。

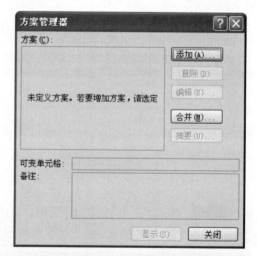

单击"添加"按钮，弹出"添加方案"对话框，在其中添加方案即可。

12 创建编辑数据图表

 学前提示

　　Excel 2010 强大的图表功能能够更加直观地将工作表中的数据表现出来,使原本枯燥无味的数据信息变得生动形象起来。有时用许多文字也无法表达清楚的问题,可以用图表轻松地解决,并能做到层次分明、条理清楚、易于解释。本章主要向读者介绍图表的基本应用。

 本章知识重点

▶ 应用图表简介　　　　　　▶ 条形图简介
▶ 图表的基本组成　　　　　▶ 面积图简介
▶ 柱形图简介　　　　　　　▶ 散点图简介
▶ 折线图简介　　　　　　　▶ 股价图简介
▶ 饼图简介　　　　　　　　▶ 曲面图简介

学完本章后你会做什么

▶ 掌握图表的基本知识

▶ 掌握图表的基本创建操作方法

▶ 掌握图表的基本修改和调整方法

视频演示

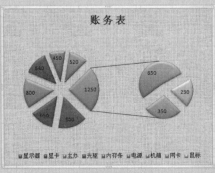

设置图表图案

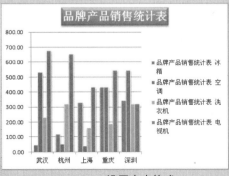

设置文本格式

295 应用图表简介

在 Excel 2010 中，对数据进行计算、统计等操作后，Excel 2010 还可以将各种处理过的数据建成各种统计图表，这样就能使所处理的数据直观地表达出来。

在图表中，用户可以清楚地知道各个数据的大小和数据的变化情况，可以方便地对数据进行对比和分析。Excel 2010 自带了各种各样的图表，图柱形图、条形图、折线图和面积图。

296 图表的基本组成

在 Excel 2010 中，可以把图表看作一个图形对象，能够作为工作表的一部分进行保存，在创建图表前，应该对图表的组成有所了解。图表的基本组成结构主要包括坐标轴、图表标题、图表区、绘图区以及图例等，如下图所示。

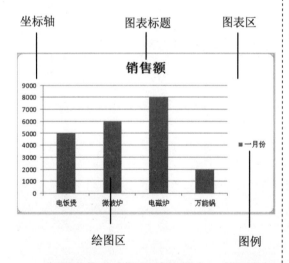

在图表的基本组织结构图中，各组成部分的含义如下：

◉ 坐标轴：用于标记图表中的各数据名称。

◉ 绘图区：图表的整个绘制区域，显示图表中的数据状态。

◉ 图表标题：用于显示统计图表的标题名称，能够自动与坐标轴对齐或居中于图表的顶端，在图表中起到说明性的作用。

◉ 图表区：该部分是指图表的中心区域，单击图表区可以选择整个图表。

◉ 图例：用于标识绘图区中不同系列所代表的内容。

297 柱形图简介

柱形图用于显示一段时间内的数据变化或显示各项之间的比较情况。在柱形图中，通常沿水平轴组织类别，而沿垂直轴组织数值。柱形图包括簇状柱形图、堆积柱形图、三维柱形图等子类型。

柱形图的图表样式如下图所示。

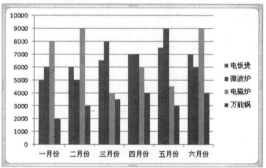

298 折线图简介

折线图可以显示随时间而变化的连续数据，因此非常适用于显示在相等时间间隔下数据的趋势。

在折线图中，类别数据沿水平轴平均分布，所有值数据沿垂直轴平均分布。折线图包括堆积折线图、数据点折线图、三维折线图等子类型。

折线图的图表样式如下图所示。

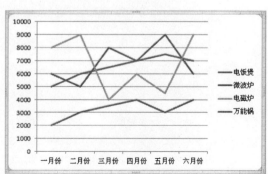

299 | 饼图简介

饼图显示一个数据系列（数据系列是：在图表中绘制的相关数据点，这些数据源自数据表的行和列。图表中的每个数据系列具有唯一的颜色或图案，并且在图表的图例中表示。可以在图表中绘制一个或多个数据系列。饼图只有一个数据系列。）中各选项的大小与各项总和的比例。饼图中的数据点显示为整个饼图的百分比。饼图包括三维饼图、复合饼图与分离型饼图。

饼图的图表样式如图所示。

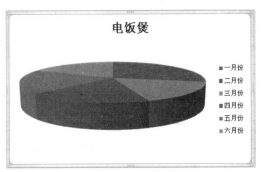

300 | 条形图简介

条形图用来显示不连接的且无关的对象的差别情况，这种图表类型的淡化数值随时间的变化而变化，能突出数值的比较。条形图包括簇状条形图、堆积条形图与三维条形图等子类型。

条形图的图表样式如下图所示。

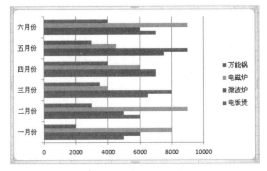

例如，表示随时间而变化的利润数据可以绘制在面积图中以强调总利润。

通过显示所绘制的值的总和，面积图还可以显示部分与整体的关系。面积图主要包括面积图、堆积面积图与百分比堆积面积图等子类型。

面积图的图表样式如下图所示。

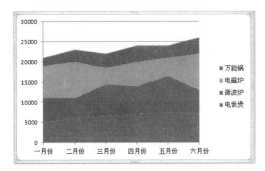

302 | 散点图简介

XY 散点图显示若干数据系列中各数值之间的关系,或者将两组数绘制为 xy 坐标的一系列。

散点图有两个数值轴，沿水平轴（x 轴）方向显示一组数值数据，沿垂直轴（y 轴）方向显示另一组数值数据。散点图将这些数值合并到单一数据点并以不均匀间隔或簇显示它们。散点图通常用于显示和比较数值。XY 散点图包括平滑线散点图，折线散点图，无数据点散点图等子类型。

散点图的图表样式如下图所示。

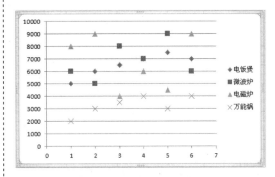

301 | 面积图简介

面积图强调数量随时间而变化的程度，也可用于引起用户对总值趋势的注意。

303 | 股价图简介

股价图经常用来显示股价的波动，而这种图表也可用于科学数据。

例如，可以使用股价图来显示每年或每天温度的波动。必须按正确的顺序组织数据才能创建股价图。

股价图数据在工作表中的组织方式非常重要，例如，要建一个简单的盘高-盘低-收盘股价图，应根据盘高、盘底和收益次序输入的列标题排序数据。股价图包括盘底-盘高-收盘图、开盘-盘高-盘底-收益图等子类型。

股价图的图表样式如下图所示。

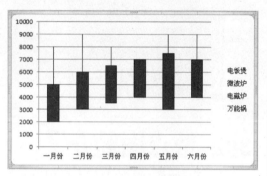

304 | 曲面图简介

曲面图排列在工作表的列或行中的数据可以绘制到曲面图中。如果用户想要找到两组数据间的最佳组合，可以使用曲面图。就像在地形图中一样，颜色和图案表示具有相同数值范围的区域。当类别和数据系列都是数值时，可以使用曲面图。曲面图包括二维曲面图和三维曲面图等子类型。

曲面图的图表样式如下图所示。

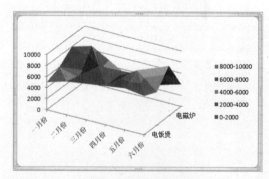

305 | 圆环图简介

圆环图排列在工作表的列或行中的数据可以绘制到圆环图中。

像饼图一样，圆环图显示各个部分与整体之间的关系，但是它可以包含多个数据系列。圆环图中的每一个环代表一个数据系列。圆环图包括闭合式圆环图和分离式圆环图等子类型。

圆环图的图表样式如下图所示。

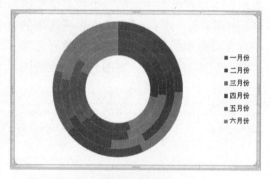

306 | 气泡图简介

气泡图是一种特殊的散点图。气泡的大小可以用来表示数组中第三变量的数值。气泡图包括二维气泡图和三维气泡图等子类型。

气泡图的图表样式如下图所示。

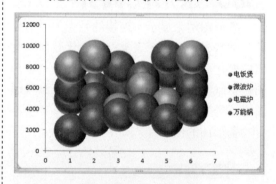

307 | 雷达图简介

雷达图用于显示独立数据系列之间以及某个特定系列与其他系列的整体关系。

专家提醒

丰富的图表可以方便用户分析数据，在创建图表时，用户可以根据需要选择适合的图表类型。

雷达图包括数据点雷达图和填充雷达图等子类型。

雷达图的图表样式如下图所示。

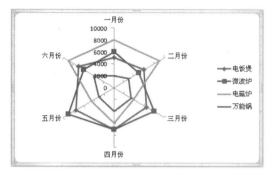

308 创建数据图表

在 Excel 2010 中提供了图表向导功能，用户可以方便、快速地利用向导创建一个标准类型或自定义的图表。

步骤 01 按【Ctrl＋O】组合键，打开一个 Excel 工作簿，在工作表中选择需要创建图表的数据清单，如下图所示。

步骤 02 切换至"插入"面板，在"图表"选项板中单击右侧的"创建图表"按钮，如下图所示。

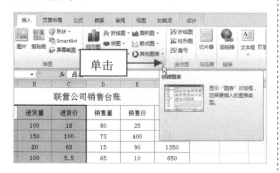

步骤 03 弹出"插入图表"对话框，在"柱形图"选项区中选择相应的图表样式，如下图所示。

步骤 04 单击"确定"按钮，即可创建数据图表，效果如下图所示。

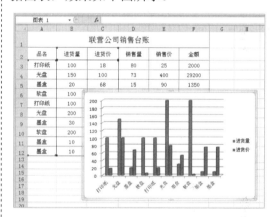

专家提醒

在 Excel 2010 中创建图表时，如果用户只选择了一个单元格，则 Excel 会自动将相邻单元格中包含的所有数据绘制在图表中。

309 更改图表类型

默认情况下，Excel 2010 采用的图表类型为簇状柱形图。用户在实际使用图表的过程中，有时候需要将图表换成另一种类型。在 Excel 2010 中，对于大部分二维图表，既可以修改数据系列的图表类型，也可以修改整个图表的类型；对于大部分三维图表，可以改为圆锥、圆柱等类型的图表。

步骤 01 打开上一例的效果文件,在工作表中选择需要更改类型的图表,单击鼠标右键,在弹出的快捷菜单中选择"更改图表类型"选项,如下图所示。

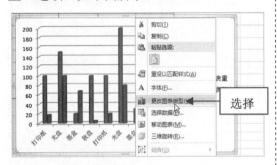

步骤 02 弹出"更改图表类型"对话框,在"柱形图"选项区中选择相应的图表样式,如下图所示。

步骤 03 单击"确定"按钮,即可更改图表样式,如下图所示。

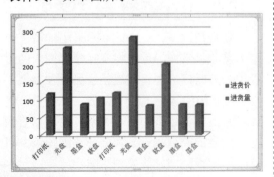

310 | 移动图表位置

在 Excel 2010 工作表的图表中,图表区以及图例等组成部分的位置都不是固定不变的,通过鼠标拖曳可以调整其位置。

步骤 01 打开一个 Excel 工作簿,选择需要移动的图表,如下图所示。

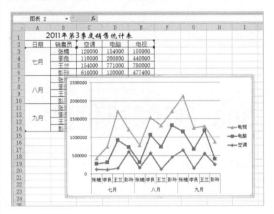

步骤 02 切换至"设计"面板,在"位置"选项板中单击"移动图表"按钮,如下图所示。

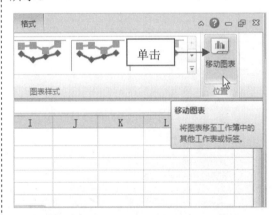

步骤 03 弹出"移动图表"对话框,选中"对象位于"单选按钮,在右侧列表框中选择 Sheet2 选项,如下图所示,将图表移至 Sheet2 中。

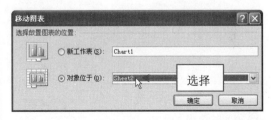

步骤 04 单击"确定"按钮，即可将图表移至 Sheet2 中，如下图所示。

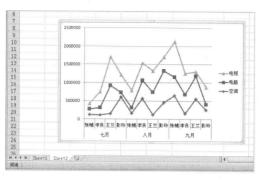

311 调整图表大小

在 Excel 2010 中，不仅可以对整个图表的大小进行调整，还可以调整图表中任意组成部分的大小。

步骤 01 打开上一例效果，选择需要调整大小的图表，如下图所示。

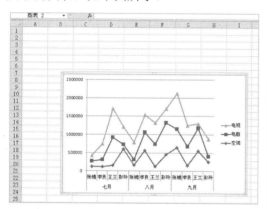

步骤 02 切换至"格式"面板，在"大小"选项板中单击"大小和属性"按钮，如下图所示。

步骤 03 弹出"设置图表区格式"对话框，选中"锁定纵横比"复选框，设置"高度"为 10 厘米，如下图所示。

步骤 04 设置完成后，单击"关闭"按钮，即可调整图表的大小，如下图所示。

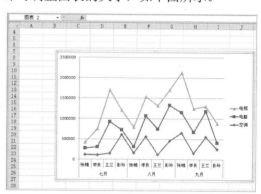

专家提醒

在 Excel 2010 中，图表、分类轴和数值标题不能通过拖曳鼠标的方法来调整大小，只能通过改变文字的大小来调整。

312 改变数值坐标

建立好图表后，如果默认的数值坐标轴不能满足用户的需求，则可以对坐标轴进行重新设置。

步骤 01 打开一个 Excel 工作簿，选择数据图表的数值坐标轴，如下图所示。

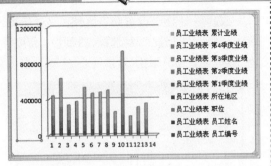

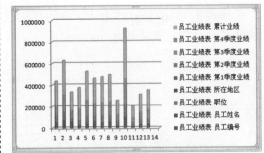

步骤02 单击鼠标右键,在弹出的快捷菜单中选择"设置坐标轴格式"选项,如下图所示。

步骤03 弹出"设置坐标轴格式"对话框,在"坐标轴选项"选项卡中,选中"主要刻度单位"的"固定"单选按钮,在右侧的文本框中输入刻度值 200000,如下图所示。

步骤04 设置完成后,单击"关闭"按钮,即可改变坐标轴刻度,效果如下图所示。

313 | 设置图表标题

在 Excel 2010 中,用户可根据需要设定图表标题以及分类坐标轴(X)和数值坐标轴(Y)的标题等。

步骤01 打开一个 Excel 工作簿,在工作表的图表区中,将鼠标定位于图表标题中,如下图所示。

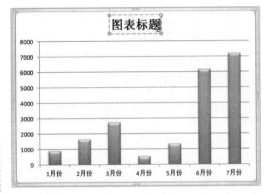

步骤02 选择需要删除的图标标题,按【Delete】键将其删除,然后输入用户需要的图标名称,如下图所示。

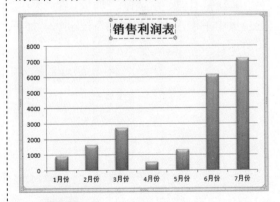

步骤03 在工作表的其他空白位置上单击鼠标左键,完成图表标题的修改,效果如下图所示。

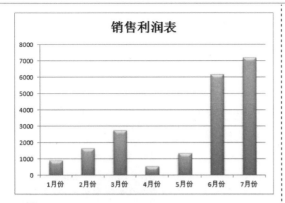

314 设置图表网格线

在 Excel 2010 中，用户可根据需要设定分类坐标的网格线。如果设置太多网格线，会让图表显得杂乱，用户可根据需要来设置网格线。

步骤 01 按【Ctrl＋O】组合键，打开一个 Excel 工作簿，选择需要设置网格线的图表，如下图所示。

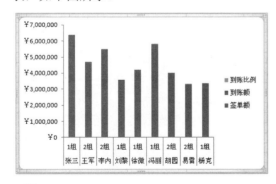

步骤 02 切换至"布局"面板，在"坐标轴"选项板中单击"网格线"按钮，在弹出的列表框中选择"主要横网格线"|"主要网格线"选项，如下图所示。

步骤 03 执行操作后，即可添加图表网格线，效果如下图所示。

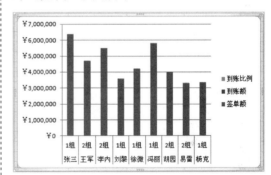

315 设置图表图例

在 Excel 2010 中，用户可根据需要设置图例的位置以及是否显示图例等选项。

步骤 01 打开一个 Excel 工作簿，选择需要设置图例的图表，如下图所示。

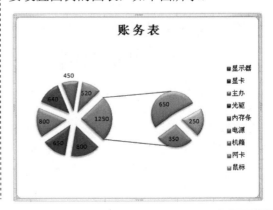

步骤 02 切换至"布局"面板，在"标签"选项板中单击"图例"按钮，在弹出的列表框中选择"在底部显示图例"选项，如下图所示。

步骤 03 执行操作后，即可在底部显示图例，效果如下图所示。

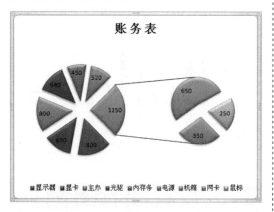

账务表

专家提醒

　　单击"图例"按钮，在弹出的列表框中选择"其他图例选项"选项，在弹出的相应对话框中也可设置图表图例。

316 | 设置图表图案

　　在 Excel 2010 中，可以设置图表的颜色、图案等，使图表更加美观。

步骤 01 打开上一例的效果文件，选择需要设置图案的图表，切换至"格式"面板，在"形状样式"选项板中单击"形状填充"按钮，在弹出的列表框中选择"纹理"选项，

在弹出的子菜单中选择"画布"选项，如下图所示。

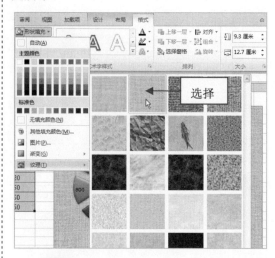

步骤 02 执行操作后，即可设置图表的图案填充效果，如下图所示。

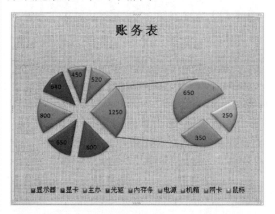

账务表

专家提醒

　　在 Excel 2010 中，单击"形状填充"按钮，在弹出的列表框中，用户还可以使用纯色、图片以及渐变色来填充特定的图表元素。

317 | 添加数据标签

　　在 Excel 2010 中，还可以在数据图表中添加图表数据标签，这样不仅可以增强图表的可读性，还可以增强图表的数据化形式。

步骤 01 打开一个 Excel 工作簿，选择要添加数据标签的图表，如下图所示。

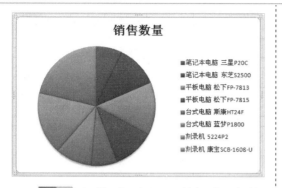

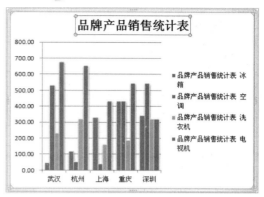

步骤 02 切换至"布局"面板，在"标签"选项板中单击"数据标签"右侧的下三角按钮 ，在弹出的列表框中选择"数据标签内"选项，如下图所示。

步骤 02 切换至"格式"面板，在"形状样式"选项板中单击"其他"按钮 ，在弹出的列表框中选择相应的形状样式，如下图所示。

步骤 03 执行上述操作后，即可添加数据标签，效果如下图所示。

步骤 03 执行操作后，即可为文本添加形状样式，效果如下图所示。

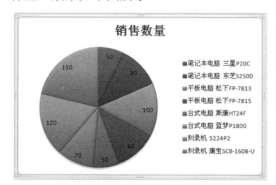

318 设置文本格式

在 Excel 2010 中，用户还可以根据需要对图表的标题或文本框中的字符进行格式设置，使图表更美观。

步骤 01 打开一个 Excel 工作簿，选择图表标题，如下图所示。

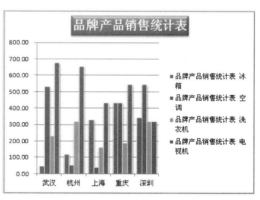

专家提醒

如果用户对所运用的形状外观样式不够满意，也可以在"形状样式"下拉列表框中重新选择其他样式。

319 | 设置坐标格式

在 Excel 2010 中,除了饼图和雷达图外,其他图表类型都必须使用坐标轴,对于大多数图表来说,数值沿 Y 坐标轴绘制,数据分类沿 X 坐标轴绘制。建立图表时,坐标轴会自动出现。

步骤 01 打开一个 Excel 工作簿,选择纵坐标轴,如下图所示。

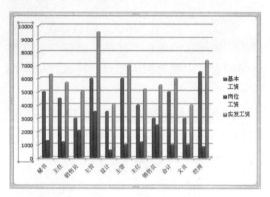

步骤 02 切换至"格式"面板,单击"设置形状格式"按钮 ，如下图所示。

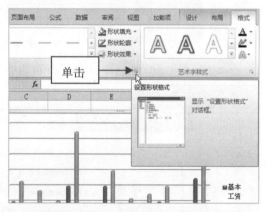

步骤 03 弹出"设置坐标轴格式"对话框,在"坐标轴选项"选项卡中设置"主要刻度线类型"和"次要刻度线类型"均为"外部"、"坐标轴标签"为"高",如下图所示。

专家提醒

在"设置坐标轴格式"对话框中,用户也可以设置坐标轴的数字、线条颜色和线型等。

步骤 04 设置完成后,单击"关闭"按钮,即可设置坐标轴格式,效果如下图所示。

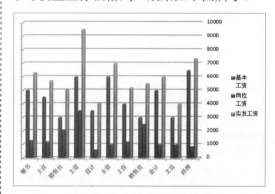

320 | 添加趋势线

趋势线就是用图形的方式显示数据的预测趋势并可用于预测分析,也叫做回归分析。运用趋势线可以在图表中扩展趋势线,即根据实际数据预测未来数据。

步骤 01 打开一个 Excel 工作簿,选择数据图表,如下图所示。

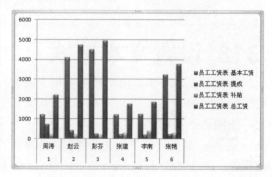

步骤 02 切换至"布局"面板,在"分析"选项板中单击"趋势线"按钮 📈,在弹出的列表框中选择"线性趋势线"选项,如下图所示。

步骤 03 弹出"添加趋势线"对话框,选择相应的选项,如下图所示。

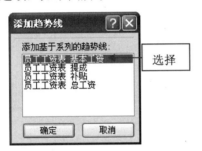

步骤 04 单击"确定"按钮,即可添加趋势线,效果如下图所示。

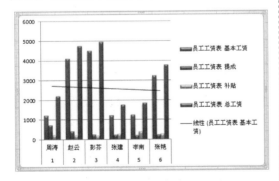

🎓 **专家提醒**

不是所有的图表都可以添加趋势线,柱形图、条形图、折线图和 XY 散点图可建立趋势线,而饼图、圆环图、雷达图等则无法建立趋势线。

321 添加误差线

在二维的面积图、条形图、柱形图、折线图的数据系列中均可添加误差线。

步骤 01 打开一个 Excel 工作簿,选择数据图表,如下图所示。

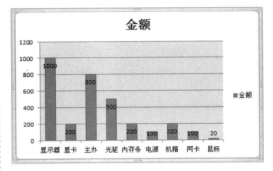

步骤 02 切换至"布局"面板,在"分析"选项板中单击"误差线"按钮 📊,在弹出的列表框中选择"标准误差误差线"选项,如下图所示。

步骤 03 执行操作后,即可添加误差线,如下图所示。

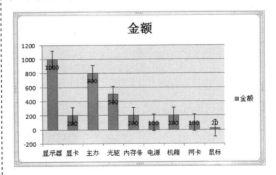

13 创建编辑数据透视表

学前提示

Excel 2010 提供了简单、形象和实用的数据分析工具——数据透视表及数据透视图，使用该工具可以生动全面地对数据清单进行重组和统计。本章主要向读者介绍使用数据透视表以及数据透视图的操作方法和技巧。

本章知识重点

▶ 创建数据透视表
▶ 更改数据透视表布局
▶ 更改数据透视表样式
▶ 调整数据透视表顺序
▶ 移动数据透视表

▶ 删除数据透视表
▶ 筛选数据透视表数据
▶ 更改数据透视表汇总
▶ 创建数据透视图
▶ 更改数据透视图样式

学完本章后你会做什么

▶ 掌握数据透视表和透视图的应用
▶ 掌握数据透视表的编辑和修改
▶ 掌握数据透视图的修改和设置

视频演示

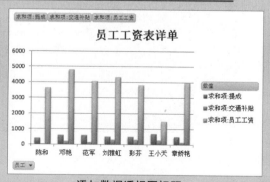

更改数据透视表样式　　　　　　添加数据透视图标题

322 创建数据透视表

在 Excel 2010 中，使用数据透视表可以对数据清单进行重新组织和统计数据，也可以显示不同页面以筛选数据，还可以根据用户的需要显示区域中的细节数据。下面介绍创建数据透视表的操作方法。

步骤 01 单击"文件"|"打开"命令，打开一个 Excel 工作簿，如下图所示。

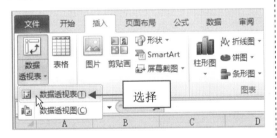

步骤 02 切换至"插入"面板，在"表格"选项板中单击"数据透视表"按钮，在弹出的列表中选择"数据透视表"选项，如下图所示。

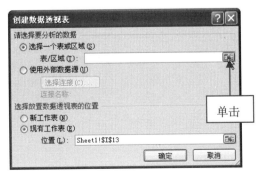

步骤 03 弹出"创建数据透视表"对话框，在其中单击"表/区域"右侧的按钮，如下图所示。

步骤 04 在工作表中，选择需要创建数据透视表的单元格区域，如下图所示。

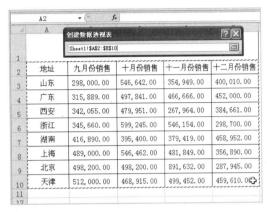

步骤 05 按【Enter】键确认，返回"创建数据透视表"对话框，选中"新工作表"单选按钮，单击"确定"按钮，即可在工作簿中创建数据透视表，如下图所示。

步骤 06 在"数据透视表字段列表"窗格中，选中相应的复选框，即可显示相应数据，如下图所示。

新建的数据透视表中是没有内容的，用户需要在"数据透视表字段列表"窗格中选中相应的字段复选框，为数据透视表添加数据。

323 更改数据透视表布局

在 Excel 2010 中，更改数据透视表布局时，用户可以通过拖动字段按钮或字段标题，直接更改数据透视表的布局，也可以使用数据透视表向导来更改布局。

步骤 01 单击"文件"|"打开"命令，打开一个 Excel 工作簿，将鼠标置于数据透视表中的某一个单元格，如下图所示。

J15		求和项:总价(元)		
15	行标签	求和项:数量(册)	求和项:单价(元)	求和项:总价(元)
16	B-1	48	20	960
17	B-10	29	20	580
18	B-2	35	35	1225
19	B-3	42	18	756
20	B-4	53	15	795
21	B-5	47	30	1410
22	B-6	32	38	1216
23	B-7	52	35	1820
24	B-8	42	28	1176
25	B-9	37	19	703
26	总计	417	258	10641
27				
28				
29				
30				
31				
32				

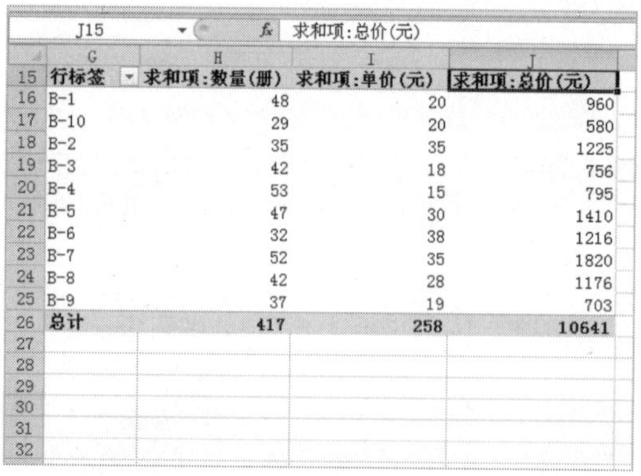

步骤 02 切换至"设计"面板，在"布局"选项板中单击"报表布局"按钮，在弹出的列表中选择"以表格形式显示"选项，如下图所示。

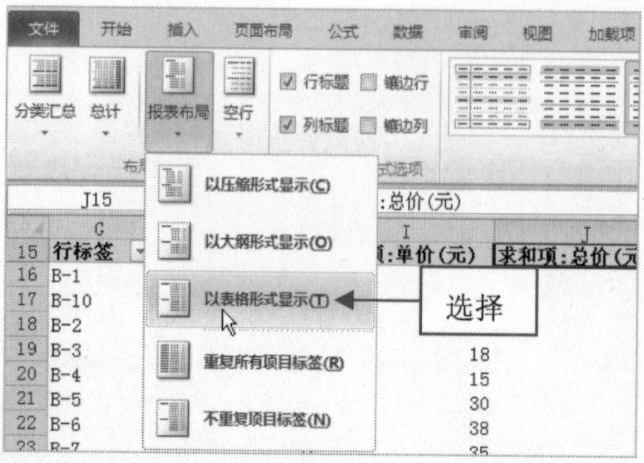

步骤 03 执行操作后，即可以表格形式显示数据透视表，如下图所示。

J15		求和项:总价(元)		
15	编号(书)	求和项:数量(册)	求和项:单价(元)	求和项:总价(元)
16	B-1	48	20	960
17	B-10	29	20	580
18	B-2	35	35	1225
19	B-3	42	18	756
20	B-4	53	15	795
21	B-5	47	30	1410
22	B-6	32	38	1216
23	B-7	52	35	1820
24	B-8	42	28	1176
25	B-9	37	19	703
26	总计	417	258	10641
27				
28				
29				
30				
31				
32				
33				
34				

在 Excel 2010 中，更改数据透视表的布局可以让数据透视表以不同的方式显示在用户面前。当数据透视表中分类内容较多时，可以使用压缩形式显示数据表。

324 更改数据透视表样式

对于创建的数据透视表，用户可以使用自动套用格式功能，将 Excel 中内置的数据透视表格式应用于选中的数据透视图表。对于数据区域的数字格式，用户也可根据需要进行设置。

步骤 01 单击"文件"|"打开"命令，打开一个 Excel 工作簿，将鼠标置于数据透视表中的某一个单元格，如下图所示。

C2		求和项:柠檬（元）	
	A	B	C
1			
2	月份	求和项:可乐（元）	求和项:柠檬（元）
3	一月	1500	1000
4	二月	1200	900
5	三月	1400	1100
6	四月	1300	800
7	五月	1600	950
8	总计	7000	4750

步骤02 切换至"设计"面板,在"数据透视表样式"选项板中单击"其他"按钮▼,在弹出的下拉列表框中选择相应透视表样式,如下图所示。

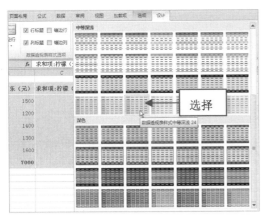

步骤03 执行操作后,即可更改数据透视表样式,如下图所示。

专家提醒

在"其他"下拉列表框中选择"新建数据透视表样式"选项,在弹出的"新建数据透视表快速样式"对话框中,用户可自定义数据透视表样式。

325 调整数据透视表顺序

数据透视表自动创建的顺序有时并不是用户满意的,此时用户可以通过移动数据的方式来调整数据透视表中的数据顺序。

步骤01 单击"文件"|"打开"命令,打开一个 Excel 工作簿,将鼠标置于数据透视表中的某一个单元格,如下图所示。

步骤02 切换至"选项"面板,在"显示"选项板中单击"字段列表"按钮,如下图所示。

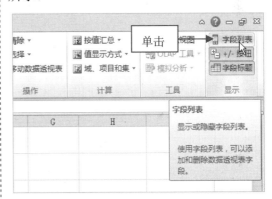

步骤03 显示"数据透视表字段列表"列表框,在"数值"列表框中,单击"求和项:空调"右侧的下三角按钮▼,在弹出的列表框中选择"下移"选项,如下图所示。

步骤04 执行操作后,即可调整数据透视表顺序,效果如下图所示。

行标签	求和项:冰箱	求和项:空调	求和项:电视机	求和项:洗衣机
二月份	5000	6000	9000	3000
六月份	6000	7000	9000	4000
三月份	8000	6500	4000	3500
四月份	7000	7000	6000	4000
五月份	9000	7500	4500	3000
一月份	6000	5000	8000	2000
总计	41000	39000	40500	19500

专家提醒

如果用户需要将所选数据移至开头的位置,只需单击该数值右侧的下三角按钮,在弹出的列表框中选择"移至开头"选项即可。

326 移动数据透视表

移动数据透视表可以将其移动到新的工作表中,或者移至现有工作表中,用户可以根据需要进行选择。

步骤01 单击"文件"|"打开"命令,打开一个 Excel 工作簿,选择数据透视表,如下图所示。

行标签	求和项:电视机	求和项:电冰箱	求和项:空调	求和项:洗衣机	求和项:热水器
1月	98	150	192	156	220
2月	112	142	180	148	194
3月	103	163	162	167	168
4月	79	130	149	190	158
5月	90	160	187	156	165
6月	125	167	197	160	124
总计	607	912	1067	977	1029

步骤02 切换至"选项"面板,在"操作"选项板中单击"移动数据透视表"按钮,如下图所示。

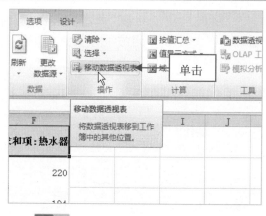

步骤03 弹出"移动数据透视表"对话框,选中"新工作表"单选按钮,如下图所示。

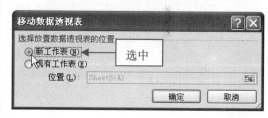

步骤04 单击"确定"按钮,即可移动数据透视表,效果如下图所示。

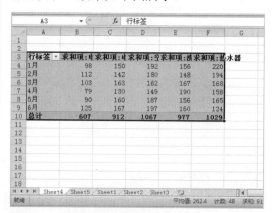

专家提醒

在"移动数据透视表"对话框中,用户既可以将数据移至现有工作表中的其他位置,也可以将其移至新的工作表中。

327 删除数据透视表

在 Excel 2010 中,当用户不再需要数据透视表时,可以将创建的数据透视表进行删除操作。

步骤 01　单击"文件"|"打开"命令，打开一个 Excel 工作簿，选择数据透视表，如下图所示。

步骤 02　切换至"选项"面板，在"操作"选项板中单击"清除"按钮 ，在弹出的列表框中选择"全部清除"选项，如下图所示。

步骤 03　执行操作后，即可删除数据透视表，如下图所示。

专家提醒

在数据透视表中，用户也可以按【Delete】键直接删除数据透视表。

328 | 筛选数据透视表数据

在 Excel 2010 中，有的数据透视表中的数据过多，需要进行适当的筛选，用户可以根据实际需要筛选数据透视表中的数据。

步骤 01　单击"文件"|"打开"命令，打开一个 Excel 工作簿，选择数据透视表，如下图所示。

步骤 02　切换至"选项"面板，在"显示"选项板中单击"字段列表"按钮 ，显示"数据透视表字段列表"列表框，在"选择要添加到列表的字段"选项区中单击"姓名"右侧的下三角按钮，如下图所示。

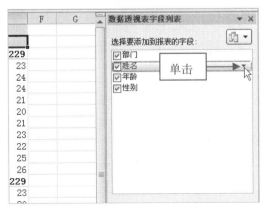

步骤 03 在弹出列表框中，取消选中相应姓名前的复选框，如下图所示。

步骤 04 单击"确定"按钮，即可筛选数据透视表中的数据，效果如下图所示。

在数据透视表中，不能直接删除数据表中的数据，需要删除源数据中的数据。

329 更改数据透视表汇总方式

在 Excel 2010 默认情况下，数据透视表汇总的各种数据都是以"求和"的方式进行运算，用户可以根据实际需要对运算方式进行更改。

步骤 01 单击"文件"|"打开"命令，打开一个 Excel 工作簿，选择数据透视表，如下图所示。

步骤 02 切换至"选项"面板，在"显示"选项板中单击"字段列表"按钮，显示"数据透视表字段列表"列表框，在"数值"选项区中单击"求和项"右侧的下三角按钮，在弹出的列表中选择"值字段设置"选项，如下图所示。

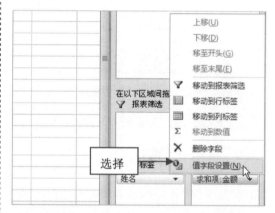

步骤 03 弹出"值字段设置"对话框，在"值汇总方式"选项卡中选择"计算类型"列表框中的"平均值"选项，如下图所示。

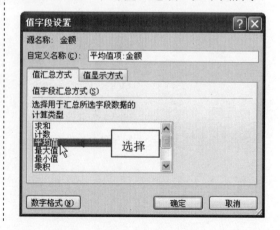

步骤 04　单击"确定"按钮，即可更改数据透视表的汇总方式，效果如下图所示。

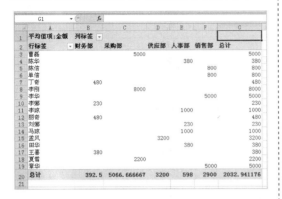

专家提醒

在"值字段设置"对话框中，用户也可以根据需要设置自定义名称。

330 创建数据透视图

数据透视图可以看作是数据透视表和图表的结合，它以图形的形式表示数据透视表中的数据，具有图表显示数据的所有功能，同时具有数据透视表的方便和灵活等特性。

创建数据透视图可以通过数据透视图向导来完成操作。

步骤 01　单击"文件"|"打开"命令，打开一个 Excel 工作簿，如下图所示。

步骤 02　切换至"插入"面板，在"表格"选项板中单击"数据透视表"按钮，在弹出的列表中选择"数据透视图"选项，如下图所示。

步骤 03　弹出"创建数据透视表及数据透视图"对话框，单击"表/区域"右侧的按钮，如下图所示。

专家提醒

在"创建数据透视表及数据透视图"对话框的"表/区域"右侧的文本框中，用户可以手动输入单元格区域。

步骤 04　在工作表中选择需要创建数据透视图的单元格区域，如下图所示。

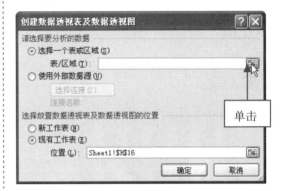

步骤 05 按【Enter】键确认，返回"创建数据透视表及数据透视图"对话框，选中"新工作表"单选按钮，单击"确定"按钮，在工作表中创建数据透视图，如下图所示。

步骤 06 在"数据透视表字段列表"窗格中选中相应复选框，即可显示相应数据及图表，效果如下图所示。

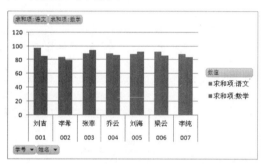

331 更改数据透视图样式

在 Excel 2010 中，系统提供了多种图案样式，用户可以根据需要更改数据透视图的样式，使数据透视图更加美观。

步骤 01 打开上一例效果文件，选择数据图表，如下图所示。

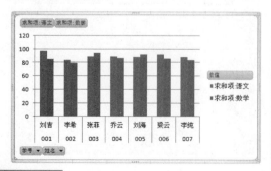

步骤 02 切换至"设计"面板，在"图表样式"选项板中单击"其他"按钮 ，在弹出的下拉列表框中选择用户需要的样式，如下图所示。

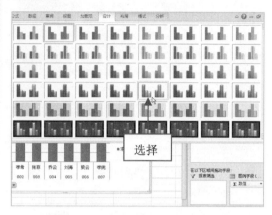

步骤 03 执行操作后，即可更改数据透视图的样式，如下图所示。

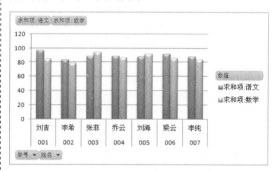

专家提醒

如果用户对更改的图表样式还不满意，可在"其他"按钮的下拉列表框中重新选择样式。

332 添加数据透视图标题

在 Excel 2010 默认情况下，创建数据透视图后，Excel 会自动为其添加标题，用户也可以根据需要自定义标题。

步骤 01 单击"文件"|"打开"命令，打开一个工作簿，在工作表中选择数据图表，如下图所示。

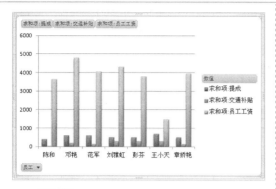

步骤02 切换至"布局"面板,在"标签"选项板中单击"图表标题"按钮,在弹出的列表中选择"图表上方"选项,如下图所示。

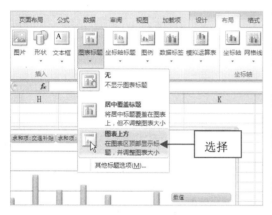

专家提醒

在弹出的列表框中,如果用户选择"居中覆盖标题"选项,那么所添加的标题将覆盖在图表上。

步骤03 此时在图表上方显示"图表标题"字样,选择字样按【Delete】键删除,然后输入用户所需的标题,如下图所示。

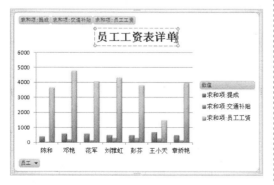

步骤04 在其他空白单元格中,单击鼠标左键,即可添加数据透视图标题,效果如下图所示。

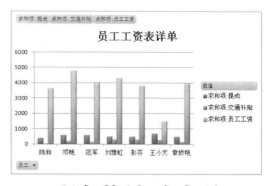

333 隐藏筛选窗格

在 Excel 2010 中,如果工作表中的数据透视图的筛选窗格覆盖了单元格中的数据,用户可以将窗格隐藏起来。

步骤01 单击"文件"|"打开"命令,打开一个工作簿,在工作表中选择数据图表,如下图所示。

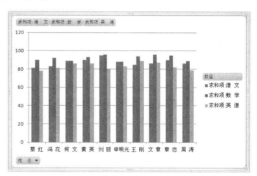

步骤02 切换至"分析"面板,在"显示/隐藏"选项板中单击"字段按钮"按钮,在弹出的列表中选择"全部隐藏"选项,如下图所示。

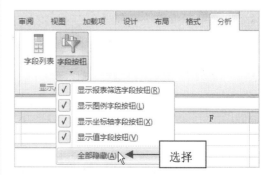

步骤 03 执行操作后，即可隐藏筛选窗格，效果如下图所示。

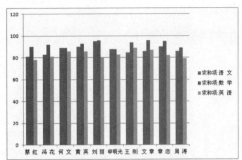

专家提醒

如果用户需要再次显示筛选窗格，只需在"显示/隐藏"选项板中单击"字段按钮"按钮，在弹出的下拉列表框中选择需要显示的筛选窗格即可。

334 删除数据透视图

在 Excel 2010 中，当用户不再需要数据透视图时，可以将其删除。

步骤 01 单击"文件"|"打开"命令，打开一个工作簿，在工作表中选择数据图表，如下图所示。

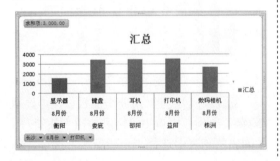

步骤 02 切换至"分析"面板，在"数据"选项板中单击"清除"按钮，在弹出的列表中选择"全部清除"选项，如下图所示。

专家提醒

用户还可以选择需要删除的数据透视图，按【Delete】键即可。

步骤 03 执行上述操作后，即可删除数据透视图，效果如下图所示。

PowerPoint 轻松入门

学前提示

　　PowerPoint 2010 是一款功能非常强大的制作和演示幻灯片的软件，使用它可以方便、快捷地创建出包含文本、图表、图形、剪贴画和其他艺术效果的幻灯片。在使用 PowerPoint 2010 之前，需要对其基本操作进行熟悉，本章将主要向读者介绍其软件界面、视图方式以及基本操作等。

本章知识重点

▶ 软件的应用特点　　　　　▶ 切换普通视图
▶ PowerPoint 常见术语　　 ▶ 切换浏览视图
▶ 熟悉工作界面　　　　　　▶ 切换备注页视图
▶ 启动软件窗口　　　　　　▶ 切换放映视图
▶ 退出软件窗口　　　　　　▶ 创建空白文稿

学完本章后你会做什么

▶ 掌握 PowerPoint 2010 软件的基本应用
▶ 掌握 PowerPoint 2010 的基本视图
▶ 掌握演示文稿的基本操作

视频演示

切换普通视图

打开演示文稿

335 软件的应用特点

PowerPoint 2010 是一款专门用来制作和播放幻灯片的软件，使用它可以轻松地制作出形象生动、声形并茂的幻灯片。

PowerPoint 2010 简单易学，同时还为用户提供了方便的帮助系统，可以通过 Internet 协作和共享演示文稿。它能将呆板的文档、表格等结合图片、图表、影片、音乐以及动画等多种元素，生动地展示给观众，并能利用电脑、投影仪等设备放映出来，表达自己的想法或战略、传播知识、促进交流以及文化宣传等。PowerPoint 2010 不仅继承了之前版本的强大功能，更以全新的界面和便捷的操作模式引导用户快速地制作出图文并茂的多媒体演示文稿。如下图所示为教学课件。

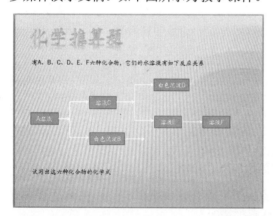

336 PowerPoint 常见术语

PowerPoint 2010 引入了一些特有的专业术语，了解这些专业术语，更有利于创建和操作演示文稿。

1. 演示文稿和幻灯片

演示文稿是使用 PowerPoint 所创建的文档，而幻灯片则是演示文稿中的页面。演示文稿是由若干张幻灯片组成的，这些幻灯片能够以图、表、音、像等多种形式用于广告宣传、产品简介、学术演讲、电子教学等。如下图所示为演示文稿。

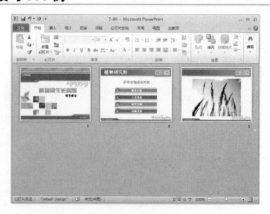

下图所示为演示文稿中的一张幻灯片。

2. 主题

PowerPoint 2010 的主题由"主题颜色"、"主题字体"和"主题效果"组成。"主题颜色"是指演示文稿中使用的颜色的集合；"主题字体"是指应用在演示文稿中的主要字体和次要字体的集合；"主题效果"是指应用在演示文稿中元素的视觉属性的集合。主要可以作为一套独立的选择方案应用于演示文稿中，如下图所示为一张幻灯片应用两种不同主题的效果。

3. 模板

在 PowerPoint 2010 中，模板记录了对幻灯片母版、版式和主题组合所进行的设置。由于模板所包含的结构构成了演示文稿的样式和页面布局，因此可以在模板的基础上快速创建外观和风格相似的演示文稿。

4. 版式

版式是幻灯片母版中的一个组成部分，可以使用版式来排列幻灯片中的多种对象和文字。PowerPoint 2010 内置了多种标准版式，如下图所示，其中包含幻灯片中标题、副标题、文本、列表、图片、表格、图表、形状和视频等元素的排列方式。

专家提醒

一个演示文稿中可以包含一个或多个幻灯片模板，每张幻灯片又包含一种或多种版式，这些版式便构成了模板。

5. 母版

母版是模板的一部分，其中存储了文本和各种对象在幻灯片上的放置位置、文本或占位符的大小、文本样式、背景、颜色主题、效果和动画等信息。母版包括幻灯片母版、讲义母版和备注模板。最常用的是幻灯片母版，它定义了幻灯片中要放置和显示内容的位置信息。

337 | 熟悉工作界面

PowerPoint 2010 的工作界面主要由标题栏、快速访问工具栏、菜单栏、面板、大纲/幻灯片窗格、编辑窗口、备注栏和状态栏等部分组成，如下图所示。

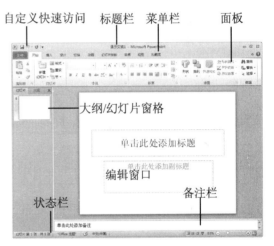

338 | 启动软件窗口

使用 PowerPoint 时，需要先启动应用程序窗口，启动 PowerPoint 2010 主要有以下 3 种方法。

◎ 图标：双击桌面上的 PowerPoint 2010 快捷方式图标。

◎ 命令：单击"开始"|"所有程序"|"Microsoft Office"|"Microsoft PowerPoint 2010"命令。

◎ 快捷菜单：在桌面窗口中的空白区域单击鼠标右键，在弹出的快捷菜单中选择"新建"|"Microsoft PowerPoint 演示文稿"选项。

339 退出软件窗口

退出 PowerPoint 2010 的方法也非常简单，常用的有以下 3 种方法。

❀ 命令：单击"文件"|"退出"命令。

❀ 按钮：单击窗口标题栏右侧的"关闭"按钮。

❀ 快捷键：按【Alt＋F4】组合键。

❀ 若在工作界面中进行部分操作，之前也未保存，在退出该软件时，将会弹出提示信息框，如下图所示。

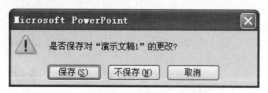

单击"保存"按钮，将文件保存后退出；单击"不保存"按钮，将不保存文件直接退出；单击"取消"按钮，将不退出 PowerPoint 2010 应用程序。

340 切换普通视图

PowerPoint 2010 默认的视图方式即是普通视图，该视图有 3 个工作区域：左侧是"大纲"选项卡（以文本显示幻灯片）和"幻灯片"选项卡（以缩略图显示幻灯片），中间是幻灯片窗格，用来显示当前幻灯片，底部是备注窗格，如下图所示为普通视图。

切换至普通视图有以下 3 种方法：

❀ 按钮 1：单击状态栏右侧的"普通视图"按钮。

❀ 按钮 2：切换至"视图"面板，在"演示文稿视图"选项板中单击"普通视图"按钮。

❀ 快捷键：依次按键盘上的【Alt】、【W】和【L】键。

专家提醒

幻灯片窗口位于工作界面左侧，以缩略图的方式显示幻灯片；大纲窗口也位于工作界面左侧，以文本的方式显示幻灯片，备注窗格位于工作界面底部。

341 切换浏览视图

使用幻灯片浏览视图，可以在屏幕上同时看到演示文稿中的所有幻灯片，在该视图中可以看到改变幻灯片的背景设计、配色方案或更换模板后演示文稿发生的整体变化。如下图所示为浏览视图。

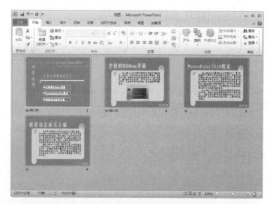

切换至浏览视图有以下 3 种方法：

❀ 按钮 1：单击状态栏右侧的"幻灯片浏览"按钮。

❀ 按钮 2：切换至"视图"面板，在"演示文稿视图"选项板中单击"幻灯片浏览"按钮。

❀ 快捷键：依次按键盘上的【Alt】、【W】和【I】键。

342 切换备注页视图

该视图用来显示和编排备注页内容。

在备注页视图中，视图的上部分显示幻灯片，下半部分显示备注内容。如下图所示为备注页视图。

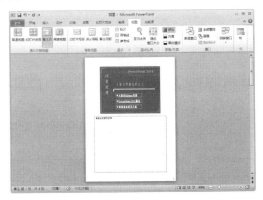

切换至备注页视图有以下两种方法：

❀ 按钮：切换至"视图"面板，在"演示文稿视图"选项板中，单击"备注页"按钮。

❀ 快捷键：依次按键盘上的【Alt】、【W】和【T】键。

专家提醒

一般的文字备注可以在普通视图的备注窗格中添加，而要添加图形和表格对象，则必须在备注页视图中操作。

343 切换放映视图

幻灯片放映视图占据整个计算机屏幕，如下图所示。在该视图中，幻灯片将以全屏方式动态显示，并具有动画、声音以及切换等效果。

切换至放映视图有以下 4 种方法：

❀ 按钮 1：单击状态栏右侧的"幻灯片放映"按钮。

❀ 按钮 2：切换至"幻灯片放映"面板，在"开始放映幻灯片"选项板中单击"从头开始"按钮。

❀ 快捷键：按【F5】键。

❀ 选项：单击"自定义快速访问工具栏"按钮，在弹出的下拉菜单中选择"从头开始放映幻灯片"选项。

344 创建空白文稿

在 PowerPoint 2010 中创建演示文稿的操作方法与在 Word 中新建文档、在 Excel 中新建工作簿的操作方法类似。

步骤 01 单击"文件"菜单，在弹出的面板中单击"新建"命令，如下图所示。

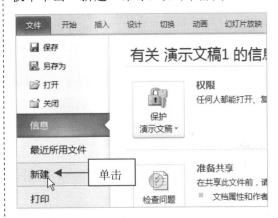

步骤 02 切换至"新建"选项卡，在"可用的模板和主题"列表框中单击"空白演示文稿"按钮，如下图所示。

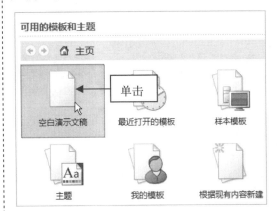

步骤 03 在右侧窗格中，单击"创建"按钮，如下图所示。

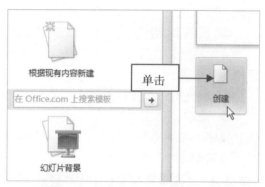

步骤 04 执行操作后，即可新建一个演示文稿，并命名为"演示文稿 2"，如下图所示。

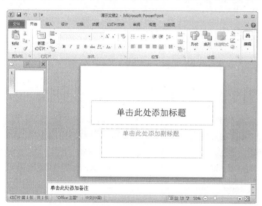

专家提醒

在 PowerPoint 2010 中，用户可根据已安装的主题新建演示文稿。主题是 PowerPoint 2010 预先为用户设置好的应用版式，且每种主题都提供了几十种内置的主题颜色，用户可以根据自己的需要选择不同的颜色来设计演示文稿。

345 | 以模板创建文稿

在 PowerPoint 2010 中，模板的应用可以为用户节省很多时间。

步骤 01 单击"文件"菜单，在弹出的面板中单击"新建"命令，切换至"新建"选项卡，在展开的"可用的模板和主题"列表中单击"样本模板"按钮，如下图所示。

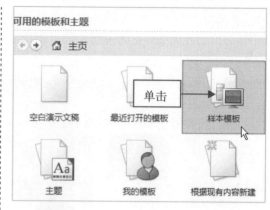

步骤 02 在"样本模板"列表中选择"PowerPoint 2010 简介"选项，如下图所示。

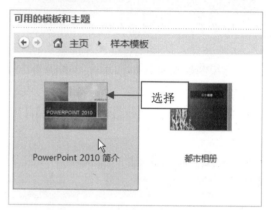

步骤 03 在右侧窗格中，单击"创建"按钮，即可以样本模板创建一个演示文稿，如下图所示。

346 | 以主题创建文稿

用户还可以在 PowerPoint 2010 中，通过主题创建新的演示文稿，从而直接应用该主题样式。

步骤01 单击"文件"菜单，在弹出的面板中单击"新建"命令，切换至"新建"选项卡，在展开的"可用的模板和主题"列表中单击"主题"按钮，如下图所示。

步骤02 在"主题"列表中选择"波形"选项，如下图所示。

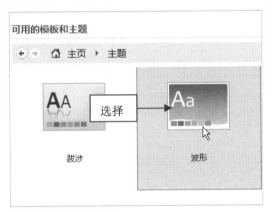

步骤03 在右侧窗格中，单击"创建"按钮，即可以主题样式创建一个演示文稿，如下图所示。

347 打开演示文稿

如果用户需要对电脑中的演示文稿进行编辑，首先需要将文件打开，下面介绍打开演示文稿的操作方法。

步骤01 单击"文件"菜单，在弹出的面板中单击"打开"命令，如下图所示。

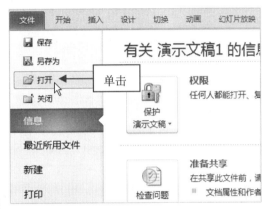

步骤02 弹出"打开"对话框，在其中选择需要打开的演示文稿，如下图所示。

步骤03 单击"打开"按钮，即可打开选择的演示文稿，如下图所示。

在 PowerPoint 2010 中，还可以通过以下两种方法打开演示文稿。

✿ 按【Ctrl + O】组合键。

✿ 按【Ctrl + F12】组合键。

348 另存为演示文稿

当执行保存操作时，如果演示文稿已被保存过，PowerPoint 2010 会自动将演示文稿修改内容保存起来，如果是第一次保存，系统将自动弹出"另存为"对话框。在其中指定文件名以及保存路径，并单击"保存"按钮即可。

步骤 01 以上一例的效果为例，设置文字的字体为白色，在如下图所示。

蒲公英的自由

步骤 02 单击"文件"菜单，在弹出的面板中单击"另存为"命令，如下图所示。

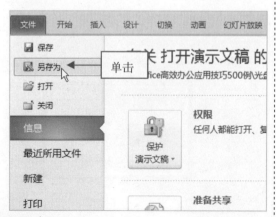

步骤 03 弹出"另存为"对话框，设置演示文稿的保存位置及文件名称，如下图所示，单击"保存"按钮，即可另存为演示文稿。

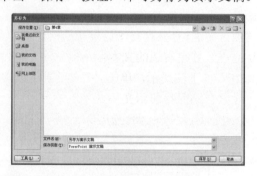

在 PowerPoint 2010 中，按【Ctrl + Shift + S】组合键，也可以另存演示文稿。

349 保存演示文稿

在实际工作中，一定要养成经常保存的习惯，在制作演示文稿的过程中，保存的次数越多，因意外事故造成的损失就越小。

在 PowerPoint 2010 中，保存文稿的方法主要有以下 7 种：

✿ 按钮：单击快速访问工具栏中的"保存"按钮 ▉。

✿ 命令：单击"文件"菜单，在弹出的列表框中单击"保存"命令。

✿ 快捷键 1：按【Ctrl+S】组合键。

✿ 快捷键 2：按【Shift+F12】组合键。

✿ 快捷键 3：按【F12】键。

✿ 快捷键 4：依次按【Alt】、【F】和【S】键。

✿ 快捷键 5：依次按【Alt】、【F】和【A】键。

350 自动保存文稿

设置自动保存可以每隔一段时间自动保存一次。即使出现断电或死机等情况，当再次启动时，保存过的文件内容也依然存在，而且避免了手动保存的麻烦。

设置自动保存的方法很简单：单击"文件"菜单，在弹出的下拉列表框中单击"选项"命令，弹出"PowerPoint 选项"对话框，切换至"保存"选项卡，在"保存演示文稿"选项区中选中"保存自动恢复信息时间间隔"复选框，并在右边的文本框中设置时间间隔为 10，如下图所示，单击"确定"按钮，即可设置自动保存演示文稿。

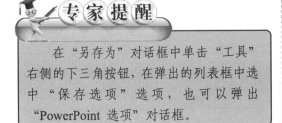

专家提醒

　　在"另存为"对话框中单击"工具"右侧的下三角按钮，在弹出的列表框中选中"保存选项"选项，也可以弹出"PowerPoint 选项"对话框。

351 | 保护演示文稿

保护演示文稿可以防止其他用户更改演示文稿中的内容、查看隐藏的数据等。

步骤 01 单击"文件"|"打开"命令，打开一个演示文稿，如下图所示。

步骤 02 单击"文件"菜单，在弹出的面板中单击"另存为"命令，弹出"另存为"对话框，设置保存路径和文件名，单击"工具"右侧的下三角按钮，在弹出的列表框中选择"常规选项"选项，如下图所示。

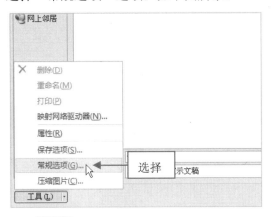

步骤 03 弹出"常规选项"对话框，在"打开权限密码"和"修改权限密码"右侧的文本框中分别输入密码，如下图所示。

步骤 04 单击"确定"按钮，弹出"确认密码"对话框，在"重新输入打开权限密码"文本框中输入打开时的密码，如下图所示。

步骤 05 弹出"确认密码"对话框，在"重新输入修改权限密码"文本框中，再次输入修改时的密码，如下图所示。

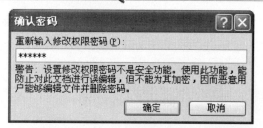

步骤06 依次单击"确定"和"保存"按钮，即可保护演示文稿。

专家提醒

对演示文稿进行保护后，如果密码丢失或遗忘，则无法将其恢复，所有建议用户在设置密码时要慎重。修改权限密码和打开权限密码的功能不同，一个是用于修改文档，另一个是用于打开文档。这两个密码可以同时设置。

352 | 关闭演示文稿

关闭 PowerPoint 2010 演示文稿的方法和关闭 Word 2010 文档、Excel 2010 工作簿的方法相似，下面向读者进行介绍。

步骤01 以上一例效果为例，单击"文件"菜单，在弹出的面板中单击"关闭"命令，如下图所示。

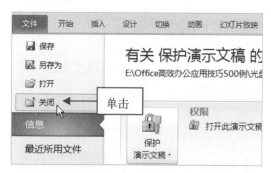

步骤02 执行操作后，即可关闭演示文稿，如下图所示。

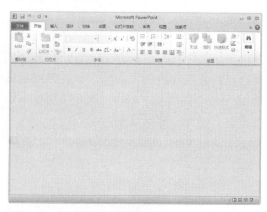

专家提醒

在 PowerPoint 2010 中，还可以通过以下 5 种方法关闭演示文稿。

⊛ 按【Ctrl + W】组合键。

⊛ 按【Ctrl + F4】组合键。

⊛ 按【Alt + F4】组合键。

⊛ 按钮：单击标题栏右侧的"关闭"按钮 ⊠ 。

⊛ 选项：按【Alt + Space】组合键，在弹出的快捷菜单中选择"关闭"选项。

15 幻灯片的基本操作

 学前提示

　　在 PowerPoint 2010 中，幻灯片是主要的内容，在操作演示文稿之前，首先要掌握幻灯片的基本操作，包括如何向演示文稿中插入幻灯片以及幻灯片的复制、移动和删除等操作，并以易于表达的动画方式连续地显示出来。本章主要介绍幻灯片的基本操作方法。

本章知识重点

- ▶ 通过选项插入幻灯片
- ▶ 通过按钮插入幻灯片
- ▶ 移动幻灯片
- ▶ 复制幻灯片
- ▶ 删除幻灯片

- ▶ 播放幻灯片
- ▶ 在占位符中输入文本
- ▶ 添加备注文本
- ▶ 选择文本对象
- ▶ 复制文本对象

学完本章后你会做什么

- ▶ 掌握幻灯片的基本操作
- ▶ 掌握幻灯片文本的输入
- ▶ 掌握幻灯片文本的编辑和修改

视频演示

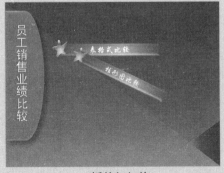

播放幻灯片

移动文本对象

353 | 通过选项插入幻灯片

演示文稿是由一张张幻灯片组成的，它的数量并不是固定的，可根据需要增加或减少。如果新建的是空白演示文稿，则只能看到一张幻灯片，其他幻灯片都需要自行新建。用户可以通过选项插入幻灯片。

步骤 01 单击"文件"|"打开"命令，打开一个演示文稿，如下图所示。

步骤 02 在普通视图中，选择"幻灯片"选项卡中任意一张幻灯片，单击鼠标右键，在弹出的快捷菜单中选择"新建幻灯片"选项，如下图所示。

专家提醒

此外，还可以切换至幻灯片浏览视图，在相应幻灯片上单击鼠标右键，在弹出的快捷菜单中选择"新建幻灯片"选项。

步骤 03 执行操作后，即可通过选项插入幻灯片，如下图所示。

354 | 通过按钮插入幻灯片

在 PowerPoint 2010 中，用户还可以通过按钮插入幻灯片。

步骤 01 单击"文件"|"打开"命令，打开一个演示文稿，如下图所示。

步骤 02 在"开始"面板的"幻灯片"选项板中，单击"新建幻灯片"按钮，在弹出的列表框中选择"标题和内容"选项，如下图所示。

步骤 03 执行操作后，即可通按钮插入幻灯片，如下图所示。

专家提醒

此外，还可以通过以下两种方法插入幻灯片。

◎ 快捷键 1：在普通视图的"幻灯片"选项卡中，选择任意一张幻灯片，然后按【Enter】键。

◎ 快捷键 2：在普通视图的"幻灯片"选项卡中，选择任意一张幻灯片，然后按【Ctrl + M】组合键。

355 移动幻灯片

创建一个包含多张幻灯片的演示文稿后，用户可以根据需要移动幻灯片在演示文稿中的位置。

步骤 01 单击"文件"|"打开"命令，打开一个演示文稿，如下图所示。

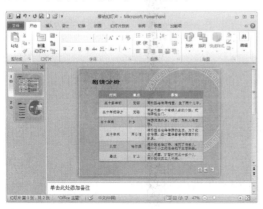

步骤 02 在"幻灯片"选项卡中，选择需要移动的幻灯片，单击鼠标左键并向上拖曳，此时鼠标指针呈形状，拖曳到目标位置将显示一条横线，表示幻灯片将要放置的位置，如下图所示。

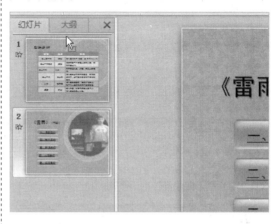

专家提醒

此外，还可以通过以下两种方法移动幻灯片。

◎ 快捷键：按【Ctrl + X】组合键和【Ctrl + V】组合键。

◎ 按钮：选择需要移动的幻灯片，在"开始"面板的"剪贴板"选项板中，单击"剪切"按钮，然后将鼠标指针放置在幻灯片移动后的目标位置，单击剪切板中的"粘贴"按钮。

步骤 03 释放鼠标左键，即可移动幻灯片，如下图所示。

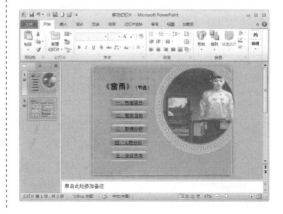

356 复制幻灯片

　　在制作演示文稿时，有时需要两张内容相同的幻灯片。此时，可以利用幻灯片的复制功能，复制一张相同的幻灯片，以节省工作时间。

　　步骤 01 单击"文件"|"打开"命令，打开一个演示文稿，如下图所示。

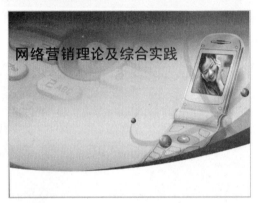

　　步骤 02 在"幻灯片"选项卡中，选择需要复制的幻灯片，单击鼠标右键，在弹出的快捷菜单中选择"复制幻灯片"选项，如下图所示。

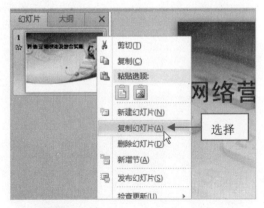

　　步骤 03 执行操作后，即可复制幻灯片，效果如下图所示。

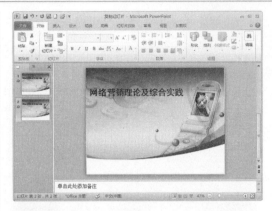

357 删除幻灯片

　　在编辑完幻灯片后，如果发现幻灯片太多了，用户可以根据需要删除一些不必要的幻灯片。在演示文稿中选择需要删除的幻灯片，按【Delete】键，可以快速删除相应幻灯片，同时，还可以通过相应选项进行删除操作。

　　步骤 01 单击"文件"|"打开"命令，打开一个演示文稿，如下图所示。

　　步骤 02 在"幻灯片"选项卡中，选择需要删除的幻灯片，单击鼠标右键，在弹出的快捷菜单中选择"删除幻灯片"选项，如下图所示。

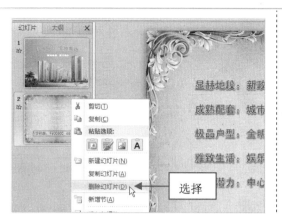

选择

步骤 03 执行操作后，即可删除幻灯片，效果如下图所示。

358 播放幻灯片

在幻灯片的制作过程中，可以随时进行幻灯片的放映，观看幻灯片的显示及动画效果，以便用户可以随时对幻灯片进行编辑和修改操作。

步骤 01 单击"文件"|"打开"命令，打开一个演示文稿，如下图所示。

步骤 02 在"开始"面板的"幻灯片放映"面板中，单击"开始放映幻灯片"选项板中的"从头开始"按钮，如下图所示。

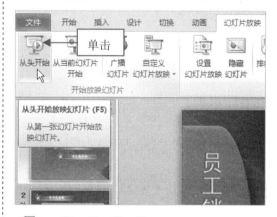

单击

步骤 03 执行操作后，即可播放幻灯片，效果如下图所示。

日期	销售员	空调	洗衣机	电冰箱
一月	刘敏	120000	110000	150000
	王东	110000	200800	440000
	周海	152000	581000	780000
	张永	610000	145000	477400
二月	刘敏	1900	156000	478500
	王东		500000	475000
	周海	200	190000	548000
	张永	541000	280000	577000
三月	刘敏	650000	500000	870000
	王东	442000	520000	577000
	周海	556000	630000	277000
	张永	250000	550000	497000

359 | 在占位符中输入文本

幻灯片版式包含了多种组合形式的文本和对象占位符。占位符是带有虚线或影线标记边框的矩形框，它是绝大多数幻灯片版式的组成部分。这些矩形框可容纳标题、正文以及对象。

步骤01 单击"文件"|"打开"命令，打开一个演示文稿，如下图所示。

单击此处添加标题

大多数幻灯片版式都提供了文本占位符，而且在占位符中预设了文字的属性和样式，以供用户进行直接添加标题文字和项目文字。

步骤02 在文本占位符内单击鼠标左键，指定文本输入位置，如下图所示。

步骤03 切换输入法，在其中输入相应文字，并在空白处单击鼠标左键，如下图所示。

保护小动物

360 | 添加备注文本

在 PowerPoint 的幻灯片编辑窗格下的备注窗格中，用户可以输入当前幻灯片的备注。备注文本可以打印出来，并在展示演示文稿时进行参考。

步骤01 单击"文件"|"打开"命令，打开一个演示文稿，如下图所示。

步骤 02 在幻灯片下方的备注栏中，单击鼠标左键，并输入相应的文字内容，即可添加备注文本，如下图所示。

专家提醒

用户也可以将视图方式转换到备注页视图为幻灯片添加备注。切换至"视图"面板，在"演示文稿视图"选项板中单击"备注页"按钮，输入备注信息即可。

361 选择文本对象

在编辑文本时，经常需要对文本进行删除、复制等操作，这时就需要先选择需要编辑的文本对象。

在 PowerPoint 2010 常用的选择方式主要有以下 3 种。

1. 选择任意数量的文本

当鼠标指针在文本处变为编辑状态时，在要选择的文本位置，单击鼠标左键的同时拖动鼠标，到文本最后释放鼠标，选择后的文本将以高亮显示。

2. 选择全部文本

在文本编辑状态下，在"开始"面板的"编辑"选项板中单击"选择"按钮右侧的下三角按钮，在弹出的下拉列表框中选择"全选"选项，即可选择全部文本。

3. 选择连续和不连续的文本

在文本编辑状态下，将鼠标定位在文本的起始位置，按住【Shift】键，在选择文本结束位置单击鼠标，释放【Shift】键，即可选择连续的文本。

按住【Ctrl】键的同时，用鼠标单击其他不相连的文本，可以选择不连续的文本。

专家提醒

按【Ctrl + A】组合键，即可选择整个文稿中的所有对象。

下面以第一种方法介绍选择文本对象的操作步骤。

步骤 01 单击"文件"|"打开"命令，打开一个演示文稿，如下图所示。

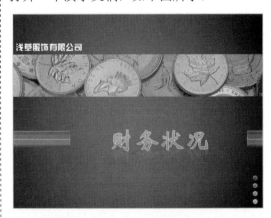

步骤 02 将鼠标移至需要选择的文本对象上方，单击鼠标左键，将鼠标定位于文本框中，如下图所示。

步骤 03 在文本框中拖曳鼠标，选中相应的文本对象即可，如下图所示。

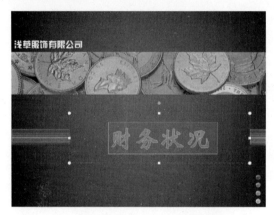

362 复制文本对象

如果在一个演示文稿中有多个相同的文稿，用户可以运用复制命令来复制它们相同的部分，从而减少工作时间。

步骤 01 单击"文件"|"打开"命令，打开一个演示文稿，在幻灯片中选择需要复制的文本对象，如下图所示。

步骤 02 在选择的文本对象上单击鼠标右键，在弹出的快捷菜单中选择"复制"选项，如下图所示。

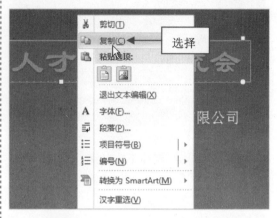

步骤 03 在工作界面左侧的"幻灯片"选项卡中，选择第 2 张幻灯片，切换至第 2 张幻灯片，如下图所示。

步骤 04 将鼠标定位于需要复制粘贴文本的文本框中，按【Ctrl＋V】组合键，即可将复制的文本进行粘贴，如下图所示。

步骤 03 至合适位置后释放鼠标，即可移动文本对象，如下图所示。

专家提醒

　　此外，用户还可以通过以下两种方法复制文本对象。

　　✪ 按钮：选择需要复制的文本，在"开始"面板的"剪贴板"中单击"复制"按钮，即可复制所选文本。

　　✪ 快捷键：选择需要复制的文本，然后按【Ctrl + C】组合键即可。

363 移动文本对象

　　在编辑文稿时，有时需要将一段文字移动到另外一个位置，在 PowerPoint 2010 中，用户可以根据需要方便的移动文本。

步骤 01 单击"文件"|"打开"命令，打开一个演示文稿，如下图所示。

步骤 02 选择需要移动的文本对象，单击鼠标左键并向下拖曳，如下图所示。

专家提醒

　　在幻灯片中，选择需要移动的文本对象，按【Ctrl + X】组合键，进行剪切；在目标位置按【Ctrl + V】组合键，进行粘贴，也可以对文本对象进行移动操作。

364 删除文本对象

　　在 PowerPoint 2010 中，删除文本指的是删除占位符中的文字和文本框中的文字，用户可以直接选择文本框或占位符，然后执行删除操作。

步骤 01 打开上一例效果文件，选择要删除的文本对象，如下图所示。

步骤 02 在"开始"面板的"剪贴板"选项板中，单击"剪切"按钮，如下图所示。

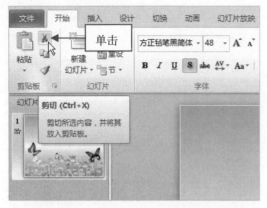

步骤03 执行操作后，即可删除选择的文本对象，如下图所示。

专家提醒

在 PowerPoint 2010 中，选择需要删除的文本对象，按【Delete】键，也可以快速删除文本对象。

365 撤销和恢复文本

用户在进行编辑时，难免会出现失误的操作，如：误删或错误的进行剪切等操作，这时可以通过"撤销"功能来返回到上一步操作或上几步操作。与"撤销"功能相反的是"恢复"功能，其可恢复用户撤销的操作。

在 PowerPoint 2010 中，执行撤销和恢复操作的方法主要有以下两种：

❀ 按钮：在快速访问工具栏中单击"撤销"按钮 ↩ 和"恢复"按钮 ↪，即可执行撤销和恢复操作。

❀ 快捷键：按【Ctrl＋Z】组合键进行"撤销"操作，按【Ctrl＋Y】组合键进行"恢复"操作。

专家提醒

在默认情况下，PowerPoint 2010 可以最多撤销 20 步操作，用户也可以根据需要在"PowerPoint 2010 选项"对话框中设置撤销的次数。但是，如果将可撤销的数值设置过大，将会占用软件较大的系统内存，从而影响 PowerPoint 的速度。

366 查找文本对象

在 PowerPoint 2010 中，当需要在比较长的演示文稿中查找某一特定的内容时，用户可以通过"查找"命令来快速找出这些特定内容。

查找文本的方法是：打开一张需要查找内容的演示文稿，在"开始"面板的"编辑"选项板中单击"查找"按钮 🔍，弹出"查找"对话框，如下图所示。

在"查找内容"文本框中输入需要查找的内容，然后单击"查找下一个"按钮，即可显示出文档中需要查找的内容。

在"查找"对话框中，各复选框的主要含义如下：

❀ "区分大小写"复选框：若选中该复选框，在查找时需要完全匹配由大小写字母组合成的单词。

❀ "全字匹配"复选框：选中该复选框，只查找用户输入的完整单词和字母。

❀ "区分全/半角"复选框：选中该复选框，用户在查找时需要区分全角字符和半角字符。

367 | 替换文本对象

如果在编辑完所有文稿后，发现有些地方需要统一修改，如果一处一处的去修改，既耽误时间又浪费精力。在 PowerPoint 2010 中，用户可以利用"替换"命令，一次性改正所有问题。

步骤 01 单击"文件"|"打开"命令，打开一个演示文稿，如下图所示。

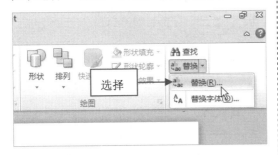

步骤 02 在"开始"面板的"编辑"选项板中单击"替换"三角按钮 ▾，在弹出的列表中选择"替换"选项，如下图所示。

步骤 03 弹出"替换"对话框，在"查找内容"中文本框中输入"达到"，在"替换为"文本框中输入"地点"，如下图所示。

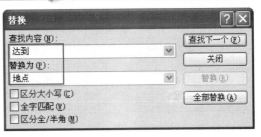

步骤 04 单击"全部替换"按钮，弹出提示信息框，如下图所示。

步骤 05 依次单击"确定"和"关闭"按钮，即可替换文本，如下图所示。

专家提醒

用户还可以根据需要替换文本的字体，单击"替换"右侧的下三角按钮，在弹出的列表中选择"替换字体"选项，即可设置替换文本字体。

16 文本美化的基本操作

学前提示

在 PowerPoint 2010 中，文本是演示文稿最基本的内容，文本处理是制作演示文稿最基础的知识，为了使演示文稿更加美观、实用，还可以在输入文本后，通过设置文本的颜色、字体、字号、字形以及对齐方式等属性，使演示文稿的外观更加精美。本章主要向读者介绍文本的基本操作。

本章知识重点

▶ 设置文本字体   ▶ 设置文字上下标
▶ 设置文本字号   ▶ 设置文字删除线
▶ 设置文本字形   ▶ 调整段落行距
▶ 设置文本颜色   ▶ 设置段落缩进
▶ 添加文字下划线   ▶ 设置段落对齐

学完本章后你会做什么

▶ 掌握文字格式的设置
▶ 掌握段落和文字的格式
▶ 掌握项目符号和文本框的应用

视频演示

软文

指企业通过策划在报纸、杂志、DM、网络、手机短信等宣传载体上刊登的可以提升企业品牌形象和知名度，或可以促进企业销售的一些宣传性、阐释性文章，包括特定的新闻报道、深度文章、付费短文广告、案例分析等。

蓝馨电脑有限公司

- 服务承诺
- 价格行情
- 合作方式

平板

添加文字删除线   添加图片类项目符号

368 设置文本字体

在 PowerPoint 2010 中,设置演示文稿文本的字体是最基本的格式化操作。

步骤 01 按【Ctrl＋O】组合键,打开一个演示文稿,如下图所示。

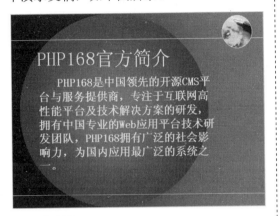

步骤 02 在幻灯片中,选择需要设置字体的文本对象,如下图所示。

步骤 03 在"开始"面板的"字体"选项板中,单击"字体"下拉按钮,在弹出的下拉列表框中选择"方正综艺简体"选项,如下图所示。

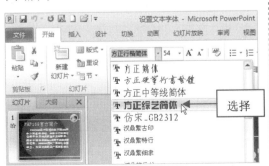

步骤 04 执行操作后,即可设置文本字体,如下图所示。

专家提醒

选择需要更改字体的文本对象,在弹出的浮动面板中,单击"字体"下拉按钮,在弹出的下拉列表框中,选择相应的字体选项,也可以进行更改。

369 设置文本字号

在 PowerPoint 2010 中,用户也可以根据自身需要设置文本的字号,以突出显示其重要性。

步骤 01 按【Ctrl＋O】组合键,打开一个演示文稿,如下图所示。

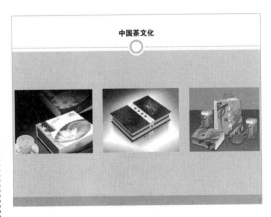

步骤 02 在幻灯片中,选择需要设置字号的文本对象,如下图所示。

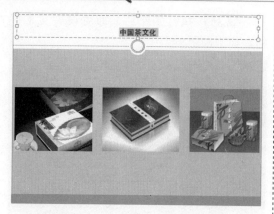

370 设置文本字形

在 PowerPoint 2010 中,用户也可以根据需要设置文本的字形效果,以美化演示文稿。

步骤 01 按【Ctrl＋O】组合键,打开一个演示文稿,如下图所示。

步骤 03 在"开始"面板的"字体"选项板中,单击"字号"右侧的下三角按钮,在弹出的列表框中选择 40,如下图所示。

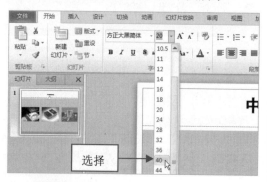

步骤 02 在幻灯片中,选择需要设置字号的文本对象,如下图所示。

步骤 04 执行操作后,即可设置文本字号大小,如下图所示。

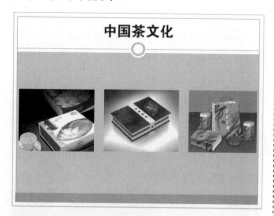

步骤 03 在"开始"面板的"字体"选项板中,依次单击"加粗"按钮 **B** 和"文字阴影"按钮 **S**,如下图所示。

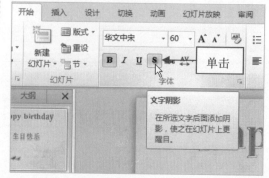

专家提醒

选择需要更改字号的文本对象,在"字体"选项板的"字号"文本框中,输入相应的数值,也可以设置文本字号。

步骤 04 执行操作后，即可更改文本的字形，如下图所示。

专家提醒

选择需要更改字形的文本对象，在弹出的浮动面板中单击"加粗"按钮，也可以设置文本的字形。

371 设置文本颜色

在 PowerPoint 2010 中，默认的字体颜色为黑色，用户可以根据需要设置文本的颜色。

步骤 01 按【Ctrl＋O】组合键，打开一个演示文稿，如下图所示。

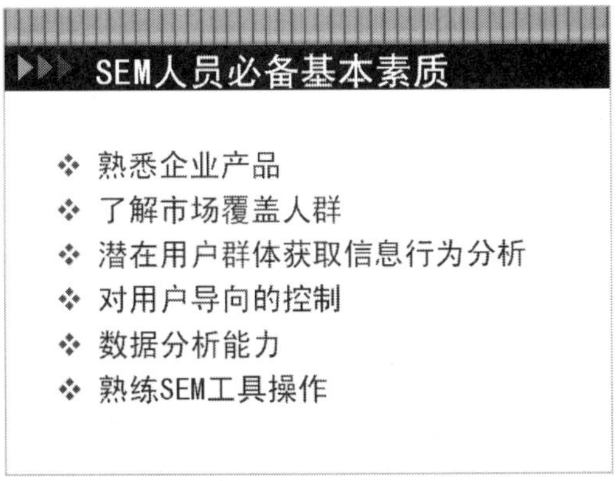

专家提醒

选择需要更改颜色的文本对象，在弹出的浮动面板中，单击"字体颜色"下拉按钮，在弹出的列表框中选择相应的颜色选项，也可以进行文本颜色的更改。

步骤 02 在幻灯片中，选择需要设置颜色的文本对象，如下图所示。

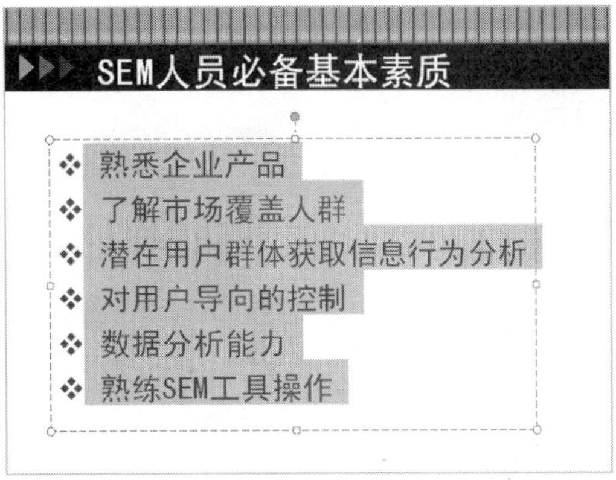

步骤 03 在"开始"面板的"字体"选项板中，单击"字体颜色"下拉按钮，在弹出的列表框中选择相应选项，如下图所示。

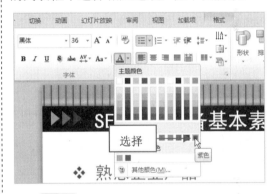

步骤 04 执行操作后，即可将文字颜色更改为绿色，如下图所示。

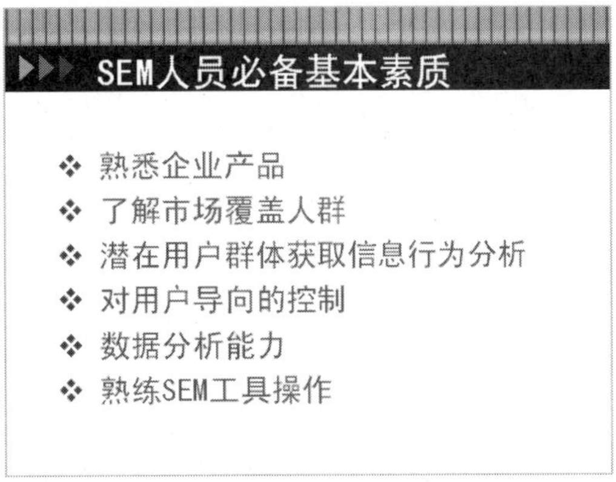

372 添加文字下划线

在编辑文本的过程中，用户可以为文本添加下划线，使文本内容更加突出。

步骤 01 按【Ctrl＋O】组合键，打开一个演示文稿，如下图所示。

步骤 02 在幻灯片中，选择需要设置下划线的文本对象，如下图所示。

步骤 03 在"开始"面板的"字体"选项板中，单击"下划线"按钮 U ，如下图所示。

![专家提醒]

选择需要添加下划线的文本对象，在"开始"面板的"字体"选项板中，单击右侧的"字体"按钮，在弹出的"字体"对话框中，可以选择下划线的线型样式。

步骤 04 执行操作后，即可为文本添加下划线，如下图所示。

373 设置文字上下标

在演示文稿中，还可以设置文本为上标或下标效果，使演示文稿更加绚丽多彩。

步骤 01 按【Ctrl＋O】组合键，打开一个演示文稿，如下图所示。

博客的由来

blog的全名应该是Web log，中文意思是"网络日志"，后来缩写为Blog，而博客(Blogger)就是写Blog的人。从理解上讲，博客是"一种表达个人思想、网络链接、内容，按照时间顺序排列，并且不断更新的出版方式"。博客适用于喜欢在网上写日记的人。

更多内容可在百度上搜索"博客是什么"。

步骤 02 在幻灯片中，选择需要设置上标的文本对象，如下图所示。

博客的由来

blog的全名应该是Web log，中文意思是"网络日志"，后来缩写为Blog，而博客(Blogger)就是写Blog的人。从理解上讲，博客是"一种表达个人思想、网络链接、内容，按照时间顺序排列，并且不断更新的出版方式"。博客适用于喜欢在网上写日记的人。

更多内容可在百度上搜索"博客是什么"。

步骤03 在"开始"面板的"字体"选项板中，单击"字体"按钮，如下图所示。

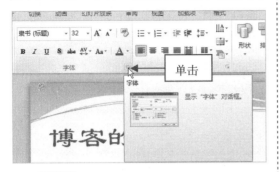

步骤04 弹出"字体"对话框，切换至"字体"选项卡，在"效果"选项区中选中"上标"复选框，如下图所示。

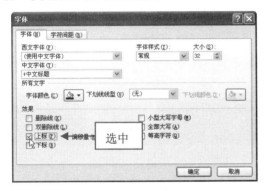

专家提醒

　　如果用户需要设置文本为下标效果，只需在"字体"对话框的"效果"选项区中，选中"下标"复选框即可。

步骤05 单击"确定"按钮，即可设置文本为上标，如下图所示。

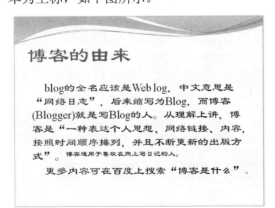

374 设置文字删除线

　　在 PowerPoint 2010 中，用户可以给当前不需要却不能删除的文本添加删除线。

步骤01 按【Ctrl＋O】组合键，打开一个演示文稿，如下图所示。

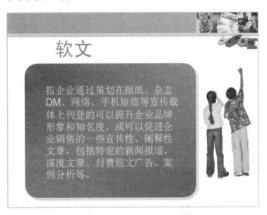

步骤02 在幻灯片中，选择需要设置删除线的文本对象，如下图所示。

步骤03 在"开始"面板的"字体"选项板中，单击"删除线"按钮，如下图所示。

步骤 04 执行操作后，即可设置删除线，效果如下图所示。

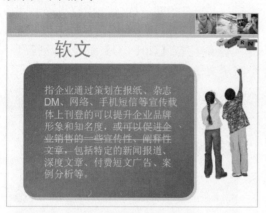

选择需要设置删除线的文本对象，在"开始"面板的"字体"选项板中单击"字体"属性按钮 ，在弹出的"字体"对话框中，选中"双删除线"复选框，可设置双删除线效果。

375 调整段落行距

在 PowerPoint 2010 中，用户可以设置行距及段落之间的间距大小。设置行距可以改变 PowerPoint 默认的行距，使演示文稿中的内容条理更为清晰。

步骤 01 按【Ctrl＋O】组合键，打开一个演示文稿，如下图所示。

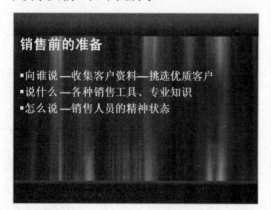

步骤 02 在幻灯片中，选择需要设置行间距的段落文本，如下图所示。

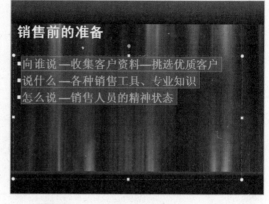

步骤 03 在"开始"面板的"段落"选项板中，单击"行距"按钮 ，在弹出的列表框中选择 2.0 选项，如下图所示。

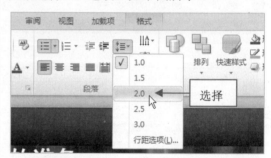

步骤 04 执行操作后，即可设置段落行距，如下图所示。

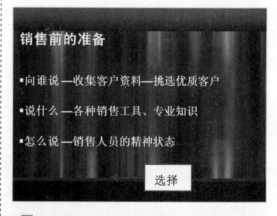

在"开始"面板的"段落"选项板中，单击面板右侧的"段落"按钮 ，弹出"段落"对话框，在"间距"选项区中，用户也可以根据需要设置行间距。

376 设置段落缩进

在 PowerPoint 2010 中，段落缩进有助于对齐幻灯片中的文本，对于编号列表和项目符号列表，五层项目符号或编号以及正文都有预设的缩进，输入无格式段落文本时（不使用项目符号或编号），初始缩进和默认的制表位会缩进文本，用户也可以更新、添加缩进和制表位的位置。段落缩进方式包括首行缩进和悬挂缩进两种。

 按【Ctrl＋O】组合键，打开一个演示文稿，如下图所示。

 在幻灯片中，选择需要设置段落缩进的文本，如下图所示。

 在"开始"面板的"字体"选项板中，单击"段落"按钮，如下图所示。

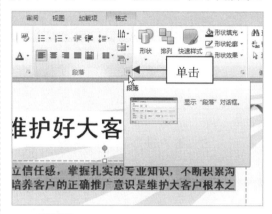

 弹出"段落"对话框，在"缩进"选项区中设置"特殊格式"为"首行缩进"、"度量值"为"2 厘米"，如下图所示。

 单击"确定"按钮，即可设置段落文本的缩进效果，如下图所示。

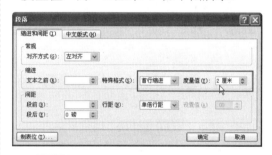

专家提醒

在 PowerPoint 2010 中，将鼠标移至首行第一个文字前，按【Tab】键，也可设置文本首行缩进效果。

377 设置段落对齐

段落对齐是指段落边缘的对齐方式，包括左对齐、右对齐、居中对齐、两端对齐和分散对齐。

步骤 01 按【Ctrl＋O】组合键，打开一个演示文稿，如下图所示。

挖掘和培养大客户

❖ 真诚服务，把客户当朋友

❖ 经常保持联系，建立客户信任度

❖ 客户推广意识的培养

❖ 提高客户的续费额度

步骤 02 在幻灯片中，选择需要设置段落对齐的段落文本，如下图所示。

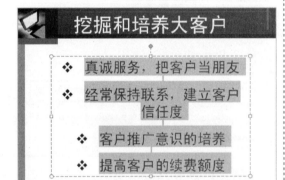

步骤 03 在"开始"面板的"段落"选项板中，单击面板右侧的"段落"按钮，弹出"段落"对话框，单击"对齐方式"右侧的下拉按钮，在弹出的列表框中选择"左对齐"选项，如下图所示。

步骤 04 单击"确定"按钮，即可设置段落文本的左对齐，效果如下图所示。

挖掘和培养大客户

❖ 真诚服务，把客户当朋友

❖ 经常保持联系，建立客户信任度

❖ 客户推广意识的培养

❖ 提高客户的续费额度

其中，在"对齐方式"列表框中各对齐方式的含义如下：

❂ "左对齐"选项：段落左边对齐，右边参差不齐。

❂ "居中对齐"选项：段落居中排列。

❂ "右对齐"选项：段落右边对齐，左边参差不齐。

❂ "两端对齐"选项：段落左右两端都对齐分布，但是段落最后不满一行文字时，右边是不对齐的。

❂ "分散对齐"选项：段落左右两端都对齐，而且当每个段落的最后一行不满一行时，将自动拉开字符间距使该行均匀分布。

此外，用户还可以在"段落"选项板中，通过单击"左对齐"按钮、"右对齐"按钮、"居中对齐"按钮、"两端对齐"按钮或"分散对齐"按钮，快速设置段落对齐方式。

专家提醒

选择需要设置对齐的文本，单击鼠标右键，在弹出的快捷菜单中选择"段落"选项，也可弹出"段落"对话框，设置对齐方式。

378 | 设置文字对齐

在演示文稿中输入文字后，就可以对文字进行对齐方式的设置，从而使要突出的文本更加醒目、有序。

步骤 01 按【Ctrl＋O】组合键，打开一个演示文稿，如下图所示。

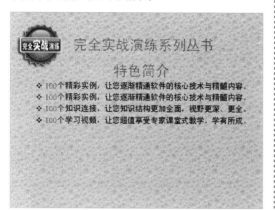

步骤 02 在幻灯片中，选择需要设置文字对齐的文本框，如下图所示。

步骤 03 在"开始"面板的"段落"选项板中，单击"对齐文本"按钮，在弹出的列表框中选择"中部对齐"选项，如下图所示。

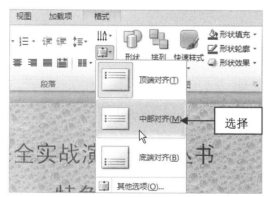

步骤 04 执行操作后，即可设置文字的对齐方式，如下图所示。

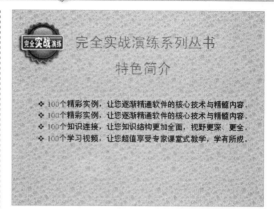

专家提醒

在 PowerPoint 2010 中，设置文本对齐是指文本相对于文本框的对齐效果。

379 设置文字方向

在 PowerPoint 2010 中，设置文字方向是指将水平排列的文本变成垂直排列，也可以使垂直排列的文本变成水平排列。

专家提醒

在 PowerPoint 2010 的"文字方向"下拉列表框中，用户还可以根据需要设置文本的旋转方向。

步骤 01 按【Ctrl＋O】组合键，打开一个演示文稿，如下图所示。

步骤 02 在幻灯片中，选择需要设置文字方向的文本框，如下图所示。

步骤 03 在"开始"面板的"段落"选项板中，单击"文字方向"按钮 ，在弹出的列表框中选择"竖排"选项，如下图所示。

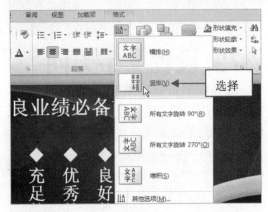

步骤 04 执行操作后，即可设置文字方向为垂直显示，如下图所示。

380 | 添加项目符号

在 PowerPoint 2010 中，项目符号用于强调一些特别重要的观点或条目，它可以使主题更加美观、突出、有条理。

步骤 01 按【Ctrl＋O】组合键，打开一个演示文稿，如下图所示。

步骤 02 在幻灯片中，选择需要添加项目符号的文本内容，如下图所示。

步骤 03 在"开始"面板的"段落"选项板中，单击"项目符号"按钮 右侧的下三角按钮，在弹出的列表框中选择需要的选项，如下图所示。

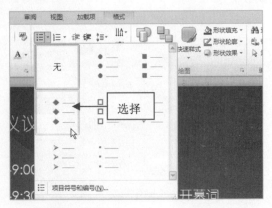

步骤 04 执行操作后，即可添加项目符号，效果如下图所示。

381 | 添加图片类项目符号

在"项目符号和编号"对话框中，可供选择的项目符号类型有 7 种，用户可以根据需要将图片设置为项目符号，使其更加丰富。

步骤 01 按【Ctrl＋O】组合键，打开一个演示文稿，如下图所示。

步骤 02 在幻灯片中，选择需要添加图片项目符号的文本内容，如下图所示。

步骤 03 在"开始"面板的"段落"选项板中，单击"项目符号"按钮 右侧的下三角按钮，在弹出的列表框中选择"项目符号和编号"选项，如下图所示。

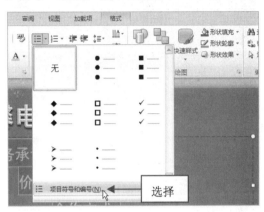

步骤 04 弹出"项目符号和编号"对话框，单击"图片"按钮，如下图所示。

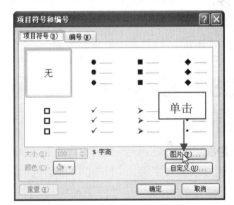

步骤 05 弹出"图片项目符号"对话框，在其中选择需要的图片符号，如下图所示。

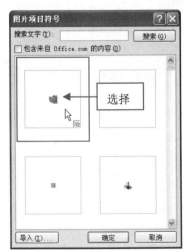

步骤 06 单击"确定"按钮,即可添加图片项目符号,效果如下图所示。

当在 PowerPoint 中建立项目符号或编号后,如果不想让下一段添加项目符号或编号,只需按【Shift + Enter】组合键,即可开始一个无项目符号或编号的新行。

382 添加自定义项目符号

自定义项目符号对话框中包含了 Office 所有的可插入字符,用户可以在符号列表中选择需要的符号,而"近期使用过的符号"列表中列出了最近在演示文稿中插入过的字符,以方便用户查找。

步骤 01 按【Ctrl+O】组合键,打开一个演示文稿,如下图所示。

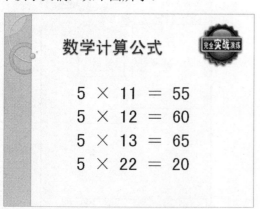

步骤 02 在幻灯片中,选择需要添加自定义项目符号的文本内容,如下图所示。

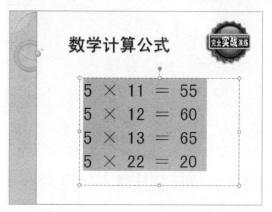

步骤 03 在"开始"面板的"段落"选项板中,单击"项目符号"按钮右侧的下三角按钮,在弹出的列表框中选择"项目符号和编号"选项,弹出"项目符号和编号"对话框,单击"自定义"按钮,如下图所示。

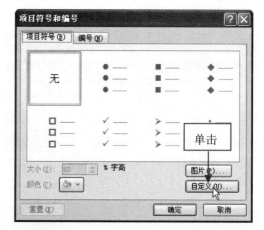

步骤 04 弹出"符号"对话框,在其中选择需要的符号样式,如下图所示。

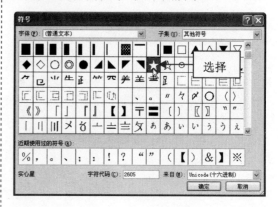

步骤 05 连续单击"确定"按钮，即可添加自定义项目符号，效果如下图所示。

383 添加项目编号

在 PowerPoint 2010 中，可以为不同级别的段落设置编号，在默认情况下，项目编号由阿拉伯数字构成。

步骤 01 按【Ctrl＋O】组合键，打开一个演示文稿，如下图所示。

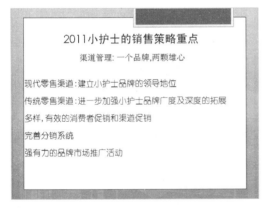

步骤 02 在幻灯片中，选择需要添加自定义项目符号的文本内容，如下图所示。

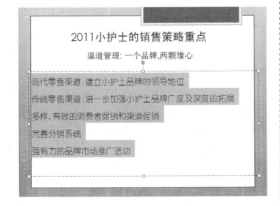

步骤 03 在"开始"面板的"段落"选项板中，单击"编号"按钮右侧的下三角按钮，在弹出的列表框中选择相应的编号样式，如下图所示。

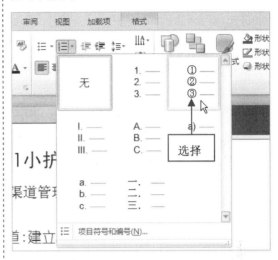

步骤 04 执行操作后，即可添加项目编号，效果如下图所示。

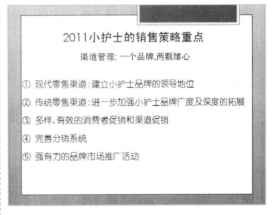

专家提醒

如果要在列表中创建下级项目编号列表，将插入点放在要缩进的行首，按【Tab】键，或者在"段落"选项板中单击"提高列表级别"按钮；反之，如果要使文本向后移动以减小缩进级别，则按【Shift＋Tab】组合键，或者单击"降低列表级别"按钮。

384 快速绘制文本框

在 PowerPoint 2010 中,主要有两种形式的文本框,即横排文本框和竖排文本框,它们分别用来放置水平方向的文字和垂直方向的文字。

步骤 01 按【Ctrl＋O】组合键,打开一个演示文稿,如下图所示。

步骤 02 切换至"插入"面板,在"文本"选项板中单击"文本框"的下三角按钮 ▼,在弹出的列表框中选择"横排文本框"选项,如下图所示。

专家提醒

此外,用户还可以将文本框创建在图片的旁边,为图片添加标题或者将文本添加到形状图形中。

步骤 03 此时鼠标指针在幻灯片编辑窗口变为"↓"形状,按住鼠标左键并向左拖曳,如下图所示。

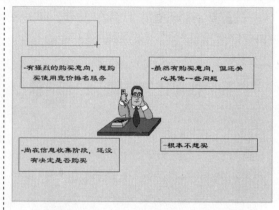

步骤 04 至合适位置后释放鼠标左键,即可插入横排文本框,在文本框中输入文本,效果如下图所示。

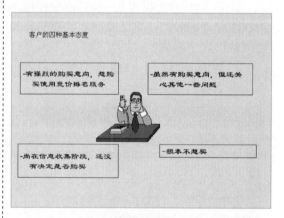

385 快速调整文本框

绘制完文本框后,用户还可以根据需要适当地调整文本框的大小。

步骤 01 打开上一例效果,选择需要调整大小的文本框,如下图所示。

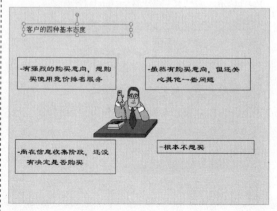

步骤 02 在"开始"面板的"字体"选项板中,单击"字体"下拉按钮,在弹出的下拉列表框中选择"黑体"选项,单击"字号"右侧的下三角按钮,在弹出的列表框中选择36,设置文字格式,效果如下图所示。

步骤 03 切换至"格式"面板,在"大小"选项板中分别设置"形状高度"为"2 厘米"、"形状宽度"为"12 厘米",如下图所示。

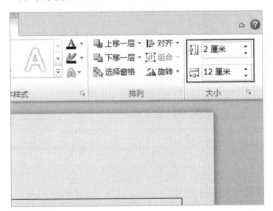

步骤 04 执行操作后,即可调整文本框的大小,如下图所示。

步骤 05 拖动文本框至合适位置,并在空白处单击鼠标左键,完成操作,如下图所示。

386 设置文本框样式

在 PowerPoint 2010 中,用户还可以设置文本框中的文字环绕方式、边框、底纹、大小和版式等参数。

步骤 01 按【Ctrl＋O】组合键,打开一个演示文稿,如下图所示。

步骤 02 在幻灯片中,选择要设置样式的文本框,如下图所示。

步骤 03 切换至"格式"面板,在"形状样式"选项板中,单击"其他"按钮 ▾,在弹出的列表框中,选择相应的形状样式,如下图所示。

步骤 04 执行操作后,即可设置文本框样式,如下图所示。

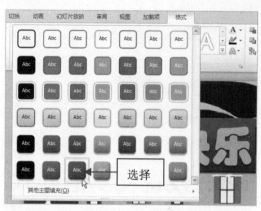

● 读书笔记

17 编辑幻灯片的内容

学前提示

在 PowerPoint 2010 中，编辑幻灯片就是使创建的演示文稿具有特别的配色、背景和风格，包括如何设置幻灯片主题、主题颜色、主题效果、填充背景等。用户还可以设置相应的母版，并插入相应图形对象、艺术字以及 SmartArt 图形等。本章主要向读者介绍幻灯片的编辑操作。

本章知识重点

▶ 设置幻灯片主题　　　　　▶ 设置渐变背景
▶ 设置主题颜色　　　　　　▶ 设置纹理背景
▶ 设置主题字体　　　　　　▶ 设置图案背景
▶ 设置主题效果　　　　　　▶ 设置图片背景
▶ 设置纯色背景　　　　　　▶ 幻灯片母版

学完本章后你会做什么

▶ 掌握主题的应用和设置
▶ 掌握母版的编辑和应用
▶ 掌握插入相应图形对象的操作

视频演示

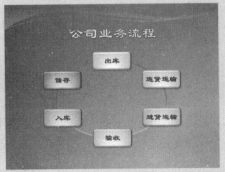

设置主题效果

编辑相册对象

387 | 设置幻灯片主题

幻灯片是否美观,背景的设置十分重要。PowerPoint 2010 为用户提供了多种内置的主题样式,用户可以根据需要选择不同的主题样式来设计演示文稿。

步骤 01 按【Ctrl+O】组合键,打开一个演示文稿,如下图所示。

步骤 02 切换至"设计"面板,在"主题"选项板中单击右侧的"其他"按钮 ,在弹出的下拉列表框中选择"暗香扑面"主题,如下图所示。

步骤 03 执行操作后,即可应用主题,效果如下图所示。

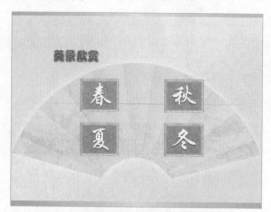

388 | 设置主题颜色

PowerPoint 为每种设计模板提供了几十种颜色,用户可以根据自己的需要选择不同的颜色来设计演示文稿。

步骤 01 按【Ctrl+O】组合键,打开一个演示文稿,如下图所示。

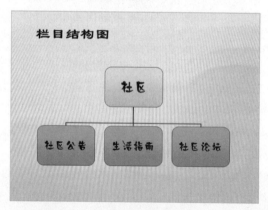

步骤 02 切换至"设计"面板,在"主题"选项板中单击"颜色"按钮 ,在弹出的下拉列表框中选择"华丽"选项,如下图所示。

专家提醒

在"设计"面板的"主题"选项板中,单击面板右侧的"其他"按钮 ,在弹出的列表框中选择"浏览主题"选项,在弹出的对话框中,用户可根据需要选择相应的主题。

专家提醒

在"主题"选项板的"颜色"列表框中,如果没有用户需要的颜色,可以选择"新建主题颜色"选项,在弹出的"新建主题颜色"对话框中,重新设置新的主题颜色。

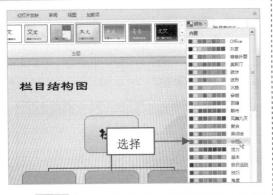

步骤03 执行操作后，即可设置主题颜色，效果如下图所示。

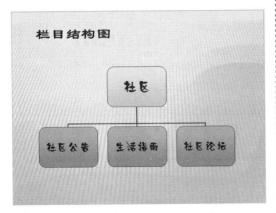

389 | 设置主题字体

用户还可以根据具体需要，设置相应主题的字体，以满足需要。

步骤01 按【Ctrl＋O】组合键，打开一个演示文稿，如下图所示。

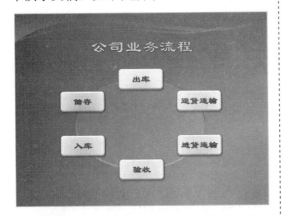

步骤02 切换至"设计"面板，在"主题"选项板中单击"字体"按钮，在弹出的列表框中选择"黑体"选项，如下图所示。

步骤03 执行操作后，即可设置主题字体，效果如下图所示。

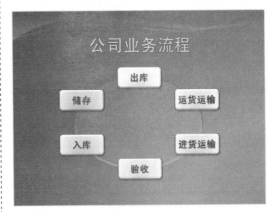

390 | 设置主题效果

此外，用户还可以根据幻灯片的需要，设置主题的效果，使幻灯片更加丰富。

步骤01 打开上一例效果文件，切换至"设计"面板，在"主题"选项板中单击"效果"按钮，在弹出的下拉列表框中选择"暗香扑面"选项，如下图所示。

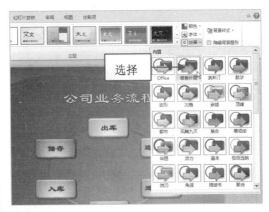

步骤 02 执行操作后，即可设置主题效果，如下图所示。

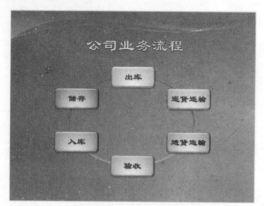

391 设置纯色背景

在 PowerPoint 2010 中，用户可以根据需要设置幻灯片背景为纯色背景。

步骤 01 按【Ctrl＋O】组合键，打开一个演示文稿，如下图所示。

总结

在为社会、为**客户**创造价值的过程中，我们始终把诚信作为立身之本，坚持"信誉第一，盈利第二"的原则，宁可企业受到损失，也要取信于**客户**，勇于向**客户**兑现承诺，勇于接受社会监督，努力营造便捷、透明、公开的服务氛围，树立守法经营、真诚可信的企业形象。

步骤 02 切换至"设计"面板，在"背景"选项板中单击"背景样式"按钮，在弹出的列表框中选择"设置背景格式"选项，如下图所示。

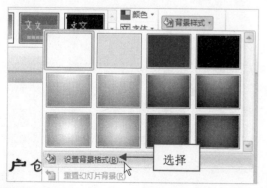

步骤 03 弹出"设置背景格式"对话框，在"填充"选项区中选中"纯色填充"单选按钮，单击"颜色"按钮，在弹出的下拉面板中选择相应颜色，如下图所示。

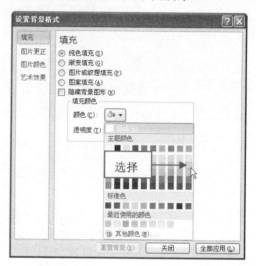

步骤 04 设置完成后，单击"关闭"按钮，即可设置背景为纯色效果，如下图所示。

总结

在为社会、为**客户**创造价值的过程中，我们始终把诚信作为立身之本，坚持"信誉第一，盈利第二"的原则，宁可企业受到损失，也要取信于**客户**，勇于向**客户**兑现承诺，勇于接受社会监督，努力营造便捷、透明、公开的服务氛围，树立守法经营、真诚可信的企业形象。

专家提醒

在"设置背景格式"对话框中，单击"全部应用"按钮，表示该演示文稿中的所有幻灯片都将应用设置的背景。

392 设置渐变背景

渐变填充背景就是将两种或两种以上的颜色按一定的规律进行组合，以获得良好的视觉效果。

步骤01 按【Ctrl＋O】组合键，打开一个演示文稿，如下图所示。

步骤02 切换至"设计"面板，在"背景"选项板中单击"背景样式"按钮，在弹出的列表框中选择"设置背景格式"选项，弹出"设置背景格式"对话框，在"填充"选项区中选中"渐变填充"单选按钮，然后单击"预设颜色"按钮，在弹出的面板中选择相应的选项，如下图所示。

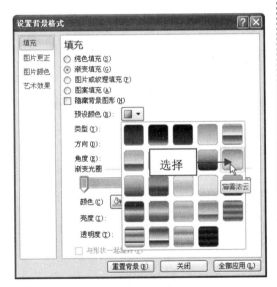

专家提醒

在"渐变填充"选项区中，用户还可以设置渐变的类型、方向、角度、亮度和透明度等效果。

步骤03 设置完成后，单击"关闭"按钮，即可设置渐变填充，如下图所示。

393 | 设置纹理背景

纹理填充在实际制作幻灯片时应用非常广泛，它能让幻灯片的图文效果变得更加丰富、漂亮。

步骤01 按【Ctrl＋O】组合键，打开一个演示文稿，如下图所示。

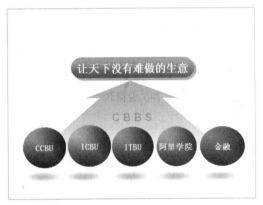

步骤02 切换至"设计"面板，在"背景"选项板中单击"背景样式"按钮，在弹出的列表框中选择"设置背景格式"选项，弹出"设置背景格式"对话框，选中"图片或纹理填充"单选按钮，如下图所示。

专家提醒

在"纹理"填充选项区中，用户也可以根据具体的需要，调整纹理填充的透明度、亮度等。

步骤 03 单击"纹理"右侧的下拉按钮，在弹出的列表框中选择相应的选项，如下图所示。

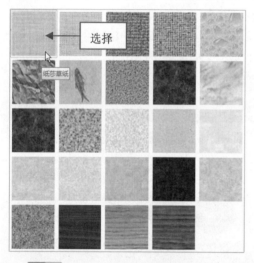

步骤 04 设置完成后，单击"关闭"按钮，即可设置背景为纹理填充效果，如下图所示。

394 设置图案背景

在 PowerPoint 2010 中，用户还可以根据需要将图案设置为幻灯片的背景，图案是比较简单整齐的背景样式。

步骤 01 按【Ctrl＋O】组合键，打开一个演示文稿，如下图所示。

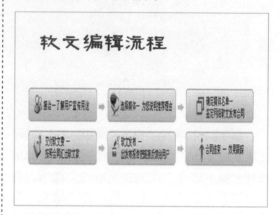

步骤 02 切换至"设计"面板，在"背景"选项板中单击"背景样式"按钮，在弹出的列表框中选择"设置背景格式"选项，弹出"设置背景格式"对话框，在"填充"选项区中选中"图案填充"单选按钮，在下方的列表框中选择相应的图案填充样式，如下图所示。

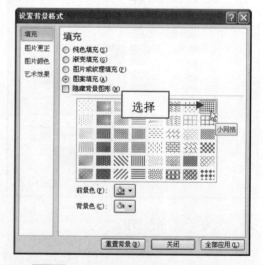

步骤 03 设置完成后，单击"关闭"按钮，即可设置背景为图案填充样式，效果如下图所示。

在"图案填充"选项区中，用户还可以根据需要选择相应的前景色和背景色填充效果。

395 设置图片背景

用户可以根据不同的幻灯片主题，将自己喜欢的图片或剪贴画作为幻灯片的背景，让主题更加突出、效果更加迷人。

步骤 01 按【Ctrl＋O】组合键，打开一个演示文稿，如下图所示。

步骤 02 切换至"设计"面板，在"背景"选项板中单击"背景样式"按钮，在弹出的列表框中选择"设置背景格式"选项，弹出"设置背景格式"对话框，选中"图片或纹理填充"单选按钮，在下方单击"文件"按钮，如下图所示。

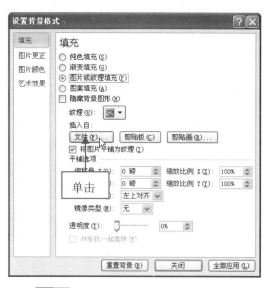

步骤 03 弹出"插入图片"对话框，在其中用户可选择需要设置为背景的素材图片，如下图所示。

步骤 04 单击"插入"按钮，返回"设置背景格式"对话框，单击"关闭"按钮，即可设置背景为图片填充，如下图所示。

396 | 幻灯片母版

在 PowerPoint 2010 中,幻灯片母版用于存储设计母版的信息,这些母版信息包括字形、占位符大小、背景设计和配色方案。使用幻灯片母版的目的是能够全局更改演示文稿,如替换字形,将其应用到演示文稿中的所有幻灯片。

选择需要进入母版进行编辑的演示文稿,切换至"视图"面板,在"母版视图"选项板中单击"幻灯片母版"按钮▣,即可进入幻灯片母版视图。

当进入幻灯片母版视图后,系统将自动激活"幻灯片母版"面板,如下图所示。

在"编辑母版"选项板中,各按钮的含义如下:

❁ "插入幻灯片母版"按钮▣:单击该按钮,可以在幻灯片母版中插入一个新的幻灯片母版,一般情况下,幻灯片母版中包含有幻灯片内容母版和幻灯片标题的母版。

❁ "插入版式"按钮▣:单击该按钮,可以在幻灯片母版中添加自定义版式。

❁ "删除"按钮▣:单击该按钮,可删除当前选择的母版。

❁ "重命名"按钮▣:单击该按钮,弹出"重命名版式"对话框,以便用户更改当前母版的名称。

❁ "保留"按钮▣:单击该按钮,可以使当前幻灯片在未被使用的情况下保留在演示文稿中。

397 | 设置幻灯片母版

在 PowerPoint 2010 中,创建好幻灯片母版后,为了使母版更加美观,用户可以根据需要在"幻灯片母版"面板中设置母版的各种效果,如母版主题、背景样式等。

步骤 01 按【Ctrl+N】组合键,新建一个演示文稿,切换至"视图"面板,在"母版视图"选项板中单击"幻灯片母版"按钮▣,如下图所示。

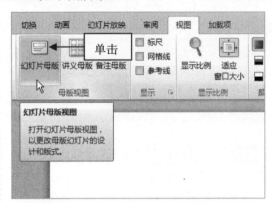

步骤 02 进入幻灯片母版视图,选择第 1 张幻灯片,将鼠标定位于占位符中,如下图所示。

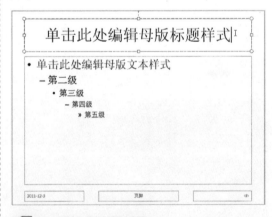

步骤 03 选择"单击此处编辑母版标题样式"字样，按【Delete】键将其删除，然后输入相应的标题字样，如下图所示。

步骤 04 在幻灯片下方的文本框中，还可以输入其他文本内容，按【Delete】键可删除不需要的文本内容，如下图所示。

　　如果需要某些文本或图形在每张幻灯片上都出现，如公司的徽标和名称，用户可以将它们放在母版中，这样编辑一次就可以了。

398 | 编辑母版主题

　　在 PowerPoint 2010 中，不仅可以为幻灯片设置主题样式，还可以为母版设置相应的主题样式，以使创建的演示文稿更加美观、清晰。

步骤 01 按【Ctrl＋N】组合键，新建一个演示文稿，切换至"视图"面板，在"母版视图"选项板中单击"幻灯片母版"按钮，进入幻灯片母版视图，选择第 1 张幻灯片，如下图所示。

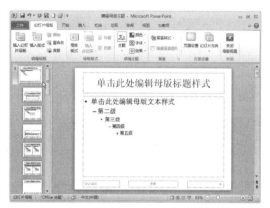

步骤 02 在"编辑主题"选项板中，单击"主题"按钮，在弹出的下拉列表框中，选择"波形"选项，如下图所示。

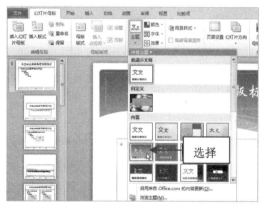

步骤 03 执行操作后，即可编辑母版的主题，如下图所示。

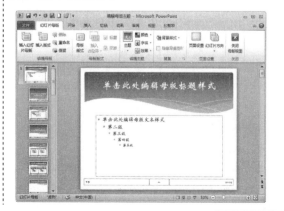

399 | 编辑母版颜色

在 PowerPoint 2010 中,用户还可以根据自己的需要选择不同的颜色来设计母版。

步骤 01 打开上一例效果文件,切换至"幻灯片母版"面板,在"编辑主题"选项板中单击"颜色"按钮，在弹出的列表框中选择"奥斯汀"选项,在如下图所示。

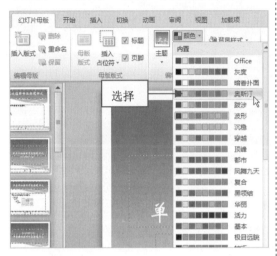

步骤 02 执行操作后,即可设置母版颜色,如下图所示。

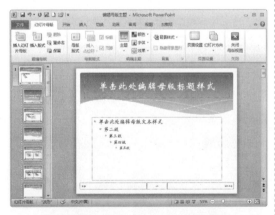

400 | 编辑母版背景

母版背景设置包括纯色填充、渐变填充、纹理填充和图片填充等。

步骤 01 打开上一例效果文件,切换至"幻灯片母版"面板,在"背景"选项板中单击"背景样式"按钮，在弹出的列表框中选择"设置背景格式"选项,如下图所示。

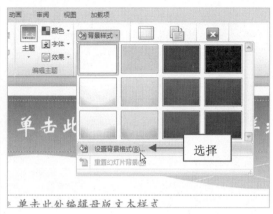

步骤 02 弹出"设置背景格式"对话框,选中"图片或纹理填充"单选按钮,单击"纹理"右侧的下拉按钮,在弹出的列表框中选择"新闻纸"选项,如下图所示。

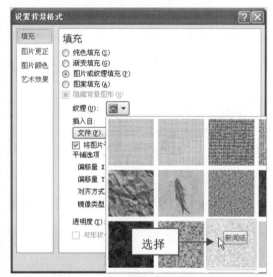

步骤 03 设置完成后,单击"关闭"按钮,即可编辑母版背景,如下图所示。

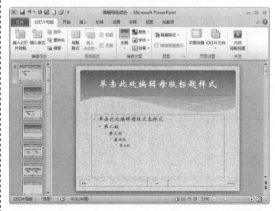

401 | 保存幻灯片母版

在 PowerPoint 2010 中，设置好母版后，在该演示文稿中新建幻灯片时，幻灯片的背景与母版的背景会是一样的，但是新建演示文稿以后，如果想采用该母版的背景样式，就需将该母版保存为模板。

步骤 01 打开上一例效果文件，单击"文件"菜单，在弹出的面板中单击"另存为"命令，如下图所示。

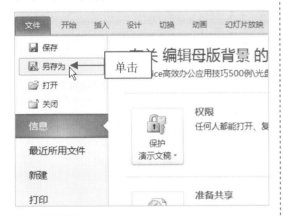

步骤 02 弹出"另存为"对话框，设置文件名，单击"保存类型"右侧的下三角按钮，在弹出的下拉列表框中选择"PowerPoint 模板"选项，如下图所示，单击"保存"按钮，即可保存幻灯片母版。

专家提醒

如果需要打开幻灯片母版模板，只需单击"文件"命令，在弹出的面板中选择模板文件，并将其打开即可。

402 | 设置页眉和页脚

页眉和页脚包括页眉和页脚文本、幻灯片号码以及日期，一般出现在幻灯片的顶端或底端，页眉和页脚可以在任何视图中添加。

步骤 01 按【Ctrl＋N】组合键，新建一个演示文稿，切换至"视图"面板，在"母版视图"选项板中单击"幻灯片母版"按钮，进入幻灯片母版视图，切换至"插入"面板，在"文本"选项板中单击"页眉和页脚"按钮，如下图所示。

步骤 02 弹出"页眉和页脚"对话框，选中"日期和时间"复选框，并选中"自动更新"单选按钮，如下图所示。

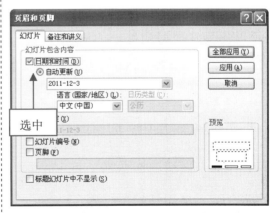

步骤 03 依次选中"幻灯片编号"复选框和"页脚"复选框，并在页脚文本框中输入"Office 办公应用技巧"，再选中"标题幻灯片中不显示"复选框，如下图所示。

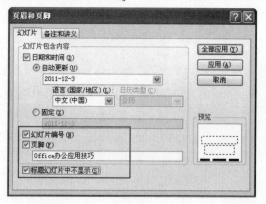

步骤 04 单击"全部应用"按钮，所有的幻灯片中都将添加页脚部分，如下图所示。

步骤 05 在第 1 张幻灯片中，选中页脚，在浮动面板工具栏中设置"字体"为"黑体"、"字号"为 20，如下图所示。

步骤 06 设置完成后，其他幻灯片也随之改变，切换至第 3 张幻灯片，如下图所示。

403 设置项目符号

项目符号是文本中经常用到的，在幻灯片模板中同样可以设置项目符号。

步骤 01 打开上一例效果文件，切换至"幻灯片母版"面板，如下图所示。

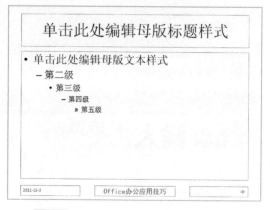

步骤 02 选中相应的文本，单击鼠标右键，在弹出的快捷菜单中选择"项目符号"选项，如下图所示。

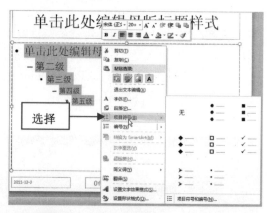

步骤 03 在弹出的子菜单中选择要更改的项目符号，如下图所示。

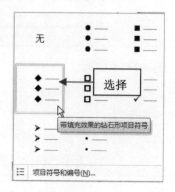

步骤 04　执行操作后，即可设置项目符号，效果如下图所示。

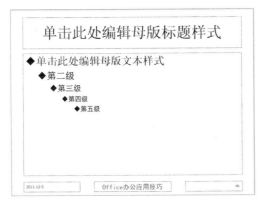

404 插入占位符

在幻灯片模板中的幻灯片都包含默认的版式，这些版式主要包含一些特定的占位符，用户可根据提示在其中插入各种对象。

步骤 01　打开上一例效果文件，进入第 2 页幻灯片中，如下图所示。

步骤 02　切换至"幻灯片母版"面板，在"母版版式"选项板中单击"插入占位符"按钮，在弹出的列表框中选择要插入的占位符，如下图所示。

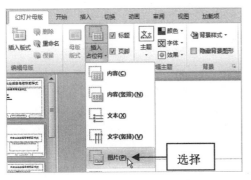

步骤 03　此时鼠标指针呈十字状，按住鼠标左键并在幻灯片中拖曳，如下图所示。

步骤 04　至合适位置后，释放鼠标左键，即可绘制出相应大小的占位符，如下图所示。

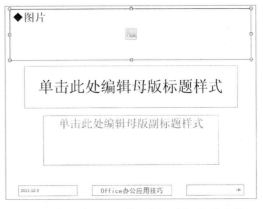

405 设置占位符属性

对于母版中的占位符，用户可以根据需要设置其属性。

步骤 01　打开上一例效果文件，进入第 3 页幻灯片中，如下图所示。

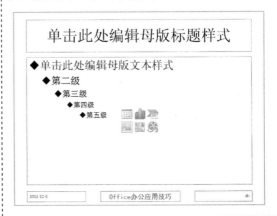

步骤02　选择标题占位符，单击鼠标右键，在弹出的快捷菜单中选择"设置形状格式"选项，如下图所示。

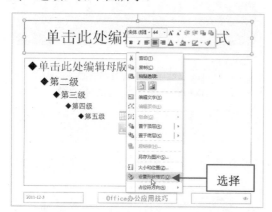

步骤03　弹出"设置形状格式"对话框，在"填充"选项区中选中"纯色填充"单选按钮，单击"颜色"按钮，在弹出的下拉面板中选择相应颜色，如下图所示。

步骤04　设置完成后，单击"关闭"按钮，完成设置占位符属性操作，如下图所示。

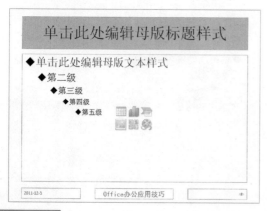

406 | 应用讲义母版

讲义母版是在母版中显示讲义的位置，其页面四周包括页眉区、页脚区、日期区和数字区，中间显示讲义的页面布局。

步骤01　按【Ctrl＋O】组合键，打开一个演示文稿，如下图所示。

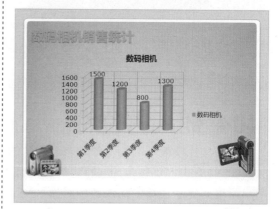

步骤02　切换至"视图"面板，在"母版视图"选项板中单击"讲义母版"按钮，如下图所示。

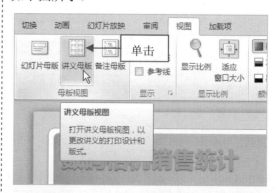

步骤03　进入讲义母版视图，在"页面设置"选项板中单击"幻灯片方向"按钮，在弹出的列表框中选择"纵向"选项，如下图所示。

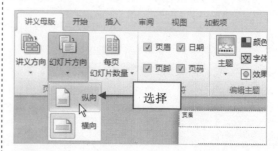

步骤 04 执行操作后，即可将幻灯片方向更改为纵向，单击面板右侧的"关闭母版视图"按钮 ✕，退出讲义母版，即可看到幻灯片方向已更改为纵向，如下图所示。

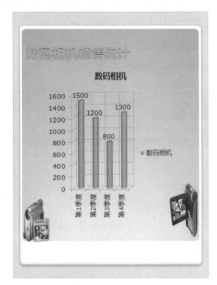

专家提醒

在"页面设置"选项板中，用户还可以根据需要设置讲义的方向。

407 | 应用备注母版

备注母版主要是用来设置幻灯片的备注格式，用来作为演示者在演示时的提示和参考，还可以将其单独打印出来。

步骤 01 按【Ctrl＋O】组合键，打开一个演示文稿，如下图所示。

步骤 02 切换至"视图"面板，在"母版视图"选项板中单击"备注母版"按钮 📄，如下图所示。

步骤 03 进入备注母版视图，在"页面设置"选项板中单击"备注页方向"按钮 📄，在弹出的列表框中选择"横向"选项，如下图所示。

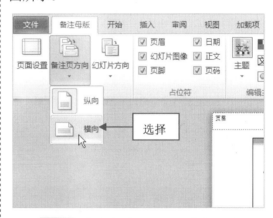

步骤 04 执行操作后，即可将备注窗口更改为横向，如下图所示。

步骤 05 在"占位符"选项板中，取消选中"页眉"、"页脚"、"日期"和"页码"复选框，如下图所示。

步骤 06 执行操作后，即可更改备注页版式，如下图所示。

专家提醒

当用户退出备注母版时，对备注母版所作的修改将应用到演示文稿中的所有备注页上。只有在备注页视图下，才能查看备注母版所作的修改。

408 | 插入剪贴画对象

在 PowerPoint 2010 中自带了多种剪贴画，在所有的 Office 组件中都可以使用。用户只需在"剪贴画"任务窗格中单击相应的图形对象，即可将其插入到幻灯片中，轻松达到美化幻灯片的目的。

步骤 01 按【Ctrl＋N】组合键，新建一个演示文稿，切换至"插入"面板，在"图像"选项板中单击"剪贴画"按钮，如下图所示。

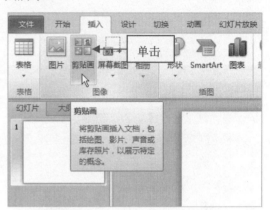

步骤 02 打开"剪贴画"任务窗格，单击"搜索文字"右侧的"搜索"按钮，在下拉列表框中将显示搜索到的剪贴画，选择相应的剪贴画，如下图所示。

专家提醒

在"剪贴画"任务窗格中，选择相应剪贴画，然后单击右侧的下拉按钮，在弹出的列表框中选择"插入"选项，也可以将其插入到幻灯片中。

步骤 03 单击该图片，即可将剪贴画插入到幻灯片中，调整其大小和位置，效果如下图所示。

409 插入图片对象

在演示文稿中插入图片，可以生动形象地阐述主题和表达思想。在插入图片时，需充分考虑幻灯片的主题，要使图片和主题和谐一致。

步骤 01 按【Ctrl＋O】组合键，打开一个演示文稿，如下图所示。

步骤 02 切换至"插入"面板，在"图像"选项板中单击"图片"按钮，如下图所示。

步骤 03 弹出"插入图片"对话框，在其中选择需要插入的图片，如下图所示。

步骤 04 单击"插入"按钮，即可将图片插入到幻灯片中，用户可根据需要调整图片的大小和位置，如下图所示。

专家提醒

在"插入图片"对话框中，按住【Ctrl】键的同时单击鼠标左键，可选择多张图片插入幻灯片中。

410 插入艺术字对象

为了美化演示文稿，除了可以在其中插入图片或剪贴画外，还可以使用具有多种特殊效果的艺术字，为文字添加艺术效果，使用 PowerPoint 2010 可以创建出各种艺术字效果的文字。

步骤 01 按【Ctrl＋O】组合键，打开一个演示文稿，如下图所示。

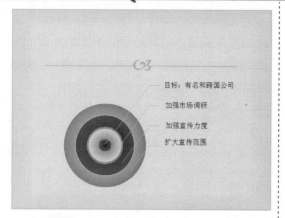

步骤 02 切换至"插入"面板，在"文本"选项板中单击"艺术字"按钮 A，在弹出的列表框中选择相应艺术字样式，如下图所示。

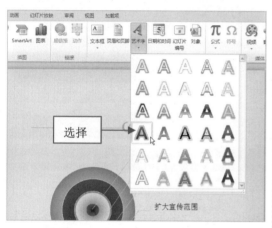

选择

步骤 03 幻灯片中将显示提示信息"请在此放置您的文字"，将鼠标移至艺术字文本框的边框上，单击鼠标左键并拖曳，至合适位置后释放鼠标，调整文本框位置，如下图所示。

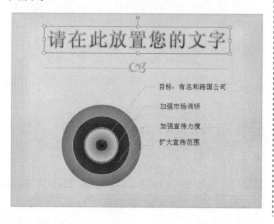

步骤 04 在文本框中选择提示文字，按【Delete】键将其删除，然后输入相应文字，效果如下图所示。

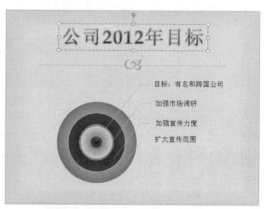

步骤 05 在编辑区中的空白位置单击鼠标左键，完成艺术字的创建，如下图所示。

专家提醒

在幻灯片中选择需要编辑的艺术字样式，切换至"格式"面板，在其中可以根据需要设置艺术字的形状、样式、排列方向以及调整大小等。

411 插入相册对象

随着科技的创新，数码相机的发展，电子相册也越来越大众化，运用 PowerPoint 2010 也能够制作出漂亮的电子相册。在不同的应用领域中，电子相册可以用于介绍公司的产品目录，或者分享图像及研究成果等。

步骤 01　按【Ctrl＋N】组合键，新建一个演示文稿，切换至"插入"面板，在"图像"选项板中，单击"相册"按钮，在弹出的列表框中选择"新建相册"选项，如下图所示。

步骤 02　弹出"相册"对话框，单击"文件/磁盘"按钮，如下图所示。

步骤 03　弹出"插入新图片"对话框，在图片列表中选择需要的图片，如下图所示。

步骤 04　单击"插入"按钮，返回到"相册"对话框，即可在"相册"对话框中查看到所插入的素材图片，如下图所示。

步骤 05　用与上述相同的方法，继续插入其他图片，如下图所示。

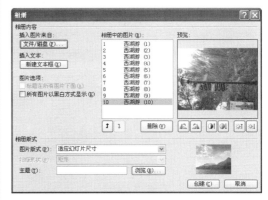

步骤 06　在"相册中的图片"列表框中，选择最后一张图片，单击预览区下方的"向右旋转"按钮，旋转图片，如下图所示。

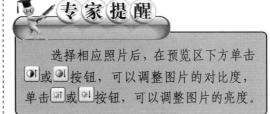

专家提醒

选择相应照片后，在预览区下方单击按钮，可以调整图片的对比度，单击按钮，可以调整图片的亮度。

步骤 07 单击"图片版式"右侧的下拉按钮，在弹出的下拉列表框中选择"1 张图片（带标题）"选项，如下图所示。

步骤 08 设置完成后，单击"主题"文本框右侧的"浏览"按钮，如下图所示。

步骤 09 弹出"选择主题"对话框，选择所需要的主题样式，如下图所示。

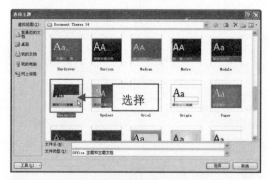

专家提醒

在主题下拉列表框中，Power Point 提供了多种主题以供用户选择。

步骤 10 单击"选择"按钮，返回"相册"对话框，单击"创建"按钮，如下图所示。

步骤 11 稍等片刻，即可创建电子相册，切换至"视图"面板，在"演示文稿视图"选项板中单击"幻灯片浏览"按钮 ，此时演示文稿将显示相册封面和插入的图片，效果如下图所示。

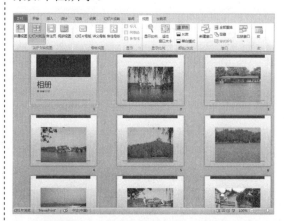

步骤 12 双击相册封面幻灯片，输入相册名称及主题文字，效果如下图所示。

步骤 13 设置完成后，进入第 2 张幻灯片，适当调整图片大小和位置，如下图所示。

步骤 14 在下方文本框中选择提示文字，按【Delete】键将其删除，然后输入相应文字，在"字体"选项板中，设置"字体"为"华文行楷"、"字号"为 40，并将其调整至合适位置，如下图所示。

步骤 15 用与上述相同的方法，选择其他幻灯片，调整图片大小，并添加标题文字，效果如下图所示。

412 编辑相册对象

用户如果对创建的相册效果不满意，还可以对相册进行编辑修改，如重新调整相片的顺序、图片的版式、相框的形状等。

步骤 01 按【Ctrl＋O】组合键，打开一个演示文稿，如下图所示。

步骤 02 单击视图栏中的"普通视图"按钮，快速切换至普通视图，如下图所示。

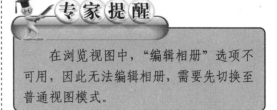

专家提醒

在浏览视图中，"编辑相册"选项不可用，因此无法编辑相册，需要先切换至普通视图模式。

步骤 03 切换至"插入"面板，在"图像"选项板，单击"相册"按钮，在弹出的列表框中选择"编辑相册"选项，如下图所示。

步骤 04 弹出"编辑相册"对话框，在"相册版式"选项区中，单击"图片版式"右侧的下拉按钮，在弹出的下拉列表框中选择"4张图片"选项，如下图所示。

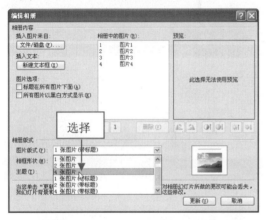

步骤 05 单击"相框形状"右侧的下拉按钮，在弹出的下拉列表框中，选择"简单框架，黑色"选项，如下图所示。

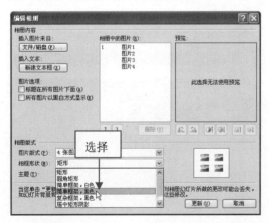

步骤 06 设置完成后，单击"更新"按钮，即可完成相册的编辑，进入第 2 张幻灯片，效果如下图所示。

413 | 设置图片样式

在 PowerPoint 2010 中，用户可以为插入的图片设置样式，使图片更加美观。

步骤 01 按【Ctrl＋O】组合键，打开一个演示文稿，如下图所示。

步骤 02 选择要设置样式的图片，切换至"格式"面板，在"图片样式"选项板中单击"其他"按钮 ，在弹出的列表框中选择"复杂框架，黑色"选项，如下图所示。

专家提醒

在"图片样式"列表框中，提供了很多图片样式效果，用户可以根据需要进行选择。

步骤 03 执行操作后，即可设置图片样式，如下图所示。

414 删除图片背景

在 PowerPoint 2010 中，用户可以对背景单一的图片进行删除背景操作。

步骤 01 按【Ctrl＋O】组合键，打开一个演示文稿，如下图所示。

专家提醒

在"关闭"选项板中，单击"放弃所有更改"按钮，即可放弃所做的更改。

步骤 02 选择要设置样式的图片，切换至"格式"面板，在"调整"选项板中单击"删除背景"按钮，如下图所示。

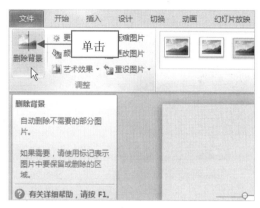

步骤 03 此时，图片将显示要删除的背景区域，如下图所示。

步骤 04 拖动控制柄，适当调整删除背景的区域范围，如下图所示。

步骤 05 在"背景清除"面板中，单击"关闭"选项板的"保留更改"按钮，如下图所示。

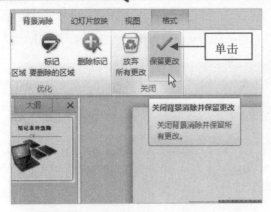

步骤 06 执行操作后，即可清除图片背景，将其调整至合适位置，如下图所示。

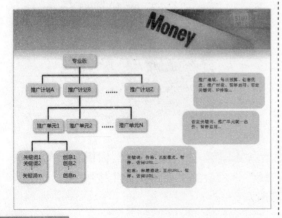

415 | 绘制基本形状

在 PowerPoint 2010 中，用户可以绘制各种基本图形，如直线、箭头以及多边形等基本图形，也可以方便地绘制曲线、星形以及旗帜等复杂的图形。

步骤 01 按【Ctrl＋O】组合键，打开一个演示文稿，如下图所示。

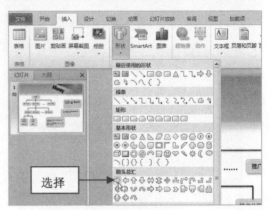

步骤 02 切换至"插入"面板，在"插图"选项板中单击"形状"按钮，在弹出的列表框中选择"右箭头"选项，如下图所示。

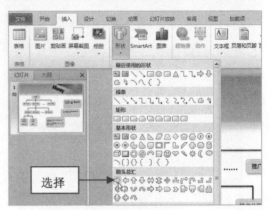

步骤 03 将鼠标移至幻灯片中的合适位置，单击鼠标左键并拖曳，至合适位置后释放鼠标，即可绘制箭头形状，如下图所示。

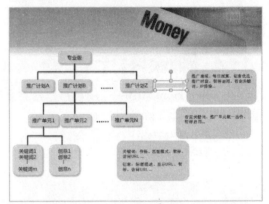

步骤 04 切换至"格式"面板，在"形状样式"选项板中，单击"其他"按钮，在弹出的列表框中，选择相应的形状样式，如下图所示。

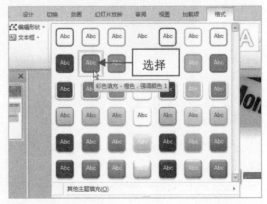

步骤 05 执行操作后，即可设置相应的形状样式，效果如下图所示。

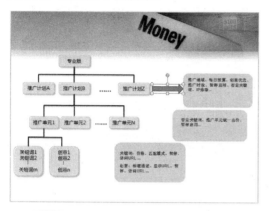

步骤 06 用与上述相同的方法，绘制其他基本形状图形，并设置相应的形状样式，效果如下图所示。

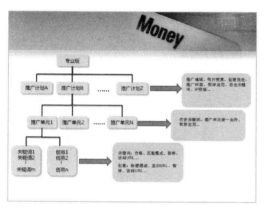

416 选择图形对象

和 PowerPoint 2010 中的其他大多数操作一样，在对某个图形进行操作之前，首先要选择对象。

选择图形的方法主要有以下 3 种：

❀ 选择一个对象：单击对象的任何一个位置即可选择该对象。

❀ 选择多个对象：按住【Shift】键的同时单击鼠标左键，可以连续选择多个对象。

❀ 选择全部对象：直接按【Ctrl＋A】组合键。

下面介绍单击选择一个对象的方法。

步骤 01 按【Ctrl＋O】组合键，打开一个演示文稿，如下图所示。

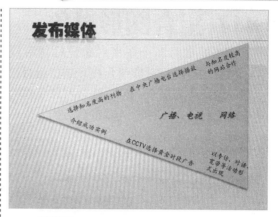

步骤 02 将鼠标移至三角形图形上，此时鼠标指针呈 形状，如下图所示。

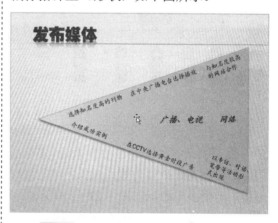

步骤 03 单击鼠标左键，即可选择该图形对象，如下图所示。

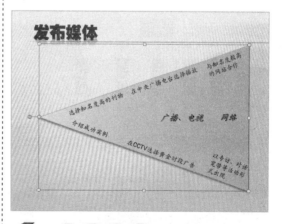

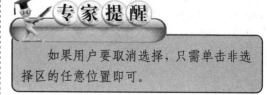

专家提醒

如果用户要取消选择，只需单击非选择区的任意位置即可。

417 组合图形对象

如果经常对多个图形对象进行同种操作，可将这些图形对象组合在一起，组合在一起的对象称为组合对象。组合对象将作为单个对象对待，可以同时对组合后的对象进行翻转、旋转以及调整大小或比例等操作。

步骤 01 按【Ctrl＋O】组合键，打开一个演示文稿，如下图所示。

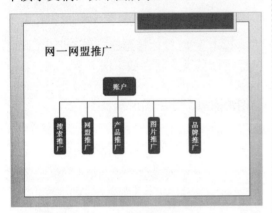

步骤 02 在幻灯片中，按住【Shift】键的同时，依次在绿色圆角矩形对象上单击鼠标左键，选择多个图形对象，如下图所示。

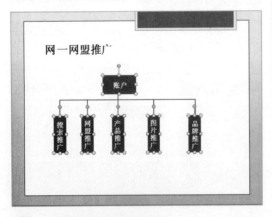

专家提醒

在幻灯片中，选择需要组合的多个图形对象，单击鼠标右键，在弹出的快捷菜单中选择"组合"|"组合"选项，也可以快速组合图形对象。

步骤 03 切换至"格式"面板，在"排列"选项板中单击"组合"按钮，在弹出的列表框中选择"组合"选项，如下图所示。

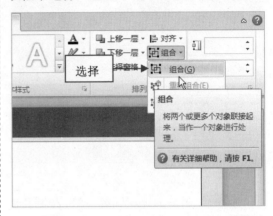

步骤 04 执行操作后，即可组合图形对象，查看组合后的效果，如下图所示。

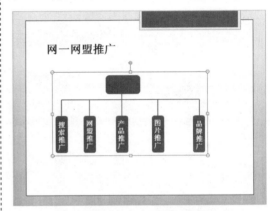

418 调整叠放顺序

在同一区域绘制多个图形时，最后绘制的图形往往部分或全部将自动覆盖前面的图形，用户可以适当调整这些图形的叠放顺序。

步骤 01 打开上一例效果文件，在幻灯片中选择组合的对象，如下图所示。

专家提醒

选择要设置叠放次序的对象，在"开始"面板的"绘图"选项板中，单击"排列"下拉按钮，在弹出的列表框中选择"置于底层"选项，也可设置图形叠放次序。

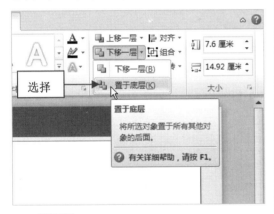

步骤02 切换至"格式"面板，在"排序"选项板中单击"下移一层"按钮右侧的下三角按钮，在弹出的列表框中选择"置于底层"选项，如下图所示。

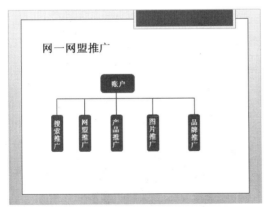

步骤03 执行操作后，即可调整叠放顺序，如下图所示。

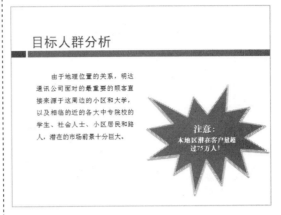

419 旋转图形对象

在 PowerPoint 幻灯片中，用户可以对图形进行任意角度的自由旋转。

步骤01 按【Ctrl＋O】组合键，打开一个演示文稿，如下图所示。

步骤02 在幻灯片中，选择需要进行旋转的图形对象，如下图所示。

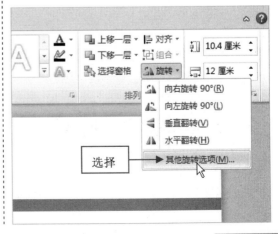

步骤03 切换至"格式"面板，在"排列"选项板中，单击"旋转"按钮，在弹出的列表框中选择"其他旋转选项"选项，如下图所示。

步骤 04 弹出"设置形状格式"对话框，在"尺寸和旋转"选项区中，设置"旋转"为 - 30°，如下图所示。

步骤 05 单击"关闭"按钮，即可设置图形的旋转角度，效果如下图所示。

专家提醒

选择要旋转的对象，切换至"格式"面板，在"排列"选项板中单击"旋转"按钮，在弹出的列表框中选择其他相应的选项，也可进行旋转和翻转操作。

420 | 设置图形样式

在 PowerPoint 2010 中，为用户提供了多种图形样式效果，用户可以为幻灯片中绘制的图形设置相应的图形样式，以更改图形的显示效果。

步骤 01 按【Ctrl＋O】组合键，打开一个演示文稿，如下图所示。

步骤 02 在幻灯片中，选择需要设置样式的图形对象，如下图所示。

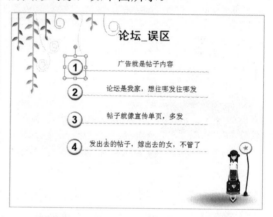

步骤 03 切换至"格式"面板，在"形状样式"选项板中单击"其他"按钮，在弹出的列表框中选择相应选项，如下图所示。

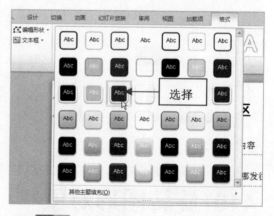

步骤 04 执行操作后，即可设置图形样式，效果如下图所示。

步骤 05 用与上述相同的方法，设置其他图形样式，效果如下图所示。

 **专家提醒**

　　选择一种样式后，其样式会在"样式"选项板中显示，如果用户选择相同样式，可以直接在其中选择，而无需单击"其他"按钮。

421 | 设置艺术字三维旋转

　　用户在插入艺术字后，还可以设置艺术字的文字效果，使文字更加突出。

专家提醒

　　在"文字效果"下拉列表框中，用户还可以根据需要设置相应的阴影效果。

步骤 01 按【Ctrl＋O】组合键，打开一个演示文稿，如下图所示。

步骤 02 在幻灯片中，选择需要设置的艺术字，如下图所示。

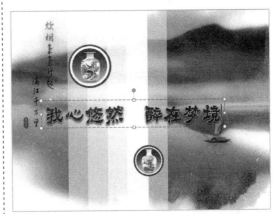

步骤 03 切换至"格式"面板，在"艺术字样式"选项板中单击"文字效果"按钮，在弹出的列表框中选择"三维旋转"|"离轴2左"选项，如下图所示。

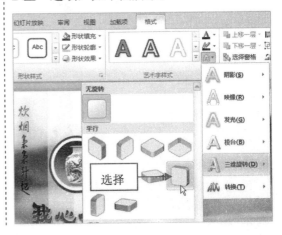

步骤 04 执行操作后,即可设置艺术字的三维旋转效果,如下图所示。

422 | 设置艺术字填充效果

在 PowerPoint 2010 中,用户可以为艺术字设置填充效果,使艺术字颜色更丰富。

步骤 01 打开上一例效果文件,在幻灯片中选择要设置填充的艺术字,如下图所示。

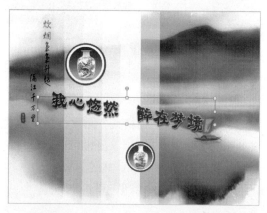

步骤 02 切换至"格式"面板,在"艺术字样式"选项板中单击"文本填充"按钮 **A**,在弹出的列表框中选择"纹理"|"褐色大理石"选项,如下图所示。

专家提醒

在"文本填充"下拉列表框中,用户还可以根据需要设置其他效果,如插入图片和设置渐变色。

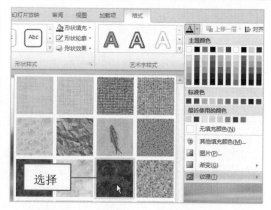

步骤 03 执行操作后,即可设置艺术字的填充效果,如下图所示。

423 | 创建 SmartArt 图形

用户可以通过选择多种不同布局,来创建 SmartArt 图形,从而快速、轻松、有效地传达信息。

步骤 01 按【Ctrl+O】组合键,打开一个演示文稿,如下图所示。

步骤 02 切换至"插入"面板，在"插图"选项板单击 SmartArt 按钮 ，如下图所示。

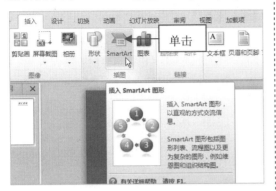

步骤 03 弹出"选择 SmartArt 图形"对话框，在"层次结构"选项卡中选择"标记的层次结构"选项，如下图所示。

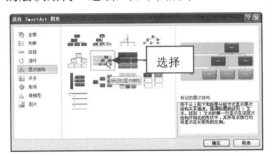

步骤 04 单击"确定"按钮，即可创建 SmartArt 图形，效果如下图所示。

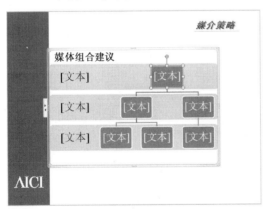

在"选择 SmartArt 图形"对话框中，在左侧图表中单击不同的标签时，对话框将显示与之对应的图形。

步骤 05 在相应文本框中输入文本，并适当调整图形位置，效果如下图所示。

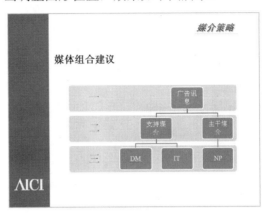

424 | 设置 SmartArt 图形样式

创建 SmartArt 图形之后，图形本身带了一定的样式，用户也可以根据需要更改 SmartArt 图形的样式。

步骤 01 打开上一例效果文件，选择 SmartArt 图形，如下图所示。

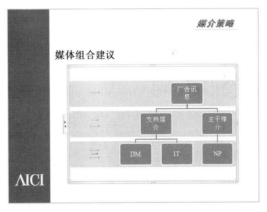

步骤 02 切换至"设计"面板，在"SmartArt 样式"选项板中单击"其他"按钮 ，在弹出的列表框中选择"金属场景"选项，如下图所示。

在"SmartArt 样式"选项板中，用户还可以更改 SmartArt 图形的颜色。

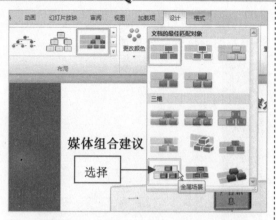

步骤03 执行操作后，即可设置 SmartArt 图形的样式，效果如下图所示。

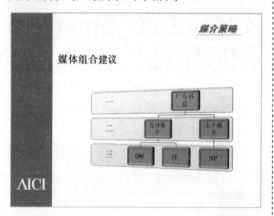

425 | 更改 SmartArt 图形布局

在 PowerPoint 2010 中，当用户添加了 SmartArt 图形之后，还可以方便地修改已经创建好的图形布局。

在 PowerPoint 2010 中，有以下两种方法修改 SmartArt 图形。

✿ 选择需要更改的 SmartArt 图形，单击鼠标右键，在弹出的快捷菜单中选择"更改布局"选项，弹出"选择 SmartArt 图形"对话框，用户可以根据需要在其中选择其他 SmartArt 图形。

✿ 选择需要更改的 SmartArt 图形，切换至"设计"面板，在"布局"选项板中单击"更改布局"按钮 ，在弹出的下拉列表框中选择用户需要的 SmartArt 图形即可。

426 | 修改 SmartArt 图形形状

在 PowerPoint 2010 中，SmartArt 图形的形状不是固定的，用户可以根据需要修改 SmartArt 图形的形状，从而使 SmartArt 图形更加美观。

步骤01 按【Ctrl＋O】组合键，打开一个演示文稿，如下图所示。

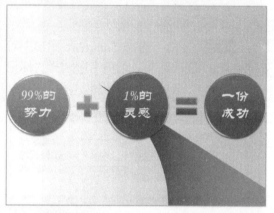

步骤02 在幻灯片中，选择需要修改形状的 SmartArt 图形，如下图所示。

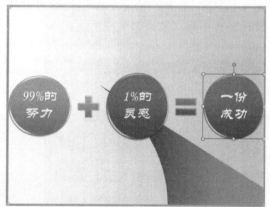

专家提醒

在"格式"选项卡的"形状"选项板中，单击"增大"按钮 ，可以将选择的图形增大，单击"缩小"按钮 ，可以将选择的图形缩小显示。

步骤 03　切换至"格式"面板，在"形状"选项板中单击"更改形状"按钮，在弹出的列表框中选择"心形"选项，如下图所示。

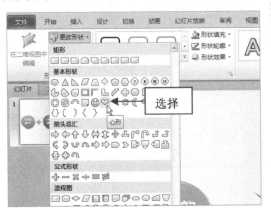

步骤 04　执行操作后，即可修改 SmartArt 图形形状，效果如下图所示。

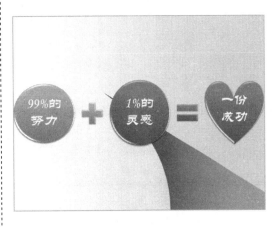

● 读书笔记

18 设置表格图表特效

学前提示

　　在演示文稿中，表格和图表的应用也是非常重要的内容，使用 PowerPoint 2010 制作一些专业型演示文稿时，通常需要使用表格，如销售表、财务报表和日历等。图表与文字相比，形象直观的图表更容易让人理解。本章将主要向读者介绍表格和图表的应用。

本章知识重点

▶ 快速插入表格　　　　　　▶ 设置表格宽度和线型
▶ 占位符插入表格　　　　　▶ 设置对齐方式
▶ 设置表格样式　　　　　　▶ 设置表格特效
▶ 设置表格底纹　　　　　　▶ 合并单元格
▶ 设置表格边框　　　　　　▶ 调整单元格行高

学完本章后你会做什么

▶ 掌握表格的插入设置基本设置
▶ 掌握单元格的编辑操作
▶ 掌握图表的创建和编辑修改

视频演示

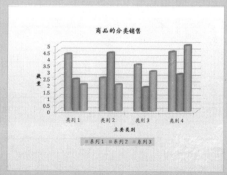

设置表格样式应用位置　　　　　　　　　设置图表图例

427 | 快速插入表格

表格与文字相比，更能体现内容的对应性及内在的联系，适合用来表达比较性和逻辑性较强的主题内容。PowerPoint 2010 支持多种插入表格的方式，用户可以在幻灯片中直接插入表格。

步骤 01 按【Ctrl＋O】组合键，打开一个演示文稿，如下图所示。

步骤 02 切换至"插入"面板，在"表格"选项板中单击"表格"按钮，在弹出的列表框中选择"插入表格"选项，如下图所示。

步骤 03 弹出"插入表格"对话框，在其中分别设置"列数"为 5、"行数"为 7，如下图所示。

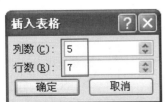

步骤 04 单击"确定"按钮，即可在幻灯片中插入表格，如下图所示。

步骤 05 单击鼠标左键拖曳表格的角点，调整表格大小和位置，效果如下图所示。

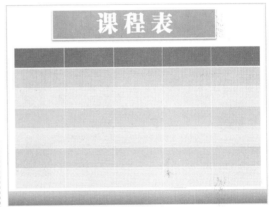

 专家提醒

在"表格"选项板中单击"表格"按钮，在弹出的列表框中选择"绘制表格"选项，然后用户可以根据需要在幻灯片中手动绘制表格。

428 | 占位符插入表格

PowerPoint 2010 中的占位符包含插入表格、图表、剪贴画、图片、SmartArt 图形和影片等按钮，用户可以根据需要直接运用这些按钮快速创建相应内容。

步骤 01 按【Ctrl＋O】组合键，打开一个演示文稿，如下图所示。

步骤 02 在"开始"面板的"幻灯片"选项板中，单击"新建幻灯片"下拉按钮，在弹出的列表框中选择含有表格的版式，如下图所示。

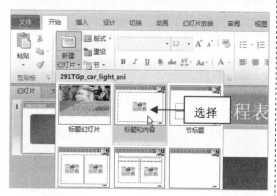

步骤 03 执行操作后，即可新建幻灯片，在占位符中单击"插入表格"按钮 ▦，如下图所示。

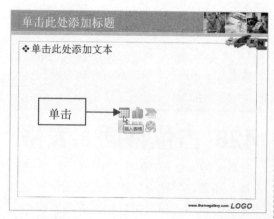

步骤 04 弹出"插入表格"对话框，在其中分别设置"列数"为 6、"行数"为 8，如下图所示。

步骤 05 单击"确定"按钮，即可利用占位符插入表格，单击鼠标左键拖曳表格的角点，调整表格大小和位置，效果如下图所示。

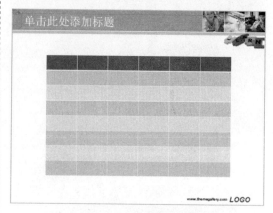

429 | 设置表格样式

在"设计"面板的"表格样式"选项板中，提供了多种表格的样式图案，使用用户能够快速更改表格的主题样式。

步骤 01 按【Ctrl＋O】组合键，打开一个演示文稿，如下图所示。

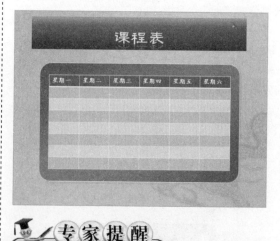

专家提醒

在弹出的下拉列表框中选择"清除表格"选项，将清除表格样式。

步骤 02 在幻灯片中,选择需要设置表格样式的表格,如下图所示。

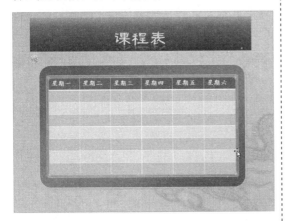

步骤 03 切换至"设计"面板,在"表格样式"选项板中单击"其他"按钮 ,在弹出的下拉列表框中选择相应的样式选项,如下图所示。

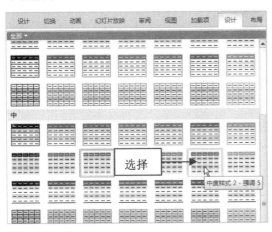

步骤 04 执行操作后,即可设置表格样式,效果如下图所示。

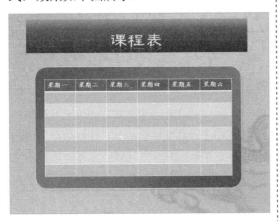

430 设置表格底纹

表格的应用非常广泛,用户可以根据演示文稿为表格搭配相应的底纹,其中底纹有纯色、渐变、图案和纹理填充等样式,图片填充可以支持多种图片格式。

步骤 01 按【Ctrl+O】组合键,打开一个演示文稿,如下图所示。

步骤 02 在幻灯片中,选择需要设置底纹的表格,切换至"设计"面板,在"表格样式"选项板中,单击"底纹"按钮右侧的下三角按钮,在弹出的列表框中选择"渐变"|"线性向下"选项,如下图所示。

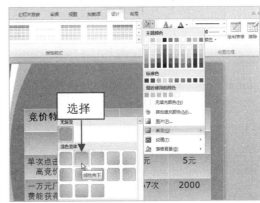

　　如果用户对主题样式中的底纹不满意,可以根据表格的主题样式来设置表格的底纹效果。

步骤 03 执行操作后，即可设置表格的底纹，效果如下图所示。

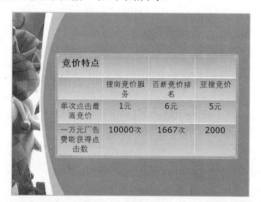

431 设置表格边框

在表格中，可以设置表格的边框颜色，能够单独使表格的一边或多边加上边框线，以及更改边框颜色、粗细和边框样式。

步骤 01 打开上一例效果文件，选择要设置边框的表格，如下图所示。

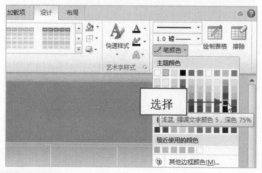

步骤 02 切换至"设计"面板，在"绘图边框"选项板中，单击"笔颜色"按钮，在弹出的列表框中，选择相应颜色，如下图所示。

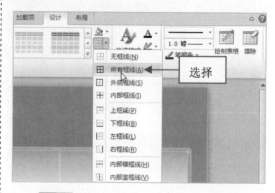

步骤 03 在"表格样式"选项板中，单击"边框"按钮右侧的下三角按钮，在弹出的列表框中，选择"所有边框"选项，如下图所示。

步骤 04 执行操作后，即可设置表格边框，效果如下图所示。

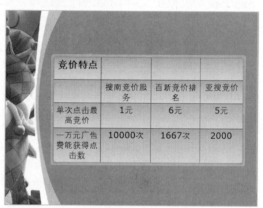

432 设置表格宽度和线型

为了使表格更加美观，用户还可以在编辑所需要的表格样式时，运用"绘图边框"选项板对表格进行其他相应设置。

专家提醒

用户可以使用"擦除"按钮删除表格单元格之间的边框线。在"绘图边框"选项板中单击"擦除"按钮，或者当鼠标指针变为铅笔形状时，按住【Shift】键，并单击要删除的边框即可。

步骤 01　按【Ctrl＋O】组合键，打开一个演示文稿，如下图所示。

步骤 02　在幻灯片中选择表格，切换至"设计"面板，在"绘图边框"选项板中单击"笔画粗细"按钮，在弹出的列表框中选择"3.0 磅"选项，如下图所示。

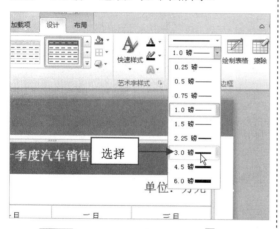

步骤 03　单击"笔样式"按钮，在弹出的列表框中选择一种虚线样式，如下图所示。

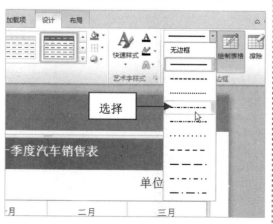

步骤 04　执行操作后，鼠标指针呈形状，按住鼠标左键并拖曳鼠标，在表格相应位置绘制直线，如下图所示。

步骤 05　释放鼠标后，即可绘制设置宽度和线型的表格边框，如下图所示。

步骤 06　再次单击"绘图边框"选项板中的"绘制表格"按钮，绘制其他边框线，最后在幻灯片空白处单击鼠标左键，完成操作，效果如下图所示。

433 设置对齐方式

为了使表格中的文字具有美观的效果，可以设置表格中文字的对齐方式。表格中默认的文字对齐方式是顶端居左对齐。

步骤 01 按【Ctrl＋O】组合键，打开一个演示文稿，如下图所示。

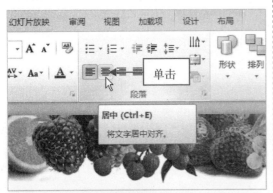

步骤 02 在幻灯片中，选择需要设置文字对齐的表格，在"开始"面板的"段落"选项板中，单击"居中对齐"按钮 ，如下图所示。

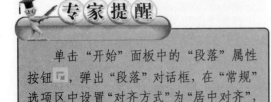

专家提醒

单击"开始"面板中的"段落"属性按钮 ，弹出"段落"对话框，在"常规"选项区中设置"对齐方式"为"居中对齐"，单击"确定"按钮，即可设置居中对齐。

步骤 03 执行操作后，即可设置表格中的文本内容为居中对齐，效果如下图所示。

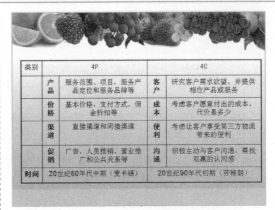

434 设置表格特效

表格和艺术字图形一样，都可以添加阴影或三维效果。

步骤 01 按【Ctrl＋O】组合键，打开一个演示文稿，如下图所示。

步骤 02 选择表格，切换至"设计"面板，在"表格样式"选项板中单击"效果"按钮 ，在弹出的列表框中选择"单元格凹凸效果" | "斜面"选项，如下图所示。

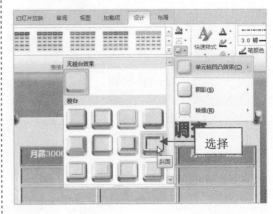

步骤 03 执行操作后，即可设置表格特效，如下图所示。

435 | 合并单元格

合并单元格就是将多个相连的单元格合并成一个单元格。

步骤 01 按【Ctrl＋O】组合键，打开一个演示文稿，如下图所示。

步骤 02 在幻灯片中，选择要合并的单元格区域，如下图所示。

步骤 03 切换至"布局"面板，在"合并"选项板中单击"合并单元格"按钮，如下图所示。

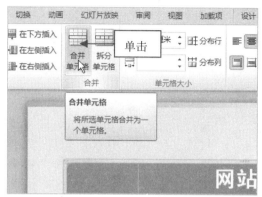

步骤 04 执行操作后，即可合并单元格，效果如下图所示。

专家提醒

选择需要合并的单元格区域，单击鼠标右键，在弹出的快捷菜单中选择"合并单元格"选项，也可合并单元格。

436 | 调整单元格行高

在表格中，系统默认的行高如果不能满足需要，此时用户可以根据各行的具体情况调整表格的行高。在 PowerPoint 2010 中，用户可以利用以下 3 种方法调整行高。

❀ **鼠标**：将鼠标移至需要设置行高的表格行交界线上，当指针变成双箭头样式时，直接拖动鼠标即可。

❀ 按钮：选择需要调整行高的行，切换至"布局"面板，在"单元格大小"选项板中单击"分布行"按钮 ⊞。

❀ 文本框：选择需要调整行高的行，切换至"布局"面板，在"单元格大小"选项板的"表格行高"文本框中输入相应行高即可。

专家提醒

在"单元格大小"选项板中的"分布行"是指选取两行或多行后，使用"分布行"可以使不同行高间的两行或多行自动调整成平均的、相等的高度。

437 | 调整单元格列宽

在 PowerPoint 2010 中，当文本内容超过单元格容量时，系统会自动换行。如果用户需要将长的文本输入在一个单元格中，而单元格宽度又不够时，可以根据需要调整列宽。

在 PowerPoint 2010 中，用户可以根据以下 3 种方法调整列宽。

❀ 鼠标：将鼠标移至需要设置列宽的表格列交界线上，当指针变成双箭头样式时，直接拖动鼠标即可。

❀ 按钮：选择需要调整列宽的列，切换至"布局"面板，在"单元格大小"选项板中单击"分布列"按钮 ⊞。

❀ 文本框：选择需要调整列宽的列，切换至"布局"面板，在"单元格大小"选项板的"表格列宽"文本框中输入相应列宽即可。

专家提醒

在"单元格大小"选项板中的"分布列"是指选取两列或多列后，使用"分布列"可以使不同列宽的两列或多列自动调整成平均的宽度。

438 | 设置单元格边距

单元格边距是指单元格中的文字与边框的间距，用户可以根据需要设置单元格边距。

步骤 01 按【Ctrl＋O】组合键，打开一个演示文稿，如下图所示。

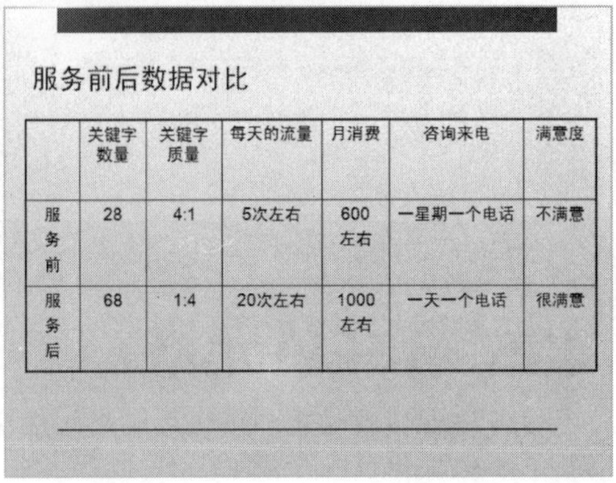

服务前后数据对比

	关键字数量	关键字质量	每天的流量	月消费	咨询来电	满意度
服务前	28	4:1	5次左右	600左右	一星期一个电话	不满意
服务后	68	1:4	20次左右	1000左右	一天一个电话	很满意

步骤 02 在幻灯片中，选择要设置单元格边距的表格，如下图所示。

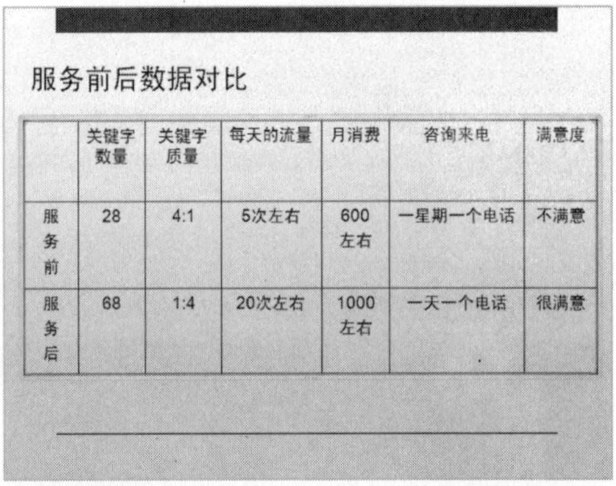

服务前后数据对比

	关键字数量	关键字质量	每天的流量	月消费	咨询来电	满意度
服务前	28	4:1	5次左右	600左右	一星期一个电话	不满意
服务后	68	1:4	20次左右	1000左右	一天一个电话	很满意

步骤 03 切换至"布局"面板，在"对齐方式"选项板中，单击"单元格边距"按钮 □，在弹出的列表框中，选择"宽"选项，如下图所示。

专家提醒

如果提供的选项不能满足用户的需要，用户还可以在弹出的列表框中选择"自定义边框"选项，在弹出的对话框中，可精确设置单元格边框。

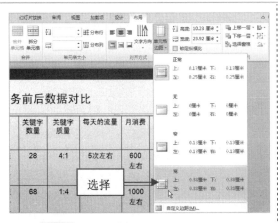

步骤 04 执行操作后，即可设置单元格边距，效果如下图所示。

439 设置表格样式应用位置

在"设计"面板的"表格样式选项"选项板中，有 6 个复选框，选中不同的复选框，表格样式将随之产生变化。在"表格样式选项"选项板中，6 个复选框的含义如下：

❀ "标题行"复选框：用来突出显示表格的第一行。

❀ "汇总行"复选框：用来产生交替带有条纹的列。

❀ "镶边行"复选框：用来产生交替带有条纹的行。

❀ "第一列"复选框：用来突出显示表格的第一列。

❀ "最后一列"：用来突出显示表格的最后一列。

❀ "镶边列"复选框：用来产生交替带有条纹的列。

设置表格样式应用位置的方法如下：

步骤 01 按【Ctrl＋O】组合键，打开一个演示文稿，选择要设置表格样式应用位置的表格，如下图所示。

步骤 02 切换至"设计"面板，在"表格样式选项"选项板中，依次选中"标题行"和"镶边行"复选框，如下图所示。

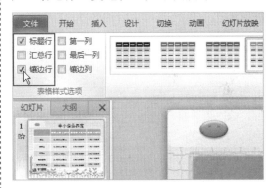

步骤 03 执行操作后，即可设置表格样式的应用位置，效果如下图所示。

440 | 设置表格的排列

当一张幻灯片中出现多个表格时，用户可以根据需要设置表格排列。排列是指把同一张幻灯片中的多个表格进行排列。

设置表格排列的方法是，选择幻灯片中的相应表格，切换至"布局"面板，在"排序"选项板中单击相应按钮，在弹出的列表框中选择合适的选项，即可设置表格的排列方式，如下图所示。

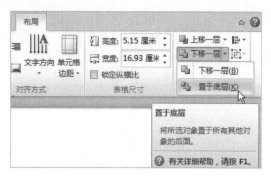

单击"上移一层"和"下移一层"按钮，将分别弹出子菜单，它们的意义分别是：

- "上移一层"选项：表示将选择的表格向上移动一层。
- "置于顶层"选项：表示将选择的表格移动到最顶层。
- "下移一层"选项：表示将选择的表格向下移动一层。
- "置于底层"选项：表示将选择的表格移动到最底层。

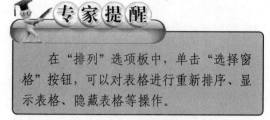

专家提醒

在"排列"选项板中，单击"选择窗格"按钮，可以对表格进行重新排序、显示表格、隐藏表格等操作。

441 | 设置表格的尺寸

设置表格尺寸与设置单元格的大小一样，只是在设置单元格大小时会影响表格的尺寸大小。同样，在设置表格尺寸大小后，对表格中的单元格也会有影响。

步骤01 按【Ctrl＋O】组合键，打开一个演示文稿，如下图所示。

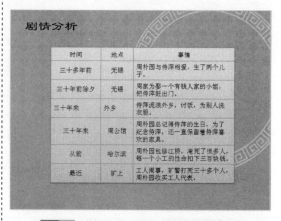

步骤02 在幻灯片中，选择要设置尺寸的表格，如下图所示。

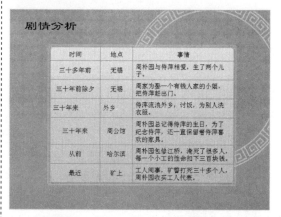

步骤03 切换至"布局"面板，在"表格尺寸"选项板中选中"锁定纵横比"复选框，如下图所示。

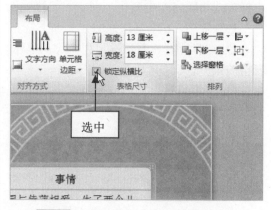

步骤04 在"高度"文本框中输入"15厘米"，则宽度也随之改变，如下图所示。

专家提醒

　　锁定纵横比可以使表格的高度和宽度相互按比例变化，用户可以根据需要进行设置。

　　步骤 05　执行操作后，即可设置表格的尺寸大小，适当调整表格的位置，效果如下图所示。

剧情分析		
时间	地点	事情
三十多年前	无锡	周朴园与侍萍相爱，生了两个儿子。
三十年前除夕	无锡	周家为娶一个有钱人家的小姐，把侍萍赶出门。
三十年来	外乡	侍萍流浪外乡，讨饭，为别人洗衣服。
三十年来	周公馆	周朴园总记得侍萍的生日，为了纪念侍萍，还一直保留着侍萍喜欢的家具。
从前	哈尔滨	周朴园包修江桥，淹死了很多人，每一个小工的性命扣下三百块钱。
最近	矿上	工人闹事，矿警打死三十多个人，周朴园收买工人代表。

442 | 设置表格的文本样式

　　在"设计"面板的"艺术字样式"选项板中，提供了多种表格的样式图案，能够对表格的外观样式、边框、底纹等进行美化。

专家提醒

　　此外，用户还可以进行设置相应的文本填充效果、文本轮廓效果以及文本的特殊效果等，以增强文字的可读性。

　　步骤 01　打开上一例效果文件，选择要设置文本样式的表格，如下图所示。

剧情分析		
时间	地点	事情
三十多年前	无锡	周朴园与侍萍相爱，生了两个儿子。
三十年前除夕	无锡	周家为娶一个有钱人家的小姐，把侍萍赶出门。
三十年来	外乡	侍萍流浪外乡，讨饭，为别人洗衣服。
三十年来	周公馆	周朴园总记得侍萍的生日，为了纪念侍萍，还一直保留着侍萍喜欢的家具。
从前	哈尔滨	周朴园包修江桥，淹死了很多人，每一个小工的性命扣下三百块钱。
最近	矿上	工人闹事，矿警打死三十多个人，周朴园收买工人代表。

　　步骤 02　切换至"设计"面板，在"艺术字样式"选项板中，单击"快速样式"按钮，然后在弹出的列表框中选择一种样式，如下图所示。

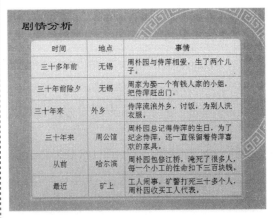

　　步骤 03　执行操作后，即可快速设置表格的文本样式，效果如下图所示。

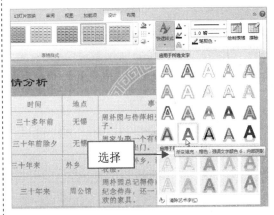

443 导入 Word 表格

PowerPoint 不仅可以创建表格、插入表格，还可以从外部导入表格，如从 Word 或 Excel 中导入表格。

在 PowerPoint 2010 中，用户可以快速插入 Word 中创建并保存的表格。

步骤 01 按【Ctrl＋O】组合键，打开一个演示文稿，如下图所示。

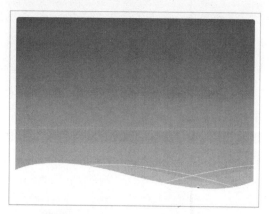

步骤 02 切换至"插入"面板，在"文本"选项板中单击"对象"按钮，如下图所示。

步骤 03 弹出"插入对象"对话框，选中"由文件创建"单选按钮，如下图所示。

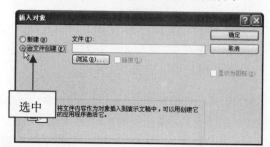

选中"新建"单选按钮，可以在幻灯片中直接新建相应的对象。

步骤 04 单击"浏览"按钮，弹出"浏览"对话框，选择要导入的 Word 文档，如下图所示。

步骤 05 单击"确定"按钮，返回"插入对象"对话框，如下图所示。

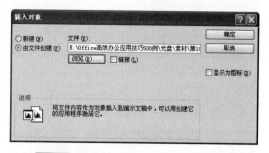

步骤 06 单击"确定"按钮，即可导入 Word 表格，如下图所示。

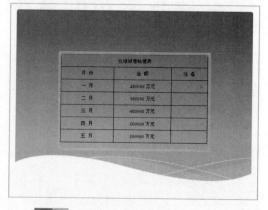

步骤 07 用鼠标拖曳表格边框，适当调整表的大小和位置，效果如下图所示。

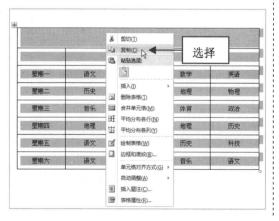

444 复制 Word 表格

在 Word 文档中复制表格之后，可以直接粘贴至 PowerPoint 2010 中，然后在 PowerPoint 中可以根据需要进行编辑。

步骤 01 打开 Word 文档，选择要复制的表格，如下图所示。

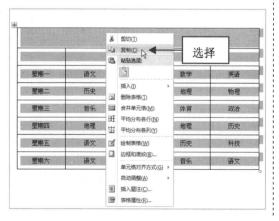

步骤 02 在选择的表格上单击鼠标右键，在弹出的快捷菜单中，选择"复制"选项，如下图所示。

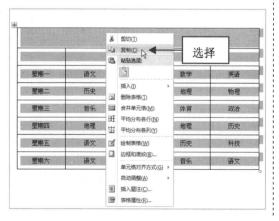

步骤 03 按【Ctrl＋O】组合键，打开一个演示文稿，如下图所示。

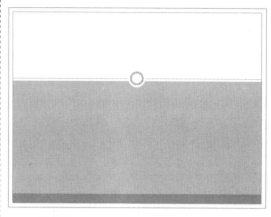

步骤 04 在"开始"面板的"剪贴板"选项板中，单击"粘贴"下拉按钮，在弹出的列表框中选择"保留源格式"选项，如下图所示。

步骤 05 执行上述操作后，即可将选定的 Word 表格复制到 PowerPoint 2010 中，如下图所示。

步骤 06 用鼠标拖曳表格边框，适当调整表的大小和位置，并在"开始"面板的"字体"选项板中，设置表格第一行文字字号为28、其他表格文字为 18，效果如下图所示。

445 | 导入 Excel 表格

在 PowerPoint 2010 中，还可以导入 Excel 表格，用户可以根据需要对导入的表格进行编辑。

步骤 01 按【Ctrl＋O】组合键，打开一个演示文稿，如下图所示。

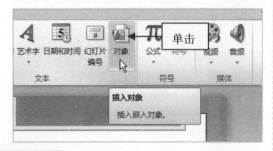

步骤 02 切换至"插入"面板，在"文本"选项板中单击"对象"按钮，如下图所示。

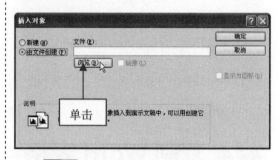

步骤 03 弹出"插入对象"对话框，选中"由文件创建"单选按钮，单击"浏览"按钮，如下图所示。

步骤 04 弹出"浏览"对话框，在相应素材文件夹中选择要导入的 Excel 表格，如下图所示。

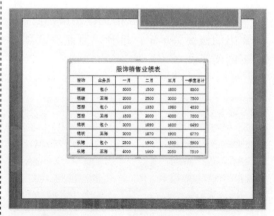

步骤 05 单击"确定"按钮，返回"插入对象"对话框，单击"确定"按钮，即可导入 Excel 表格，如下图所示。

步骤 06 用鼠标拖曳表格边框，适当调整表的大小和位置，完成导入 Excel 表格操作，效果如下图所示。

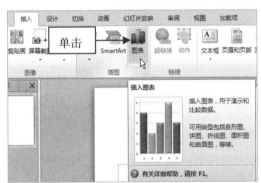

446 在幻灯片中插入图表

PowerPoint 2010 自带了一系列图表样式，每种类型可以分别用来表示不同的数据关系，使得制作图表的过程更加简便。

步骤 01 按【Ctrl＋N】组合键，新建演示文稿，切换至"插入"面板，在"插图"选项板中单击"图表"按钮，如下图所示。

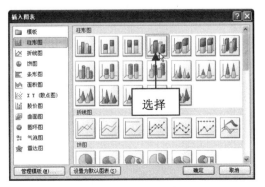

步骤 02 弹出"插入图表"对话框，在"柱形图"选项区中选择相应的图表样式，如下图所示。

步骤 03 单击"确定"按钮，即可插入选择的图表样式，同时系统会自动启动 Excel 2010 应用程序，其中显示了图表数据，如下图所示。

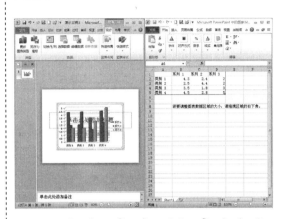

447 在占位符中插入图表

占位符中包含"插入图表"按钮，用户可以运用该按钮快速插入图表。

步骤 01 按【Ctrl＋N】组合键，新建一个演示文稿，在"开始"面板的"幻灯片"选项板中，单击"新建幻灯片"下拉按钮，在弹出的列表框中选择含有图表的版式，如下图所示。

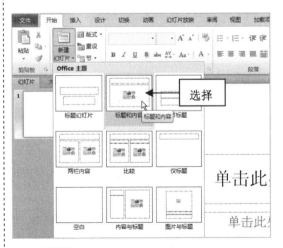

步骤 02 执行操作后，即可新建幻灯片，在占位符中单击"插入图表"按钮，如下图所示。

步骤 03 弹出"插入图表"对话框，在"柱形图"选项区中选择相应的图表样式，如下图所示。

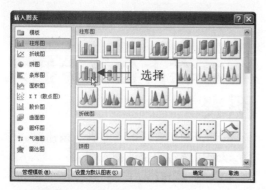

步骤 04 单击"确定"按钮，即可在占位符中插入选择的图表样式，同时系统会自动启动 Excel 2010 应用程序，其中显示了图表数据，如下图所示。

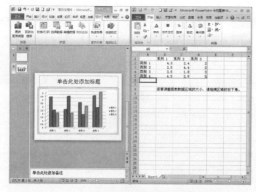

448 | 设置数字格式

用户可以直接在 Excel 程序中，对数字进行格式化设置，格式化设置后的数字格式将直接在图表中显示。同时，用户也可以在 PowerPoint 中直接设置数字格式。

步骤 01 打开上一例效果文件，进入第 2 张幻灯片，如下图所示。

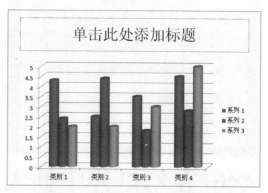

步骤 02 选择要设置数字格式的图表，切换至"布局"面板，在"标签"选项板中，单击"数据标签"按钮，在弹出的列表框中，选择"其他数据标签选项"选项，如下图所示。

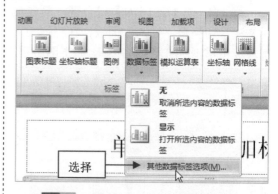

步骤 03 弹出"设置数据标签格式"对话框，切换至"数字"选项卡，在"类别"列表框中选择"数字"选项，如下图所示。

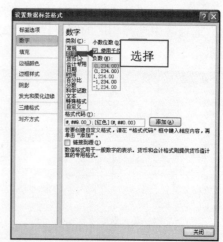

步骤04 单击"关闭"按钮，即可设置数字格式，效果如下图所示。

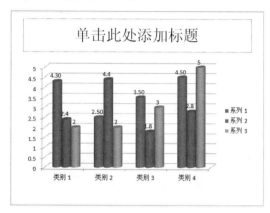

449 修改图表数据

在 PowerPoint 幻灯片中插入图表后，用户还可以根据需要修改图表中的数据。

步骤01 按【Ctrl＋O】组合键，打开一个演示文稿，如下图所示。

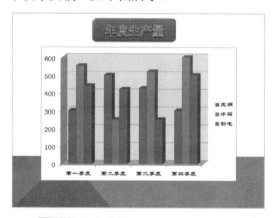

步骤02 选择要修改数据的图表，切换至"设计"面板，在"数据"选项板中单击"编辑数据"按钮，如下图所示。

步骤03 启动 Excel 应用程序，其中显示了图表中的数据信息，如下图所示。

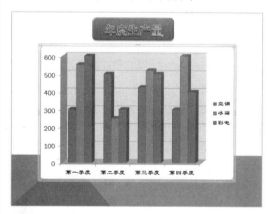

步骤04 在 Excel 工作表中，用户可根据需要对相应数据进行修改，如下图所示。

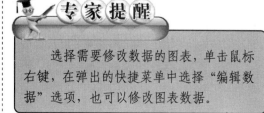

步骤05 按【Ctrl＋S】组合键，保存数据，单击标题栏右侧的"关闭"按钮，退出 Excel 应用程序，在幻灯片中将显示已更改数据的图表信息，如下图所示。

专家提醒

选择需要修改数据的图表，单击鼠标右键，在弹出的快捷菜单中选择"编辑数据"选项，也可以修改图表数据。

450 添加图表标题

在 PowerPoint 2010 中,用户可以根据需要为图表添加标题。

步骤01 按【Ctrl＋O】组合键,打开一个演示文稿,如下图所示。

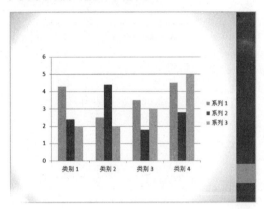

步骤02 选择要添加标题的图表,切换至"布局"面板,在"标签"选项板中单击"图表标题"按钮,在弹出的列表框中选择"图表上方"选项,如下图所示。

步骤03 此时,图表上方将出现"图表标题"字样,如下图所示。

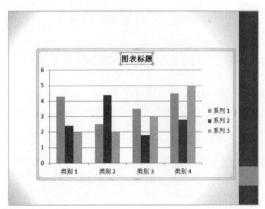

步骤04 选择文字,按【Delete】删除,然后在其中输入标题,选择输入的文字,在浮动面板中,设置"字体"为"黑体"、"字号"为32,如下图所示。

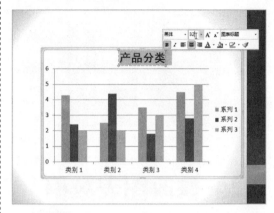

步骤05 执行上述操作后,即可添加图表标题,效果如下图所示。

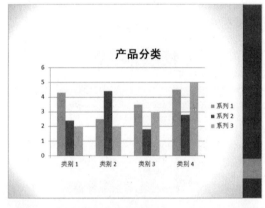

专家提醒

单击"图表标题"按钮,在弹出的列表中选择"其他标题选项"选项,在弹出的对话框中,可以设置标题的其他属性。

451 添加图表坐标轴标题

用户在创建图表后,还可以通过"坐标轴标题"按钮添加坐标轴标题。

步骤01 打开上一例效果文件,选择要添加坐标轴标题的图表,如下图所示。

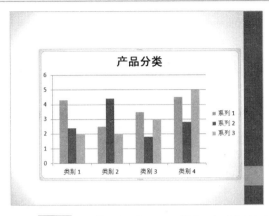

步骤02 切换至"布局"面板，在"标签"选项板中单击"坐标轴标题"按钮，在弹出的列表框中选择"主要横坐标轴标题"｜"坐标轴下方标题"选项，如下图所示。

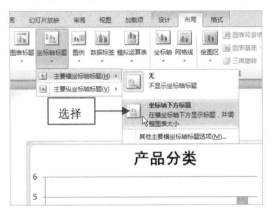

步骤03 此时，图表下方将出现"坐标轴标题"字样，选择文字，按【Delete】删除，然后在其中输入标题，如下图所示。

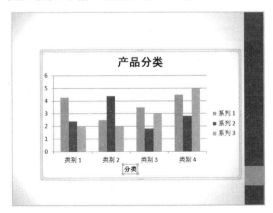

步骤04 在"标签"选项板中单击"坐标轴标题"按钮，在弹出的列表框中选择"主

要纵坐标轴标题"｜"竖排标题"选项，如下图所示。

步骤05 此时，图表左侧将出现"坐标轴标题"字样，选择文字，按【Delete】删除，然后在其中输入标题，效果如下图所示。

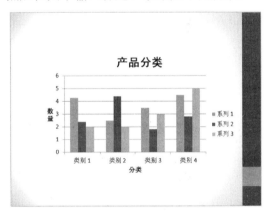

452 设置图表图例

设置图表图例主要指的是设置图例在图表中的位置、图例格式等内容。

图例指出图表中的符号、颜色或形状定义的数据系列所代表的内容。图例由以下两个部分组成：

◉ 图例标示：代表数据系列的图案，即不同颜色的小方块。

◉ 图例项：与图例标示相对应的数据系列名称，且一种图例标示只能对应一种图例项。

步骤01 按【Ctrl＋O】组合键，打开一个演示文稿，如下图所示。

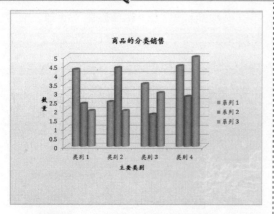

步骤 02 选择要设置图例的图表，切换至"布局"面板，在"标签"选项板中单击"图例"按钮 ，在弹出的列表框中选择"在底部显示图例"选项，如下图所示。

步骤 03 执行操作后，即可将图例设置为底部显示，如下图所示。

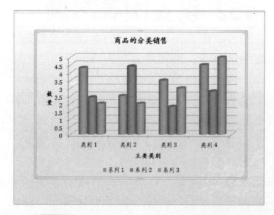

步骤 04 双击图例，弹出"设置图例格式"对话框，切换至"填充"选项卡，选中"纯色填充"单选按钮，单击"颜色"按钮，在弹出的列表框中选择相应颜色，如下图所示。

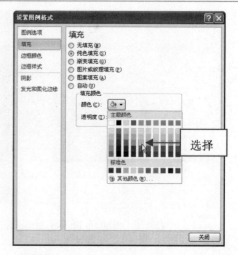

步骤 05 单击"关闭"按钮，即可设置图表图例，效果如下图所示。

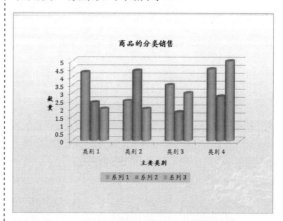

453 | 更改图表类型

在 PowerPoint 2010 中，用户可根据需要更改图表的类型。

步骤 01 按【Ctrl＋O】组合键，打开一个演示文稿，如下图所示。

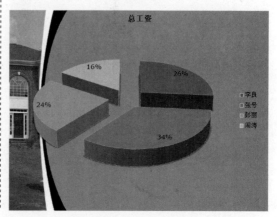

步骤 02 在幻灯片中，选择需要更改类型的图表，切换至"设计"面板，在"类型"选项板中单击"更改图表类型"按钮，如下图所示。

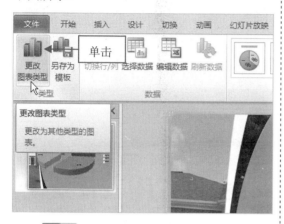

步骤 03 弹出"更改图表类型"对话框，在"柱形图"选项区中，选择相应的图表样式，如下图所示。

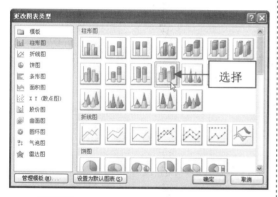

步骤 04 单击"确定"按钮，即可更改图表类型，拖曳鼠标适当调整图表位置，效果如下图所示。

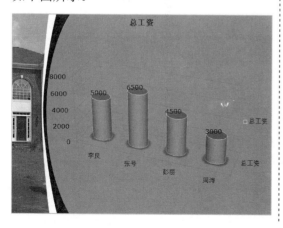

专家提醒

选择要更改的图表，在图表上单击鼠标右键，在弹出的快捷菜单中选择"更改图表类型"选项，也可更改图表类型。

454 更改图表样式

和表格以及其他对象一样，PowerPoint也可为图表提供样式，图表样式可以使一个图表应用不同的颜色方案、阴影样式和边框格式等。

步骤 01 打开上一例效果文件，选择要更改样式的图表，如下图所示。

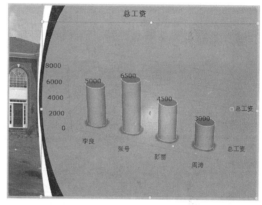

步骤 02 切换至"设计"面板，在"图表样式"选项板中单击"其他"按钮，在弹出的列表框中选择相应选项，如下图所示。

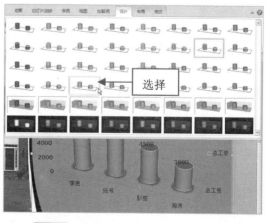

步骤 03 执行操作后，即可更改图表样式，效果如下图所示。

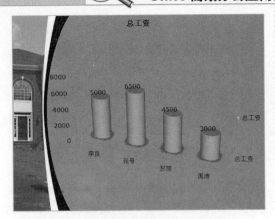

455 更改图表布局

在 PowerPoint 2010 中，更改图表布局是指改变图表标题、图例、数据标签和数据表等元素的显示方式。

步骤 01 按【Ctrl＋O】组合键，打开一个演示文稿，如下图所示。

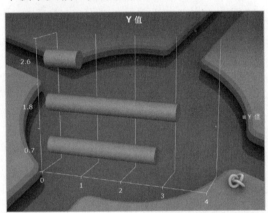

步骤 02 在幻灯片中，选择需要更改布局的图表，切换至"设计"面板，在"图表布局"选项板中单击"其他"按钮，在弹出的列表框中选择相应选项，如下图所示。

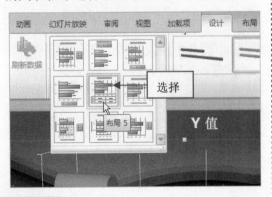

步骤 03 执行操作后，即可快速更改图表布局，效果如下图所示。

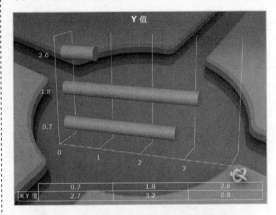

456 设置图表背景

在 PowerPoint 2010 中，为了使图表更具有可观性，可以为图表添加背景。

步骤 01 按【Ctrl＋O】组合键，打开一个演示文稿，如下图所示。

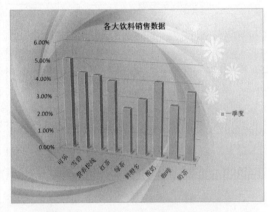

步骤 02 选择需要设置背景的图表，切换至"布局"面板，在"背景"选项板中单击"图表背景墙"按钮，在弹出的列表框中选择"其他背景墙选项"选项，如下图所示。

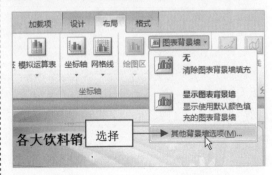

步骤 03　弹出"设置背景墙格式"对话框，在"填充"选项卡中选中"渐变填充"单选按钮，单击"预设颜色"按钮，在弹出的列表框中选择相应样式，如下图所示。

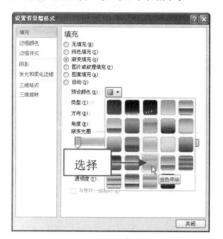

步骤 04　单击"关闭"按钮，即可设置图表背景，效果如下图所示。

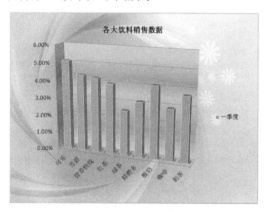

457　设置图表位置

在幻灯片中，调整图表的位置方法有两种，一是手动调整，二是运用"大小和位置"对话框调整。

✤ 方法 1　选择图表，利用鼠标拖动图表周围的控制点，即可调整图表在幻灯片中的位置。

✤ 方法 2　选择图表，切换至"格式"面板，单击大小"选项板右侧的属性按钮 ，弹出"设置图表区格式"对话框，切换至"位置"选项卡，在"水平"和"垂直"右侧的文本框中输入相应数值，单击"关闭"按钮，即可调整图表位置。

458　调整图表大小

调整图表大小和调整图表位置的方法是一样的，也有两种方法，一是手动调整，二是通过对话框精确调整图表大小。

✤ 方法 1：选择图表，将鼠标放在图表的白色控制点上，当鼠标指针为双箭头时，直接用鼠标拖动控制点，即可改变图表大小。

✤ 方法 2：选择图表，切换至"格式"面板，在"大小"选项板右侧的文本框中输入"形状高度"和"形状宽度"的数值，即可调整图表大小。

19 设置幻灯片动画特效

学前提示

在 PowerPoint 2010 中，不必使用其他放映工具就可以直接播放演示文稿。如果用户希望演示文稿的播放效果更加生动精彩，引人入胜，且能够根据实际需要来播放演示文稿，那么可以在放映之前对幻灯片进行相关设置。本章主要向读者介绍设置幻灯片动画效果的相应操作。

本章知识重点

▶ 添加进入动画　　　　　　　▶ 修改动画效果
▶ 添加强调动画　　　　　　　▶ 设置动画的效果选项
▶ 添加退出动画　　　　　　　▶ 设置动画的播放顺序
▶ 添加动作路径　　　　　　　▶ 添加多个动画
▶ 自定义路径动画　　　　　　▶ 添加动画声音

学完本章后你会做什么

▶ 掌握各种动画的添加和编辑

▶ 掌握切换效果的添加和设置

▶ 掌握声音与视频的应用

视频演示

自定义路径动画

插入文件声音

459 | 添加进入动画

添加进入动画就是为文本、图片等对象添加进入窗口时的一种动态效果。在添加效果前，首先要选择一个对象。

步骤 01 按【Ctrl＋O】组合键，打开一个演示文稿，如下图所示。

步骤 02 在幻灯片中，选择需要设置动画的文本对象，如下图所示。

专家提醒

在一张幻灯片中，用户可以根据需要对一个对象设置多个不同的动画效果，或者对多个对象设置相应的动画效果。

步骤 03 切换至"动画"面板，在"高级动画"选项板中单击"添加动画"按钮，在弹出的下拉列表框中选择"浮入"选项，如下图所示。

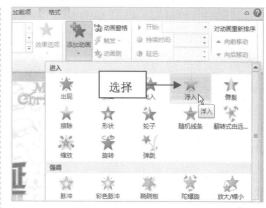

步骤 04 在幻灯片中的文本对象旁边，将显示数字 1，表示这是添加的第 1 个动画，如下图所示。

专家提醒

此后添加的相应动画效果，将按顺序显示相应数字。

步骤 05 在"预览"选项板中单击"预览"按钮，如下图所示。

步骤 06 即可预览文本对象的进入动画效果，如下图所示。

进入动画效果片段一

进入动画效果片段二

460 | 添加强调动画

添加强调动画也是为幻灯片上已经显示的文本或对象添加效果，强调动画是为了突出显示幻灯片中的某个内容，起到强调作用。

步骤 01 按【Ctrl＋O】组合键，打开一个演示文稿，如下图所示。

步骤 02 在幻灯片中，选择需要设置强调动画的文本对象，如下图所示。

步骤 03 切换至"动画"面板，在"高级动画"选项板中单击"添加动画"按钮，在弹出的下拉列表框中选择"陀螺旋"选项，如下图所示。

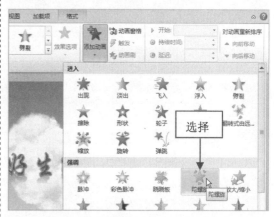

步骤 04 在幻灯片的文本对象旁边，将出现数字 1，表示这是添加的第 1 个动画，如下图所示。

步骤 05 在"预览"选项板中单击"预览"按钮 ![star], 预览文本对象的强调动画效果, 如下图所示。

强调动画效果片段一

强调动画效果片段二

461 添加退出动画

除了可以给幻灯片中的对象添加进入、强调动画效果外, 还可以添加退出动画效果。

步骤 01 按【Ctrl＋O】组合键, 打开一个演示文稿, 如下图所示。

步骤 02 在幻灯片中, 按住【Shift】键的同时, 选择需要设置退出动画的图形对象, 如下图所示。

步骤 03 切换至"动画"面板, 在"高级动画"选项板中单击"添加动画"按钮 ![star], 在弹出的下拉列表框中选择"形状"选项, 如下图所示。

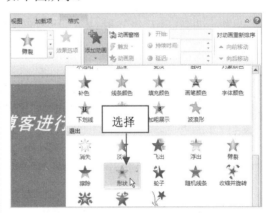

步骤 04 在幻灯片的图形对象旁边, 将出现数字 1, 表示这是添加的第 1 个动画, 如下图所示。

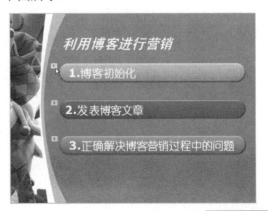

步骤 05 在"预览"选项板中单击"预览"按钮，预览图形对象的退出动画效果，如下图所示。

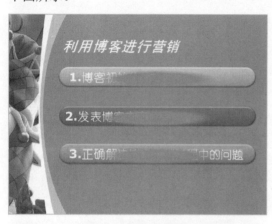

退出动画效果片段一

退出动画效果片段二

专家提醒

在"动画"选项板中单击右侧的"其他"按钮，在弹出的列表框中选择"更多退出效果"选项，在弹出的对话框中，可选择更多退出动画效果。

462 添加动作路径

在 PowerPoint 2010 中，添加动作路径是使文本或对象以指定的模式或路径进入幻灯片的效果。

步骤 01 按【Ctrl＋O】组合键，打开一个演示文稿，如下图所示。

步骤 02 在幻灯片中，选择需要设置动作路径的文本对象，如下图所示。

步骤 03 切换至"动画"面板，在"高级动画"选项板中单击"添加动画"按钮，在弹出的列表框中选择"其他动作路径"选项，如下图所示。

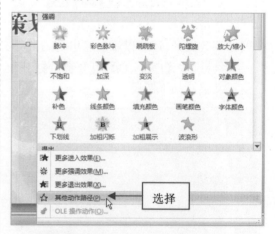

步骤 04 弹出"添加动作路径"对话框，在"基本"选项区中选择"心形"选项，如下图所示。

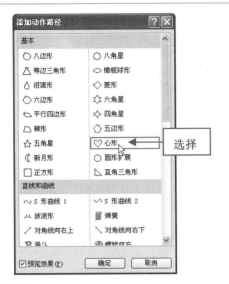

步骤 05　单击"确定"按钮,在幻灯片中的文本对象旁边,将显示数字 1 和一个心形形状,表示这是添加的第 1 个动作路径动画,如下图所示。

步骤 06　将鼠标移至心形四周的控制柄上,单击鼠标左键并拖曳,调整心形的大小与形状,如下图所示。

步骤 07　在"预览"选项板中单击"预览"按钮 ,预览文字对象的动画效果,如下图所示。

动作路径动画效果片段一

动作路径动画效果片段二

动作路径动画效果片段三

专家提醒

在"添加动画"下拉列表框中,还可以直接选择相应的动作路径。

463 | 自定义路径动画

在 PowerPoint 2010 中,用户如果对内置的动作路径不满意,还可以根据具体的需要自己绘制动作路径。

步骤 01 按【Ctrl+O】组合键,打开一个演示文稿,如下图所示。

步骤 02 在幻灯片中,选择需要自定义动作路径的图形对象,如下图所示。

> ## 专家提醒
>
> 选择要绘制动作路径的对象,切换至"动画"面板,在"动画"选项板中单击"其他"按钮,在弹出的列表框中选择"自定义路径"选项,也可手动绘制动作路径。

步骤 03 切换至"动画"面板,在"高级动画"选项板中单击"添加动画"按钮 ★,在弹出的下拉列表框中选择"自定义路径"选项,如下图所示。

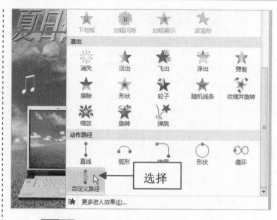

步骤 04 将鼠标移至绘图区中的适当位置,单击鼠标左键并拖曳,至合适位置后释放鼠标,即可绘制动作路径,如下图所示。

步骤 05 用与上述相同的方法,选择要添加自定义路径的图形对象,绘制相应的路径,如下图所示。

步骤 06 在"预览"选项板中单击"预览"按钮 ★,预览文字对象的动画效果,如下图所示。

自定义路径动画效果片段一

自定义路径动画效果片段二

自定义路径动画效果片段三

464 | 修改动画效果

当为对象添加动画效果之后，该对象就应用了默认的动画格式，如果要修改已经设置的动画效果，可以在"动画窗格"任务窗格中完成。

步骤 01 按【Ctrl＋O】组合键，打开一个演示文稿，如下图所示。

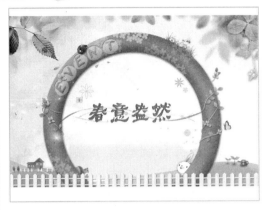

步骤 02 切换至"动画"面板，在"高级动画"选项板中单击"动画窗格"按钮，如下图所示。

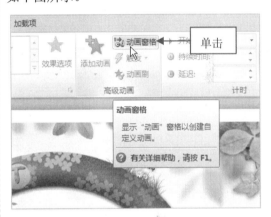

步骤 03 打开"动画窗格"任务窗格，在相应的动画选项上单击鼠标右键，在弹出的快捷菜单中，可以设置动画开始的方式、变换方向以及运行速度等，如下图所示。

465 设置动画的效果选项

在 PowerPoint 2010 中，动画效果可以按系列、类别或元素放映，用户可以对幻灯片中的内容进行设置。

步骤 01 按【Ctrl＋O】组合键，打开一个演示文稿，如下图所示。

步骤 02 在幻灯片中，选择需要设置动画效果选项的文本对象，如下图所示。

步骤 03 切换至"动画"面板，在"动画"选项板中单击"效果选项"按钮，在弹出的列表选择"自左下部"选项，如下图所示。

步骤 04 执行操作后，在"预览"选项板中单击"预览"按钮，预览设置动画效果选项后的动画效果，如下图所示。

动画效果片段一

动画效果片段二

专家提醒

在幻灯片中为各对象设置不同的动画效果，其效果选项中的相应参数也各不相同。

466 设置动画的播放顺序

如果幻灯片中的多个对象都添加了相应的动画效果，添加效果的顺序就是幻灯片放映时的播放顺序，用户可以进行相应设置。

步骤 01 按【Ctrl＋O】组合键，打开一个演示文稿，如下图所示。

步骤 02　切换至"动画"面板，在幻灯片中选择左上角显示数字 2 的图形对象，如下图所示。

步骤 05　在"预览"选项板中单击"预览"按钮 ★，即可按重新排序后的顺序进行放映，如下图所示。

动画效果片段一

步骤 03　在"计时"选项板中单击"向前移动"按钮 ▲，如下图所示。

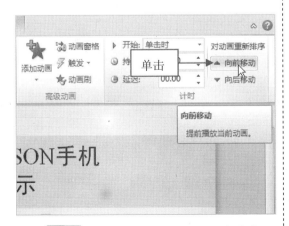

动画效果片段二

467 添加多个动画

步骤 04　执行操作后，在该图形左上角显示数字 1，表示其播放顺序调整为第 1 个，如下图所示。

　　在每张幻灯片中的各个对象都可以设置不同的动画效果，对同一个对象也可以添加两种不同的动画效果。

步骤 01 按【Ctrl＋O】组合键，打开一个演示文稿，如下图所示。

步骤 02 在幻灯片中，选择需要添加动画效果的对象，如下图所示。

步骤 03 切换至"动画"面板，在"动画"选项板中单击"其他"按钮 ▼，在弹出的下拉列表框中选择"形状"选项，如下图所示。

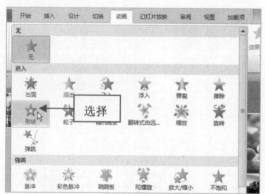

步骤 04 在幻灯片中的图形对象旁边，将显示数字 1，表示这是添加的第 1 个动画，如下图所示。

步骤 05 在"高级动画"选项板中单击"添加动画"按钮 ⭐，在弹出的下拉列表框中选择"旋转"选项，如下图所示。

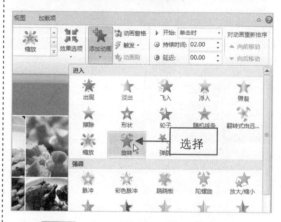

步骤 06 在幻灯片中的图形对象旁边，将显示数字 2，表示这是添加的第 2 个动画，如下图所示。

步骤 07 在"预览"选项板中单击"预览"按钮 ⭐，即可预览添加多个动画效果后的播放效果，如下图所示。

第一个动画效果片段

第二个动画效果片段

468 | 添加动画声音

在每张幻灯片的动画效果中，用户还可以添加相应的声音。

步骤 01 打开上一例效果文件，切换至"动画"面板，在幻灯片中，选择要添加动画声音的对象，如下图所示。

步骤 02 在"动画"选项板的右下角单击"显示其他效果选项"按钮，如下图所示。

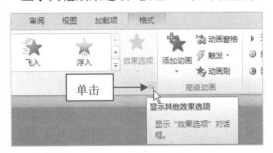

步骤 03 弹出"效果选项"对话框，单击"声音"右侧的下三角按钮，在弹出的下拉列表框中选择"风铃"选项，如下图所示。

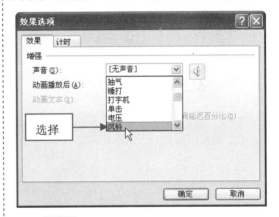

步骤 04 单击"确定"按钮，即可添加动画声音，在播放幻灯片时，将播放该声音。

在"效果选项"对话框中，单击"动画播放后"右侧的下三角按钮，可以设置动画播放后的相应效果；切换至"计时"选项卡，可以设置播放时的相应选项。

469 | 删除动画效果

如果当前幻灯片不需要设置动画效果，可以快速清除对象的动画效果。

步骤 01 按【Ctrl＋O】组合键，打开一个演示文稿，切换至"动画"面板，在幻灯片中选择要删除动画效果的图形对象，图形对象旁边显示数字，如下图所示。

步骤 02 在"动画"选项板的列表框中，选择"无"选项，如下图所示。

步骤 03 执行操作后，即可删除动画效果，如下图所示。

470 | 添加切换效果

在 PowerPoint 2010 中，预定义了很多种幻灯片的切换效果，用户可以在添加切换效果的同时，为幻灯片添加切换声音，并控制幻灯片的切换速度。

步骤 01 按【Ctrl＋O】组合键，打开一个演示文稿，如下图所示。

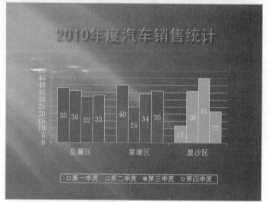

步骤 02 选择第 1 张幻灯片，切换至"切换"面板，在"切换到此幻灯片"选项板中，单击"其他"按钮，在弹出的列表框中选择"时钟"选项，如下图所示。

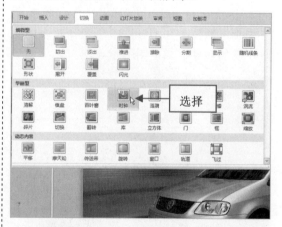

步骤 03 在"计时"选项板中，选中"设置自动换片时间"复选框，在右侧设置时间为 00:07.00，如下图所示。

添加切换效果片段二

步骤04 用与上述相同的方法，为第 2 张幻灯片设置相同的切换方式与切换速度，进入第 1 张幻灯片，单击视图栏中的"幻灯片放映"按钮，如下图所示。

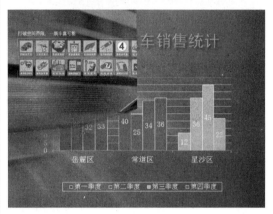

添加切换效果片段三

专家提醒

切换效果就是在幻灯片的放映过程中，放映完一页后，当前页以什么方式消失，下一页以什么样的方式出现。设置切换效果，可以使演示过程更加活泼生动。

471 | 设置切换效果

在 PowerPoint 2010 中，用户还可以根据需要设置幻灯片的切换属性，使幻灯片放映更加生动。

步骤05 即可预览设置切换方式的幻灯片效果，如下图所示。

步骤01 按【Ctrl＋O】组合键，打开一个演示文稿，如下图所示。

添加切换效果片段一

步骤 02 切换至"切换"面板,在"预览"选项板中单击"预览"按钮，如下图所示。

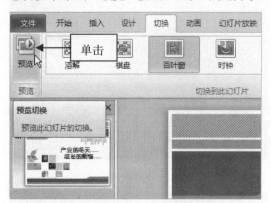

步骤 03 即可预览设置切换方式的幻灯片效果,如下图所示。

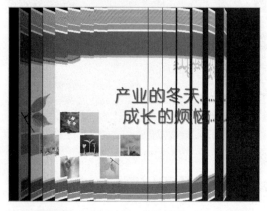

步骤 04 在"切换到此幻灯片"选项板中,单击"效果选项"按钮，在弹出的列表框中选择"水平"选项,如下图所示。

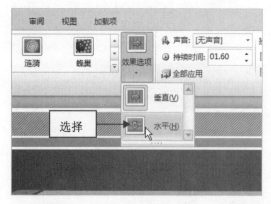

步骤 05 在"预览"选项板中单击"预览"按钮，即可预览设置切换效果后的幻灯片切换效果,如下图所示。

472 | 设置切换声音

在 PowerPoint 2010 中,提供了多种切换声音,用户可以从"声音"下拉列表框中选择一种声音作为动画播放时的伴音。

步骤 01 打开上一例效果文件,切换至"切换"面板,在"计时"选项板中,单击"声音"右侧的下三角按钮,在弹出的下拉列表框中选择"风声"选项,如下图所示。

步骤 02 执行操作后,即可设置切换声音,在播放幻灯片时将播放该声音。

专家提醒

当设置多张幻灯片时,用户在幻灯片中设置第一张幻灯片的切换声音效果后,在"计时"选项板中单击"全部应用"按钮，将应用于文稿中的所有幻灯片。

473 设置持续时间

设置幻灯片切换速度，只需在"计时"选项板的"持续时间"数值框中设置相应的值即可，如下图所示。

474 创建幻灯片链接

为了使幻灯片之间的联系更为紧密，操作更方便，可以在幻灯片中插入超链接。超链接是一种非常有用的切换方式，它可以实现在不连续幻灯片之间的切换。

步骤 01 按【Ctrl＋O】组合键，打开一个演示文稿，如下图所示。

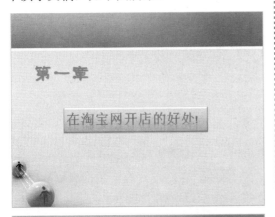

步骤 02 选择第 1 张幻灯片，在幻灯片中选择需要设置超链接的对象，如下图所示。

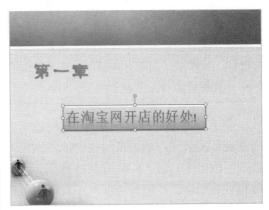

步骤 03 切换至"插入"面板，在"链接"选项板中，单击"超链接"按钮，如下图所示。

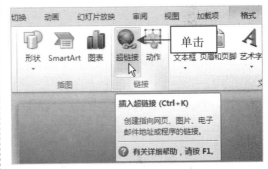

专家提醒

在选择的对象上单击鼠标右键，在弹出的快捷菜单中选择"超链接"选项，也可以弹出"插入超链接"对话框。

步骤 04 弹出"插入超链接"对话框，在"链接到"选项区中选择"本文档中的位置"选项，在"请选择文档中的位置"列表框中选择"下一张幻灯片"选项，如下图所示。

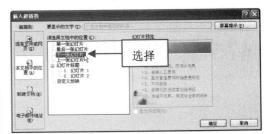

在"插入幻灯片"对话框中,选择"连接到"选项区中的"原有文件或网页"选项,在"查找范围"列表框中,用户可选择计算机中的相应文件或网页。

步骤05 单击"确定"按钮,即可设置图形的超链接效果,单击视图栏中的"幻灯片放映"按钮,进入幻灯片放映视图,将鼠标指针移至幻灯片中的图形上,此时鼠标指针呈手形,如下图所示。

步骤06 单击鼠标左键,即可跳转至下一张幻灯片,如下图所示。

- 1、没有铺租
- 2、装修成本低,不用水电费
- 3、省掉人工费用
- 4、其他管理费用和销售费用低
- 5、不用缴税
- 6、多样化的低成本促销手段
- 7、淘宝网成熟,有更加全面的服务

475 添加动作按钮

在幻灯片中,除了可以插入超链接外,还可以通过插入动作按钮来实现幻灯片之间的切换。

步骤01 按【Ctrl+O】组合键,打开演示文稿,进入第 1 张幻灯片,如下图所示。

步骤02 切换至"插入"面板,单击"插图"选项板中的"形状"按钮,在弹出的下拉列表框中单击"动作按钮:前进或下一项"按钮,如下图所示。

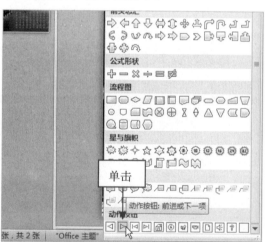

步骤03 在幻灯片右下角拖曳鼠标,绘制一个动作按钮,如下图所示。

步骤 04 释放鼠标左键，弹出"动作设置"对话框，系统默认"超链接到"为"下一张幻灯片"，如下图所示。

步骤 05 单击"确定"按钮，切换至"格式"面板，在"形状样式"选项板中设置形状的相应属性，如下图所示。

步骤 06 按【F5】键，进入幻灯片放映视图，单击添加的动作按钮，如下图所示。

步骤 07 执行操作后，即可切换至下一张幻灯片，如下图所示。

476│插入文件声音

添加文件中的声音就是将电脑中已存在的声音插入到演示文稿中，也可以从其他的声音文件中添加用户需要的声音。

步骤 01 按【Ctrl＋O】组合键，打开一个演示文稿，如下图所示。

步骤 02 切换至"插入"面板，在"媒体"选项板中单击"音频"下拉按钮，在弹出的列表中选择"文件中的音频"选项，如下图所示。

专家提醒

　　在 PowerPoint 2010 中，插入声音文件时，需要注意声音文件播放时间的长短与幻灯片放映的时间是否匹配。

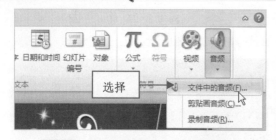

步骤 03 弹出"插入音频"对话框，在其中选择相应的音频文件，如下图所示。

步骤 04 单击"插入"按钮，即可将其插入到幻灯片中，调整其位置，如下图所示。

步骤 05 在插入的音频文件图标下方单击"播放"按钮 ▶，即可播放音频文件，试听音频效果，并显示音频播放进度，效果如下图所示。

477 | 插入剪贴画音频

除了添加文件中的声音外，用户还可以添加剪贴画管理器中的声音。

步骤 01 按【Ctrl＋O】组合键，打开一个演示文稿，如下图所示。

步骤 02 切换至"插入"面板，在"媒体"选项板中，单击"音频"下拉按钮，在弹出的列表中选择"剪贴画音频"选项，如下图所示。

步骤 03 打开"剪贴画"任务窗格，在其中选择需要的剪贴画音频，如下图所示。

步骤 04 单击该音频，即可将其插入到幻灯片中，调整其位置，如下图所示。

专家提醒

当任务窗格中没有提供需要的声音剪辑时，用户只需选择窗格下方的"在Office.com 中查找详细信息"选项，即可在网上查找更多的声音剪辑。

478 设置声音音量

添加了相应的声音后，可以设置声音的播放音量，其方法是：选中声音图标，切换至"播放"面板，在"音频选项"选项板中单击"音量"按钮，在弹出的列表中选择相应选项，以设置声音播放的音量大小，如下图所示。

479 设置声音隐藏

在幻灯片中选中声音图标，切换至"播放"面板，在"音频选项"选项板中选中"放映时隐藏"复选框，如下图所示。

在放映幻灯片的过程中，将会自动隐藏声音的图标。

480 设置声音的连续播放

在幻灯片中选中声音图标，切换至"播放"面板，在"音频选项"选项板中选中"循环播放，直到停止"复选框，如下图所示。在放映过程中声音会自动循环播放，直到放映下一张幻灯片或停止放映为止。

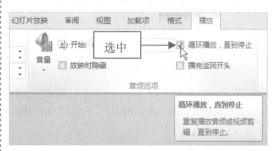

481 设置声音的播放模式

在幻灯片中选中声音图标，切换至"播放"面板，在"音频选项"选项板中，单击"开始"右侧的下三角按钮，在弹出的列表中包括"自动"、"单击时"、"跨幻灯片播放"3 个选项，如下图所示。

其中，在弹出的列表中选择"跨幻灯片播放"选项时，该声音文件不仅在插入的幻灯片中有效，在演示文稿的所有幻灯片中都有效。

482 插入视频文件

在 PowerPoint 中,影片包括视频和动画,在 PowerPoint 2010 中能插入几十种格式的视频,媒体播放器会随着视频格式的不同而有所不同。

步骤 01 按【Ctrl＋O】组合键,打开一个演示文稿,如下图所示。

步骤 02 切换至"插入"面板,在"媒体"选项板中单击"视频"下拉按钮,在弹出的列表中选择"文件中的视频"选项,如下图所示。

步骤 03 弹出"插入视频文件"对话框,在其中选择需要的视频文件,如下图所示。

步骤 04 单击"插入"按钮,即可将其插入到幻灯片中,适当调整其大小和位置,如下图所示。

步骤 05 单击视频下方的"播放"按钮 ▶ ,即可播放插入的视频,预览其效果,如下图所示。

播放视频效果片段一

播放视频效果片段二

483 设置视频样式

与其他图形对象一样，PowerPoint 也为视频提供了视频样式，视频样式可以使视频应用不同的视频样式、视频形状和视频边框等效果。

步骤 01 打开上一例效果文件，选中视频，切换至"格式"面板，在"视频样式"选项板中单击"其他"按钮，在弹出列表框中选择相应选项，如下图所示。

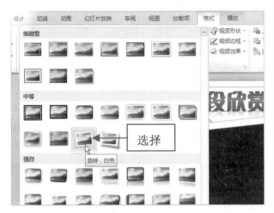

步骤 02 执行上述操作后，即可设置视频样式，单击视频下方的"播放"按钮，预览播放效果，如下图所示。

● 读书笔记

20 放映与输出幻灯片

学前提示

　　在 PowerPoint 2010 中提供了多种放映和控制幻灯片的方法，如计时放映、录音放映以及跳转放映等。用户可以选择最为理想的放映速度与放映方式，使幻灯片在放映时清晰流畅。同时，还可以将演示文稿发布成其他格式的文件。本章主要向读者介绍幻灯片放映与输出的方法。

本章知识重点

- ▶ 设置放映方式
- ▶ 放映指定幻灯片
- ▶ 设置放映选项
- ▶ 设置换片方式
- ▶ 隐藏幻灯片
- ▶ 设置排练计时
- ▶ 控制幻灯片放映
- ▶ 定位幻灯片放映
- ▶ 设置指针选项
- ▶ 使用画笔工具

学完本章后你会做什么

- ▶ 掌握放映方式的设置
- ▶ 掌握幻灯片放映中的相应选项
- ▶ 掌握发布、输出以及打印操作

视频演示

定位幻灯片放映

使用画笔工具

484 设置放映方式

在默认情况下，PowerPoint 2010 会按照预设的演讲者放映方式来放映幻灯片，但放映过程需要人工控制，在 PowerPoint 2010 中，还有两种放映方式，一是观众自行浏览，二是展台浏览。

打开一个演示文稿，切换至"幻灯片放映"面板，单击"设置"选项板中的"设置幻灯片放映"按钮，如下图所示。

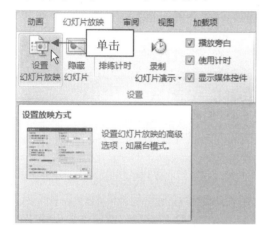

弹出"设置放映方式"对话框，即可在"放映类型"选项区中看到 3 种放映方式，如下图所示。

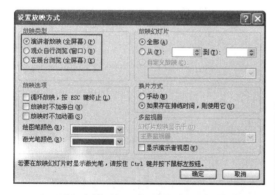

在"放映类型"选项区中，各单选按钮的含义如下：

❀ "演讲者放映方式"单选按钮：演讲者放映方式是最常用的放映方式，在放映过程中以全屏显示幻灯片。演讲者能控制幻灯片的放映，暂停演示文稿，添加会议细节，还可以录制旁白。

❀ "观众自行浏览"单选按钮：可以在标准窗口中放映幻灯片。在放映幻灯片时，可以拖动右侧的滚动条，或滚动鼠标上的滚轮来实现幻灯片的放映。

❀ "在展台浏览"单选按钮：在展台浏览是 3 种放映类型中最简单的方式，这种方式将自动全屏放映幻灯片，并且循环放映演示文稿，在放映过程中，除了通过超链接或动作按钮来进行切换以外，其他的功能都不能使用，如果要停止放映，只能按【Esc】键来终止。

485 放映指定幻灯片

当用户制作完演示文稿后，可以根据需要在幻灯片放映时指定幻灯片的放映范围。

在"设置放映方式"对话框中，可以在"放映幻灯片"选项区中设置放映范围，如下图所示。

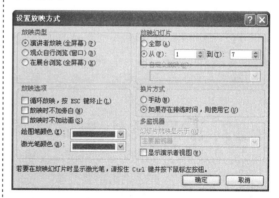

如果用户要在演示文稿中放映所有的幻灯片，选中"全部"单选按钮即可。

486 设置放映选项

用户可以使用"放映选项"选项区中的相关选项来指定放映时的声音文件、解说或动画在演示文稿中的运行方式。

在"设置放映方式"对话框，可以在"放映选项"选项区中设置演示文稿的运行方式，如下图所示。

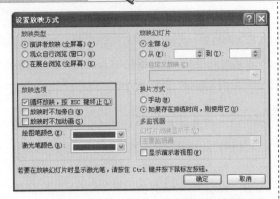

在"放映选项"选项区中，各复选框的含义如下：

❋ "循环放映，按 ESC 键终止"复选框：可以连续的播放声音文件或动画，用户将设置好的演示文稿设置为循环放映，可以应用于展览会场的展台等场合，将演示文稿自动运行并循环播放。在播放完最后一张幻灯片后，自动跳转至第一张幻灯片，而不是结束放映，直到用户按【Esc】键退出放映状态。

❋ "放映时不加旁白"复选框：在放映演示文稿而不播放嵌入的解说。

❋ "放映时不加动画"复选框：在放映演示文稿而不播放嵌入的动画。

487 | 设置换片方式

在 PowerPoint 2010 中，用户还可以使用"换片方式"中的选项来指定如何从一张幻灯片移动到另一张幻灯片。

在"设置放映方式"对话框，可以在"换片方式"选项区中设定幻灯片放映时的换片方式，如下图所示。

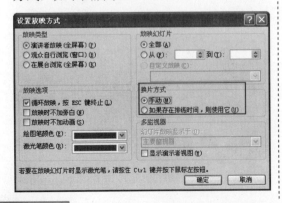

用户如果要在演示文稿过程中手动切换每张幻灯片，选中"手动"复选框；如果为幻灯片设置了"排列计时"，就需要选中"如果存在排练时间，则使用它"复选框，幻灯片即可以按照用户设定的"排练计时"进行放映。

488 | 隐藏幻灯片

当通过添加超链接或动作按钮将演示文稿的结构设置的较为复杂时，如果希望在正常的放映中不显示这些幻灯片，只有单独指向它们的链接时才会被显示。要达到这样的效果，则需要使用幻灯片的隐藏功能。

在 PowerPoint 2010 中，用户可以通过以下两种方法隐藏幻灯片。

❋ 选项：在普通视图模式下，在窗口中的幻灯片缩略图上单击鼠标右键，在弹出的快捷菜单中选择"隐藏幻灯片"选项。

❋ 按钮：选择需要隐藏的幻灯片，切换至"幻灯片放映"面板，在"设置"选项板中单击"隐藏幻灯片"按钮，如下图所示，即可隐藏幻灯片。

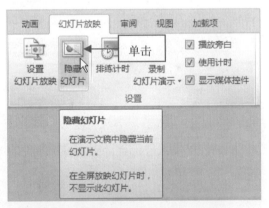

489 | 设置排练计时

在 PowerPoint 2010 中，使用排练计时可以在全屏的方式下放映幻灯片，将每张幻灯片播放所用的时间记录下来，以便将其用于手动放映幻灯片。

步骤01 按【Ctrl+O】组合键，打开演示文稿，进入第1张幻灯片，如下图所示。

步骤 02 切换至"幻灯片放映"面板,单击"设置"选项板中的"排练计时"按钮,如下图所示。

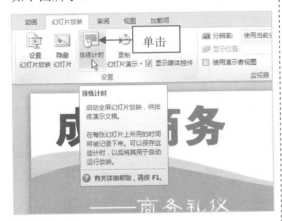

步骤 03 此时幻灯片将自动启动幻灯片的放映程序,并开始计时,如下图所示。

步骤 04 用户可以通过单击鼠标来设置动画的出场时间,当在最后一张幻灯片中单击鼠标左键后,将弹出提示信息框,如下图所示。

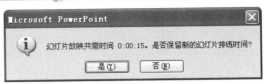

步骤 05 单击"是"按钮,进入"幻灯片浏览"视图中,且每张幻灯片的左下角出现该张幻灯片的放映时间,如下图所示。

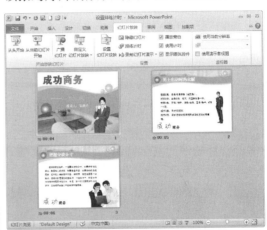

步骤 06 单击视图栏中的"幻灯片放映"按钮,幻灯片将进入放映视图中,且按照排练计时的时间自动播放。

490 | 控制幻灯片放映

如果没有设置自动换页,在幻灯片放映过程中则需要人工控制放映过程,此时用户可以根据需要按放映次序放映或通过快捷菜单调整放映顺序。

1. 按放映次序放映

按放映次序放映的操作很简单,有以下几种方法:

❀ 鼠标:在放映时,单击鼠标左键,即可切换至下一张幻灯片。

❀ 按钮:在放映时,单击幻灯片左下角的 ▶ 按钮。

❀ 选项 1:单击幻灯片左下角的 ▤ 按钮,在弹出的菜单中选择"下一张"选项。

❀ 选项 2:在幻灯片中单击鼠标右键,在弹出的快捷菜单中选择"下一张"选项。

2. 按放映次序放映

如果用户不需要按照指定的顺序进行放映,而要快速切换到某一张幻灯片,改变原有的幻灯片顺序,则只需通过单击鼠标右键,在弹出的快捷菜单中选择"定位至幻灯片"选项,然后在弹出的子菜单中选择需要切换到的幻灯片即可。

491 定位幻灯片放映

默认情况下,幻灯片都按照顺序依次播放。如果用户不需要按照指定的顺序进行放映时,可以通过定位幻灯片来快速调整幻灯片的播放顺序。

步骤 01 按【Ctrl+O】组合键,打开演示文稿,进入第 1 张幻灯片,如下图所示。

步骤 02 单击视图栏中的"幻灯片放映"按钮,切换到幻灯片的放映状态,单击鼠标右键,在弹出的快捷菜单中选择"定位到幻灯片"|"幻灯片 3"选项,如下图所示。

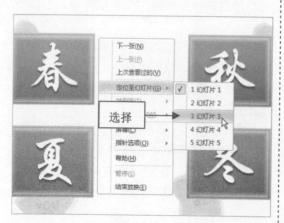

步骤 03 执行操作后,即可定位幻灯片放映,效果如下图所示。

492 设置指针选项

在放映幻灯片时,用户也可根据需要设置指针在放映幻灯片时的情况。例如,在幻灯片放映时,可设置将鼠标显示或隐藏。

步骤 01 打开上一例素材文件,进入第 2 张幻灯片,如下图所示。

步骤 02 单击视图栏中的"幻灯片放映"按钮,切换到幻灯片的放映状态,单击鼠标右键,在弹出的快捷菜单中选择"指针选项"|"箭头选项"选项,在弹出的子菜单中选择相应选项,可以设置放映时箭头的显示方式,如下图所示。

493 使用画笔工具

画笔又称为绘画笔，它的作用类似于板书笔，常用于强调或为幻灯片添加注释。在 PowerPoint 2010 中，画笔类型有笔和荧光笔两种。

步骤 01 打开上一例素材文件，进入第 3 张幻灯片，如下图所示。

步骤 02 单击视图栏中的"幻灯片放映"按钮 ，切换到幻灯片的放映状态，单击鼠标右键，在弹出的快捷菜单中选择"指针选项"|"荧光笔"选项，如下图所示。

专家提醒

在放映模式下，单击鼠标右键，用户还可以选择画笔的形状和颜色，也可以随时擦除绘制的笔迹。

步骤 03 执行操作后，即可将光标设置为荧光笔模式，效果如下图所示。

494 设置屏幕显示

在放映演示文稿的过程中，有时为了避免引起观众的注意，可以将幻灯片进行黑屏和白屏显示。

步骤 01 打开上一例素材文件，进入第 4 张幻灯片，如下图所示。

步骤 02 单击视图栏中的"幻灯片放映"按钮 🖳，切换到幻灯片的放映状态，单击鼠标右键，在弹出的快捷菜单中选择"屏幕"|"白屏"选项，如下图所示，即可白屏显示。

495 发布演示文稿

在发布内容相同的幻灯片时，有些幻灯片的内容需要在几篇甚至许多演示文稿中出现，为了节省时间，可以将这些常用的幻灯片发布到幻灯片库中，需要时直接调用即可。

步骤 01 按【Ctrl＋O】组合键，打开一个演示文稿，如下图所示。

步骤 02 在程序窗口中单击"文件"菜单，在弹出的面板中单击"保存并发送"命令，如下图所示。

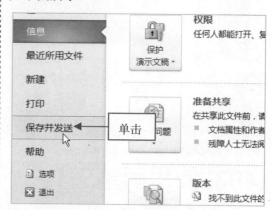

步骤 03 在"保存并发布"选项区中，单击"发布幻灯片"按钮 🖳，如下图所示。

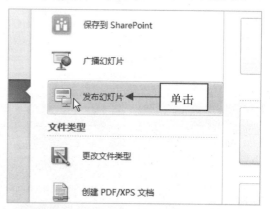

步骤 04 在右侧"发布幻灯片"选项区中，单击"发布幻灯片"按钮 🖳，如下图所示。

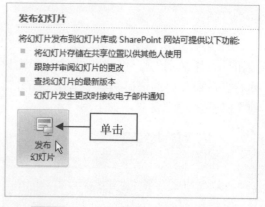

步骤 05 弹出"发布幻灯片"对话框，如下图所示。

步骤 06 单击"浏览"按钮，弹出"选择幻灯片"对话框，在其中设置幻灯片库的路径，如下图所示。

步骤 07 单击"选择"按钮，返回"发布幻灯片"对话框，在"发布到"右侧的文本框中显示了文件夹路径，如下图所示。

步骤 08 单击列表框下方的"全选"按钮，选中要发布的幻灯片前的复选框，如下图所示。单击"发布"按钮，即可发布演示文稿。

496 使用 Word 创建讲义

在 PowerPoint 2010 中，用户可以将演示文稿中的幻灯片发布到 Word 程序中，并使用 Word 中的功能对幻灯片进行编辑，以作为讲义。

步骤 01 按【Ctrl＋O】组合键，打开一个演示文稿，如下图所示。

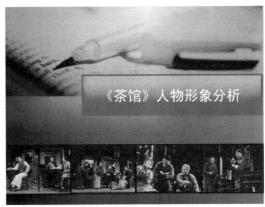

步骤 02 单击"文件"菜单，在弹出的面板中单击"保存并发送"命令，如下图所示。

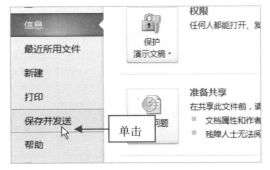

步骤 03 在"文件类型"选项区中，单击"创建讲义"按钮 🖿，如下图所示。

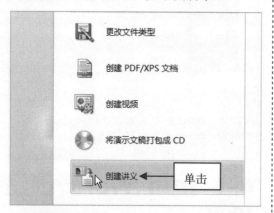

步骤 04 在右侧"使用 Microsoft Word 创建讲义"选项区中，单击"创建讲义"按钮 🖿，如下图所示。

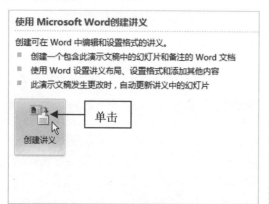

步骤 05 弹出"发送到 Microsoft Word"对话框，依次选中"备注在幻灯片旁"和"粘贴"单选按钮，如下图所示。

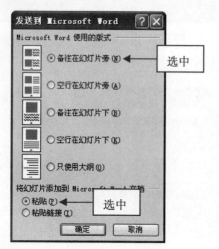

步骤 06 单击"确定"按钮，即可发布到 Word 中，如下图所示。

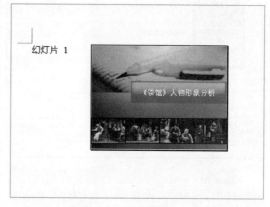

497 | 输出为图片文件

PowerPoint 2010 支持将演示文稿中的幻灯片输出为 JPEG、GIF、TIFF、PNG、BMP 等格式的文件，有利于用户在更大范围内交换或共享演示文稿中的内容。

步骤 01 按【Ctrl＋O】组合键，打开一个演示文稿，如下图所示。

步骤 02 单击"文件"菜单，在弹出的面板中单击"另存为"命令，如下图所示。

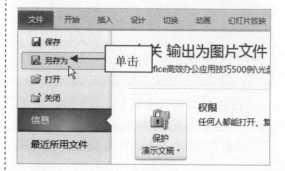

步骤 03 弹出"另存为"对话框，设置文件的保存路径和文件名，如下图所示。

步骤 04 单击"保存类型"右侧的下三角按钮，在弹出的下拉列表框中选择"JPEG文件交换格式"选项，如下图所示。

专家提醒

用户还可以根据具体的需要，保存为GIF、PDF 或 PNG 格式的文件。

步骤 05 单击"保存"按钮，弹出提示信息框，询问用户选择输出为图片文件的幻灯片范围，如下图所示。

步骤 06 单击"每张幻灯片"按钮，弹出提示信息框，提示用户文件的保存位置和保存方式，如下图所示。

步骤 07 单击"确定"按钮，即可将幻灯片输出为图片格式，在相应效果文件夹中查看效果，如下图所示。

498 | 基本页面设置

在打印演示文稿前，可以根据需要对打印页面进行设置，使打印的形式和效果更符合实际需要。

步骤 01 按【Ctrl＋O】组合键，打开一个演示文稿，如下图所示。

专家提醒

在"页面设置"对话框右侧，可以分别设置幻灯片与备注、讲义和大纲的打印方向。在此处设置的打印方向，对整个演示文稿中的所有幻灯片及备注、讲义和大纲都有效。

步骤 02 切换至"设计"面板,在"页面设置"选项板中单击"页面设置"按钮 ,如下图所示。

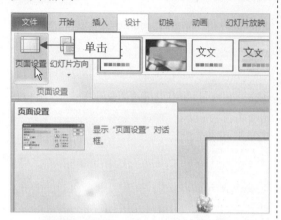

步骤 03 弹出"页面设置"对话框,显示默认设置,如下图所示。

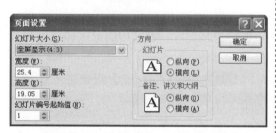

步骤 04 单击"幻灯片大小"右侧的下三角按钮,在弹出的下拉列表框中选择"A4纸张(210×297毫米)"选项,如下图所示。

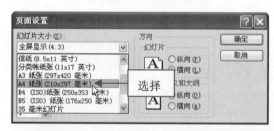

步骤 05 在右侧"方向"选项区中,选中"纵向"单选按钮,如下图所示。

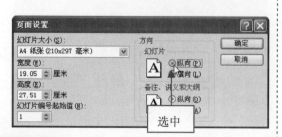

步骤 06 单击"确定"按钮,即可设置页面效果,如下图所示。

此外,用户还可以在"宽度"和"高度"数值框中,输入相应的值,以自定义页面效果;在"幻灯片编号起始值"数值框中,可以设置打印幻灯片的起始编号;在"备注、讲义和大纲"选项区中,可以设置相应的页面效果。

499 | 设置打印预览

在打印演示文稿前,可以根据需要对打印页面进行设置,使打印的形式和效果更符合实际需要。

在打印演示文稿之前,可以用打印预览功能预览打印效果,以便检查可能存在的错误,并及时修改。

在 PowerPoint 2010 中,用户可以通过以下几种方法预览演示文稿。

❀ 命令:单击"文件"菜单,在弹出的面板中单击"打印"命令,在弹出的面板右侧即可预览演示文稿。

❀ 按钮:单击快速访问工具栏上的"打印预览和打印"按钮 ,即可预览演示文稿。

❀ 快捷键:按【Ctrl+F2】组合键。

下面介绍以命令方式设置打印预览演示文稿的方法。

步骤 01　按【Ctrl＋O】组合键，打开一个演示文稿，如下图所示。

步骤 02　单击"文件"菜单，在弹出的面板中，单击"打印"命令，如下图所示。

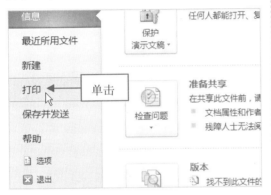

步骤 03　单击"打印机"右侧的下拉按钮，在弹出的列表中选择相应的打印机选项，如下图所示。

步骤 04　单击"设置"右侧的下拉按钮，在弹出的列表中选择"打印当前幻灯片"选项，如下图所示。

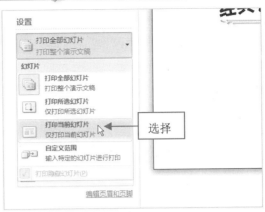

步骤 05　单击"灰度"右侧的下拉按钮，在弹出的列表中选择"颜色"选项，如下图所示。

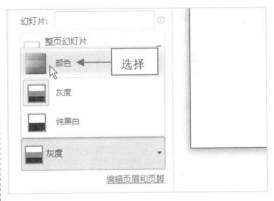

步骤 06　在右侧窗格中可以预览演示文稿的打印效果，如下图所示。

500 | 打印演示文稿

完成幻灯片的设置后，用户可以将其打印出来，在具体打印时，还可以对打印机进行相应的设置。

步骤 01 以上一例效果为例，在"份数"文本框中设置打印份数为 3，如下图所示。

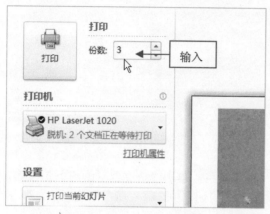

步骤 02 单击"打印"按钮 🖶，如下图所示，即可打印演示文稿。

此外，在 PowerPoint 2010 中，用户还可以通过以下几种方法打印演示文稿。

◎ 按钮：单击快速访问工具栏上的"打印预览和打印"按钮 🔍，在弹出的面板中单击"打印"按钮 🖶，即可打印演示文稿。

◎ 快捷键 1：按【Ctrl＋P】组合键。

◎ 快捷键 2：按【Ctrl＋F2】组合键。

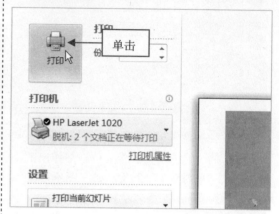

● 读书笔记